LA HOUILLE

ET SES DÉRIVÉS

BIBLIOTHÈQUE DES SCIENCES ET DE L'INDUSTRIE

SOUS PRESSE

Badoureau. — Essai d'un exposé de l'état actuel des sciences expérimentales.

Lefèvre et Cerbelaud. — Les Chemins de fer.

BIBLIOTHÈQUE DES SCIENCES ET DE L'INDUSTRIE

PUBLIÉE SOUS LA DIRECTION DE MM. PICHOT ET GRANGIER

LA HOUILLE

ET SES DÉRIVÉS

PAR

O. CHEMIN

Ingénieur en chef des Ponts et Chaussées
Professeur à l'École des Ponts et Chaussées

ET

F. VERDIER

Ingénieur civil.

PARIS

MAISON QUANTIN

COMPAGNIE GÉNÉRALE D'IMPRESSION ET D'ÉDITION

7, RUE SAINT-BENOÎT

INTRODUCTION

La seconde moitié du XIX° siècle aura été fertile en publications de tout genre, et parmi les livres dont nos bibliothèques se seront enrichies, ceux dits *de vulgarisation* n'auront pas été les moins nombreux. C'était une excellente idée que de vouloir répandre dans les masses les grandes vérités scientifiques; Arago, dans son astronomie populaire, et Babinet, dans ses spirituelles causeries, l'ont appliquée avec un rare bonheur. Malheureusement, leurs imitateurs n'ont pas toujours suivi la voie tracée par ces maîtres illustres. Sous prétexte d'obtenir une plus grande diffusion et pour rendre plus facile la lecture de leurs compilations, ils ont substitué des banalités aux principes de la science et nous ont donné des livres de récréation plutôt que des livres d'enseignement. Mais l'instruction a fait, depuis quelques années, de grands progrès et a pénétré dans toutes les couches sociales. Aussi le lecteur tend-il à se montrer plus exigeant et à demander sur toutes choses des renseignements précis. C'est pour répondre à ce besoin que nous avons voulu créer une *Bibliothèque des*

Sciences et de l'Industrie. Si dans les œuvres littéraires, où l'imagination semble appelée à jouer le rôle principal, on cherche à substituer à la fantaisie pure ce qu'on appelle les documents humains, n'est-il pas naturel que les chefs de nos grands établissements industriels, auxquels leur éducation première a rendus familiers les principes de la science, renoncent à l'esprit de routine et s'appuient désormais, en connaissance de cause, sur les résultats pratiques que les savants ont déduits logiquement de la théorie. Les sciences expérimentales ont atteint aujourd'hui un haut degré de perfection; toute industrie nouvelle devra, sous peine de déchéance rapide, être fondée sur les lois que des expériences irréprochables ont permis d'établir. On n'avait pas encore essayé de réunir en un corps de doctrine l'état actuel des sciences expérimentales. Un ingénieur des mines, des plus distingués, M. Badoureau, vient de combler cette lacune, et nous pourrons bientôt offrir le fruit de ses recherches à nos lecteurs, qui auront ainsi entre les mains un traité complet sur cette matière à la fois si utile et si intéressante.

Nous présentons aujourd'hui au public le premier volume de notre collection.

La Houille et ses dérivés est le vrai livre de vulgarisation tel que nous le comprenons. Il n'est pas trop technique, et les auteurs n'ont employé que des expressions à la portée de tous. Sans doute, il aurait fallu plusieurs volumes pour étudier, dans tous ses détails, ce sujet très complexe et d'une grande importance pratique. Mais si, dans un nombre de pages restreint, on n'a pu donner aux différents chapitres tous les développements qu'ils comportent, cette lacune a été comblée au moyen de notes et d'une bibliographie très complète qui renvoie le lecteur aux mémoires originaux et aux traités spéciaux. C'est là seulement qu'on peut trouver les renseignements techniques et les détails des opérations industrielles dont le livre ne doit donner que le résumé.

Les ouvrages qui composeront notre bibliothèque seront écrits dans le même esprit de vulgarisation pratique, en se maintenant toujours dans la rigueur scientifique. Ils permettront aux lecteurs de connaître les grandes lignes des diverses industries, sans être arrêtés par des détails qui n'intéressent que les gens du métier. Il ne faudrait pas croire cependant que nos livres seront inutiles aux personnes qui s'occupent spécialement des sujets que nous allons traiter. Au contraire, ils constituent pour elles des sommaires précieux avec indication des sources où l'on pourra s'éclairer d'une manière plus complète.

Dans les dessins qui accompagneront le texte et faciliteront les explications, nous éviterons en général l'emploi des figures dites de démonstration, qui, sous prétexte d'être plus faciles à comprendre, sont souvent, dans les ouvrages classiques, absolument inexactes et donnent une fausse idée de la réalité.

Tout nous permet donc d'espérer que les personnes curieuses des choses de la science et de l'industrie accueilleront avec faveur notre bibliothèque où les sujets les plus variés et les plus actuels seront traités par des auteurs d'une compétence indiscutable. Ils demanderont aux sciences les secrets de leurs enseignements les plus féconds et sauront instruire le lecteur sans le fatiguer.

LA HOUILLE

ET SES DÉRIVÉS

LA HOUILLE

I

NATURE, COMPOSITION, PROPRIÉTÉS

Historique de l'emploi de la houille.

L'histoire de l'emploi de la houille est l'histoire même des progrès de l'industrie moderne ; elle la suit pas à pas, se développe avec elle. Les procédés de l'industrie lui profitent sans cesse, en même temps que celle-ci s'étend en raison même de la production de ce combustible à meilleur marché. Aussi peut-on dire que le degré de civilisation d'un pays est proportionnel à sa consommation de houille. Toutes les industries en dépendent, qu'elles en usent comme source de chaleur employée directement ou comme source de force motrice, par emploi indirect. L'électricité même, cette force motrice de l'avenir, se produit au moyen de la houille, en attendant que les forces naturelles mieux utilisées permettent de l'obtenir par une transformation immédiate de la force en énergie électrique, au lieu de changer d'abord la chaleur en force, puis en électricité.

Aussi, dans les temps anciens, où l'industrie était peu développée, il n'est pas question de houille : les bois suffisaient. La surface du sol, alors moins cultivée, était couverte de forêts qui alimentaient les petites industries locales. Les anciens cependant connaissaient la houille [1], mais plutôt comme une curiosité géologique. Le nom d'*ambre noir* donné à certaines pierres désignait sans aucun doute la houille ou le lignite.

Les anciens avaient bien remarqué cette pierre qui brûle, mais ils n'avaient aucunement cherché à l'utiliser, sauf dans quelques cas exceptionnels, faute de mieux et provisoirement. Du reste, ils avaient dû considérer la houille comme un mauvais combustible, désagréable à brûler en raison de sa fumée et de la difficulté qu'ils éprouvaient à l'allumer, parce qu'ils n'avaient pas de foyers spéciaux ni de grilles appropriées.

Il faut arriver jusqu'au moyen âge pour trouver trace de son emploi; et au IXe siècle, on ne citait encore la houille que comme une matière curieuse, comme une pierre rare, mais sans dire qu'elle pût être utile. On n'était pas plus avancé qu'aux temps anciens.

Le premier usage de la houille a été le chauffage domestique, et c'est en Angleterre qu'au commencement du XIIe siècle les habitants essayèrent de l'utiliser. Ces tentatives se firent naturellement surtout dans les pays où on la rencontre facilement et à la surface du sol. En 1239, Henri III accordait à certains mineurs de Newcastle le droit privilégié de l'extraire. Peu à peu, l'usage s'en répandit; du Northumberland l'exploitation de la houille s'étendit en Écosse, et bientôt les habitants de Londres commencèrent à s'en servir. Mais, de même que tout progrès, la houille eut à lutter pour se faire adopter sans contestation. La fumée noire qu'elle répandait partout la faisait regarder d'un mauvais œil. On lui attribua toutes les maladies du moment, on lui reprocha même d'être la cause d'épidémies. Aussi eut-on bientôt recours aux pouvoirs publics pour en faire interdire l'emploi. Élisabeth et Édouard Ier

---

1. Théophaste, dans son *Traité des pierres*, la désigne sous le nom de *lithantrax*.

rendirent des édits contre le nouveau combustible, et les habitants de Londres protestèrent par des pétitionnements au Parlement. On demandait que son emploi fût au moins interdit dans les villes. Mais, si quelques personnes réclamaient contre la houille, d'autres, et ce fut le plus grand nombre, lui reconnurent des avantages : son économie, la forte chaleur qu'elle donnait; enfin, qualité inattendue, on prétendit qu'elle avait des propriétés médicales spéciales, et nombre de médecins ordonnèrent sa fumée contre la phtisie et pour la guérison des maladies de foie. La nécessité, plus forte que les préjugés, finit par la faire adopter quand même. Les forêts devenaient plus rares, le bois plus cher, et l'industrie ayant bientôt commencé à s'en servir, elle eut enfin droit de cité en Angleterre.

Sur le continent, la houille ne fut employée que plus tard. Sans doute, le voyageur vénitien Marco Polo racontait bien, dans ses relations de voyage, que les Chinois brûlaient une pierre noire pour obtenir de la chaleur et que son usage était très ancien en Chine. Ce fut un hasard qui en fit connaître les qualités. La légende raconte qu'un pauvre forgeron du pays de Liège, n'ayant plus le moyen d'acheter du charbon de bois, eut l'idée — inspirée, dit la tradition, par un ange — d'alimenter sa forge avec cette pierre noire qu'il trouvait en haut de la colline de Publémont.

Ce forgeron, nommé Hullos de Plainecaux, vivait vers 1190, et c'est ainsi que les habitants de Liège lui attribuèrent la découverte de la houille. Le fait est que son usage se répandit rapidement en Belgique, et que le prince-évêque de Liège, Albert de Cuyck, accorda en 1198 aux habitants de la ville une charte leur permettant l'extraction et l'emploi de cette matière.

On attribue l'origine du mot houille justement à Hullos, le forgeron. De Hullos, on a fait Hulla, puis par corruption houille.

En France, la houille ne fut introduite que très tard, car son usage y était interdit au commencement du xvie siècle.

La houille ne servit d'abord, comme nous disions plus haut, qu'aux usages domestiques, et l'on n'utilisa que les gisements qui se présentaient à fleur de terre. C'est seulement vers le commencement du XVIIIᵉ siècle que son exploitation prit de l'importance, par suite de son utilisation dans les hauts-fourneaux et plus tard pour la machine à vapeur. Du reste, les premières exploitations étaient absolument rudimentaires ; les mineurs n'aimaient pas à aller à une grande profondeur sous le sol. On regardait avec terreur, en ces temps de superstitions, ces sombres galeries que l'imagination peuplait de gnomes, de vampires et d'êtres fantastiques. Les vestiges des mondes disparus, les fossiles végétaux ou animaux que les mineurs rencontraient dans leurs galeries leur semblaient les restes d'êtres surnaturels vivant dans les mines. Témoin cette reconstitution d'un fossile de la houille (fig. 1) que nous reproduisons d'après le *Monde souterrain* du Père Kircher.

Fig. 1. — Fossile chimérique de la houille, d'après le P. Kircher.

Ce n'est que très lentement que les exploitations se perfectionnèrent. Pendant longtemps, les transports se faisaient à dos d'hommes courbés dans les galeries basses, et il fallait ensuite remonter par de longues échelles de petites charges de houille jusqu'à la surface du sol. Dans la suite, on employa au fond des mines des brouettes, puis des chariots roulant sur les débris schisteux disposés en sorte de pavage ; pour ramener la matière au niveau du sol, les mineurs utilisèrent des manèges mus par des hommes, puis par des chevaux et même par des moulins à vent. Le développement de cette industrie souterraine suivait celui de toutes les industries qui se perfectionnaient au dehors.

Enfin parut la machine à vapeur, bien rudimentaire à ses débuts. C'est justement dans les mines qu'elle fut d'abord utilisée. La nécessité, mère de l'invention, fit trouver par le mineur, qui était le plus intéressé, l'emploi de la machine à vapeur, qui des mines obscures partit à la conquête du monde. Les premières machines, brevetées en 1698 par le capitaine Savery, étaient appliquées à l'épuisement de l'eau des mines. Ces premières machines, tout imparfaites qu'elles étaient, élevaient l'eau à une hauteur de 60 mètres. Puis vinrent Newcomen et Cawley, qui s'associèrent à Savery, l'enfant Humphrey Potter, qui, chargé de manœuvrer les robinets distribuant la vapeur, eut l'idée, pour aller jouer, de les faire manœuvrer automatiquement; Kean Fitzgerald, qui appliqua le volant; enfin James Watt, qui inventa le condenseur, la machine à double effet, le parallélogramme et la détente, et amena la machine, d'abord toute spéciale aux mines, au plus grand perfectionnement.

L'industrie de l'extraction de la houille eut alors un outil puissant, qui économisait la force musculaire des mineurs pour l'extraction, épuisait l'eau qui se répandait dans les mines, et qui permit d'aller chercher le charbon à de plus grandes profondeurs. Mais si la machine à vapeur facilitait l'exploitation de la houille, elle se répandait en même temps dans toutes les industries exigeant de la force motrice et, par suite, nécessitait des quantités de combustible de plus en plus grandes. Utilisant les perfectionnements apportés du dehors, elle devenait plus parfaite dans les mines. Les progrès de l'industrie humaine servaient ainsi à l'amélioration de la machine à vapeur, qui en était le point de départ; de même les découvertes faites au dehors servaient aux houillères. Les anciens procédés d'exploitation, qui se perfectionnaient grâce à l'emploi de la vapeur, se transforment également au point de vue du transport. Les premières mines de houille employaient, pour faciliter la traction, des dalles en pierre. Vers la fin du xviiᵉ siècle, on fait usage de rails en bois pour le transport du charbon aux navires à Newcastle-on-Tyne. En 1776, le directeur des charbonnages du duc de

Norfolk, près de Sheffield, se servait de rails en fer sur champ. C'est seulement vers la fin du xviii° siècle qu'on imagina les traverses et les moyens de réunir les rails bout à bout. Les wagonnets étaient tirés par des chevaux. En 1804, Trévitick et Vivian construisirent une machine locomotive pour traîner des wagons de charbon sur les rails. En 1814, Georges Stephenson imaginait pour le transport des houilles des mines de Killingworth une locomotive à quatre roues accouplées par chaîne sans fin. Cette machine transportait un poids utile de 30 tonnes à la vitesse de 6 kilomètres et demi à l'heure. On le voit, le chemin de fer, comme la machine à vapeur, prenait naissance dans les mines de charbon. C'est seulement en 1829 que, par la création de la locomotive *la Fusée* et par son application au chemin de fer de Liverpool à Manchester, Robert Stephenson fit entrer le chemin de fer dans l'industrie toute moderne des transports à vapeur.

Ainsi, dans tous les détails, les perfectionnements s'ajoutaient aux perfectionnements au fur et à mesure du développement de la consommation de la houille : un des plus graves dangers auquel le mineur était exposé était le *grisou*. Autrefois, pour s'en débarrasser, un mineur appelé *le Pénitent,* la tête enveloppée d'un sac, le bras armé d'une mèche allumée au bout d'un long bâton, se traînait sur le sol pour aller enflammer le redoutable gaz et, exposant sa vie pour préserver celle d'un grand nombre d'ouvriers, était bien souvent victime de son dévouement. Le physicien Humphry. Davy inventa la lampe de sûreté, qui permet au mineur de circuler dans les galeries grisouteuses sans crainte d'explosion. Malheureusement la lampe de sûreté s'éteint facilement, par suite de l'inflammation brusque du gaz à l'intérieur, mais la flamme ne se propage pas au dehors. Elle a aussi l'inconvénient de peu éclairer, malgré les perfectionnements apportés depuis l'invention de Davy par Roberts, du Mesnil, Mueseler, Combes, etc.

Aujourd'hui on commence à introduire dans les houillères la lumière électrique, qui éclaire bien et est exempte du danger d'allumer les mélanges explosifs gazeux. Il est à remarquer que c'est en faisant des recherches pour arriver à confectionner une lampe de mineur que Davy a trouvé la lumière électrique.

Au travail musculaire dans les mines se substitue peu à peu, comme dans toute l'industrie, le travail mécanique. Le *havage* lui-même commence à se faire mécaniquement ; les perforatrices à air comprimé, créées d'abord pour le percement des grands tunnels, s'emploient dans les mines. En même temps que les moyens d'extraction se perfectionnent, les mineurs se préoccupent plus de la qualité du charbon fourni ; on a soin de le nettoyer, de le trier et de le classer selon les demandes des consommateurs. D'un autre côté, le public, qui se sert plus fréquemment de la houille, soit pour les usages domestiques, soit pour l'industrie, sait mieux choisir celle qui lui convient pour le but à atteindre ; il emploie des appareils qui l'utilisent plus avantageusement. On peut dire qu'actuellement la houille est universellement employée dans les cinq parties du monde ; personne aujourd'hui n'aurait l'idée, comme au temps où elle fit son apparition, de vouloir s'opposer à l'usage de ce combustible duquel dépendent la puissance de l'industrie et la richesse des pays qui le possèdent.

Formation de la houille et gisements principaux.

Beaucoup d'hypothèses ont été émises sur l'origine des gisements de houille. Nous assistons encore de nos jours à la formation d'un combustible spécial, la tourbe ; mais il est évident que l'origine de la houille ne lui est pas comparable. En effet, les végétaux qui constituent la tourbe, et dont les espèces se modifient du reste avec l'avancement de la formation des tourbières, ne sont pas de même nature que ceux qui ont concouru à donner naissance à la houillère. Les travaux assez récents de M. Renault et de M. Fayol permettent de croire que cette matière est formée d'une agglomération de végétaux qui ont subi une contraction allant jusqu'à 16/17 (*Arthropitus gigas*) pendant leur transformation en houille. L'examen microscopique en couches très minces montre très nettement la constitution contractée de ces végétaux et laisse très visibles les caractères spéciaux à chacune des espèces constitutives.

Les lignites, les houilles et l'anthracite doivent leur origine à la décomposition de végétations éteintes aujourd'hui. La flore des houillères n'existe plus sur le sol qui les contient à notre époque. Le climat évidemment n'était pas le même, la nature de cette végétation le prouve, et aux époques géologiques de la formation

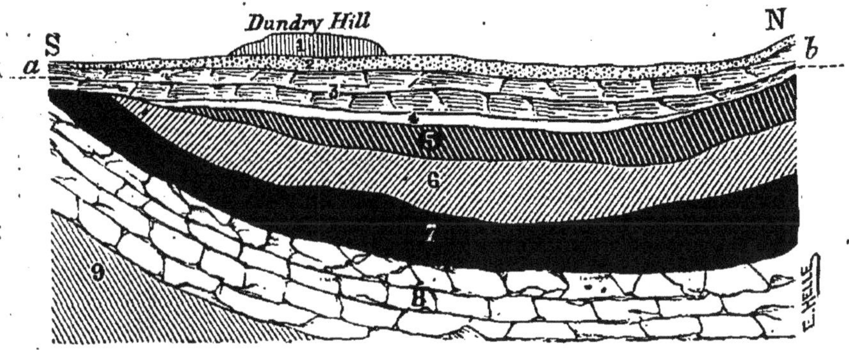

Fig. 2. — Coupe géologique de terrains houillers au sud de Bristol.

a b. Niveau de la mer. — 1. Oolithe inférieur. — 2. Lias. — 3. Nouveau grès rouge. — 4. Conglomérat magnésien. — 5. Étage houiller supérieur. — 6. Grès. — 7. Étage houiller inférieur. — 8. Calcaire carbonifère. — 9. Vieux grès rouge.

de la houille, la végétation, sous l'influence de la chaleur tropicale et de l'humidité de l'atmosphère, était d'une puissance énorme. Les végétaux poussaient et mouraient en s'entassant les uns sur les autres, quelquefois sur des épaisseurs considérables ; puis une modification du régime des eaux amenait des inondations entraînant le produit des roches désagrégées et des sables qui venaient former des couches de roches schisteuses ou gréseuses. Lorsque les eaux s'écoulaient dans une direction nouvelle et laissaient découvrir la surface du sol, la végétation repartait et formait une autre série de plantes, qui, se décomposant encore successivement, créaient de nouvelles couches de houille, au milieu desquelles restaient souvent tout debout les troncs de fougères arborescentes. Là figure 2 donne une coupe de terrains houillers où l'on voit nettement superposées les formations successives de deux couches de houille.

On trouve quelquefois un grand nombre de ces couches de houille superposées et séparées par des roches. Souvent, par suite de la contraction éprouvée dans les couches inférieures de ces plantes en décomposition, un affaissement brusque se produisait, ou bien cet affaissement avait lieu lentement. De là la forme généralement en cuvette des *bassins houillers*; de là aussi les *failles* et les *dykes* que l'on observe sans cesse dans les couches de houille, où ces bouleversements sont si fâcheux pour l'exploitation.

Cette transformation des végétaux organisés a eu lieu d'abord sous l'influence d'une fermentation des plantes, puis sous celle de la pression des couches supérieures et de la chaleur intense du sol. Les organismes, composés de carbone, d'hydrogène et d'oxygène, se décomposaient sous ces diverses influences, l'hydrogène et l'oxygène se séparant du carbone et se combinant en partie avec lui sous forme d'hydrogène carboné, d'hydrocarbures, de pétrole et d'acide carbonique. Ce dégagement peut encore être observé de nos jours, et, du reste, l'anthracite, qui est du

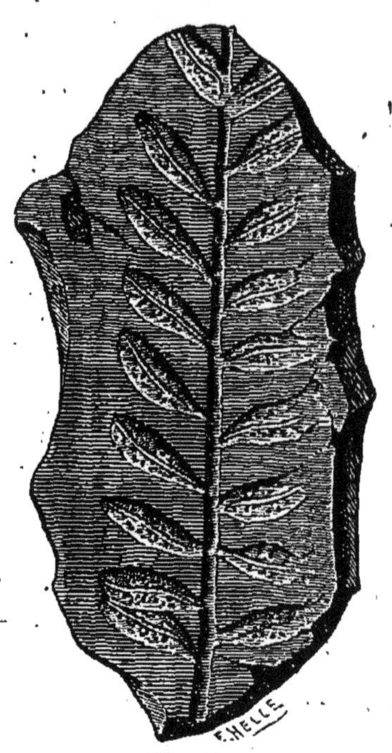

Fig. 3.
Plante fossile de la houille.

carbone presque pur, est plus ancien que la houille, tandis que les charbons bitumineux sont de formation plus récente. Les végétaux qui ont constitué la houille sont surtout les *Lepidodendra,* les *Sigillariées,* les *Stigmariées.* Ces plantes cryptogames, fougères (fig. 3), lycopodes, presles, non seulement formaient les couches de la houille après leur mort, mais servaient pendant leur vie à la nourriture d'une multitude d'animaux, dont les vestiges se retrouvent au milieu des couches, et des poissons nombreux, dont la majeure partie des espèces n'a plus de représentants à la

surface du globe (fig. 4), des mollusques (fig. 5), des coraux, des
polyzoaires. Ces animaux se sont décomposés comme les végétaux
et ont concouru à la formation de la houille en lui fournissant de
l'azote. Nous verrons plus loin, en traitant de la composition des
houilles, que les formations les plus anciennes sont celles qui renferment les houilles les plus pures.

Cette formation de la houille remonte à l'origine de la vie à la
surface du globe. Dès que la désagrégation des roches de formation

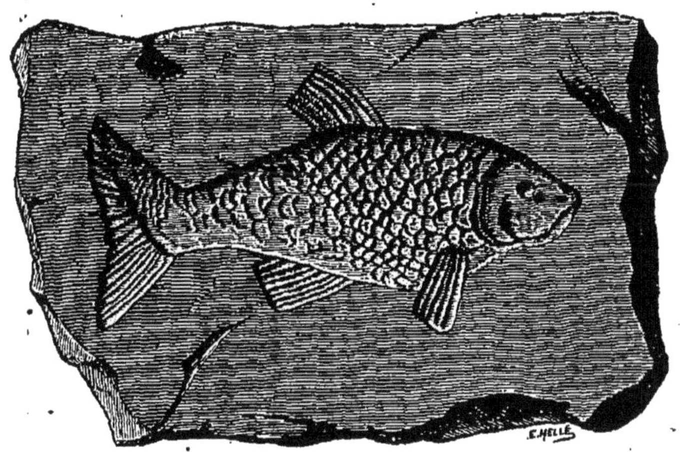

Fig. 4. — Poisson fossile de la houille.

ignée permit aux plantes de se développer, les végétations ont pu
se succéder et commencer à former le charbon de terre par leurs
décompositions successives. Aussi l'on constate que les gisements
de houille sont antérieurs à la craie, aux sables, aux argiles, et
que les veines augmentent d'épaisseur avec la profondeur. En arrivant aux temps plus rapprochés de nous, le climat se refroidissait,
la végétation était moins active et, par suite, la formation de la
houille moins rapide. En outre, l'activité de la végétation dépen-
dait de la nature des roches désagrégées dans lesquelles poussaient
les plantes. Aussi existe-t-il une liaison très nette entre la puissance des veines de houille et la nature géologique des terrains
environnants, ou plutôt des bassins. L'étude de la composition géologique de ces terrains houillers a une grande importance ; la con-

naissance des *gisements* de houille, pour employer l'expression propre, est du plus haut intérêt, non seulement au point de vue scientifique, mais encore au point de vue de l'avenir industriel et économique de l'humanité.

En effet, en présence du développement continu de l'industrie, on peut se demander ce que deviendrait le monde sans le charbon de terre, en attendant que l'on ait trouvé moyen de le remplacer. Jusqu'ici, les découvertes faites, les moyens proposés pour remplacer la houille n'ont rien donné de réel. L'eau, décomposée en hydrogène et oxygène, serait bien un combustible excellent; mais il faut opérer cette décomposition, c'est-à-dire qu'il faut de la force, et pour faire de la force le charbon est nécessaire, car les forces naturelles ne sont pas gratuites, en admettant même qu'elles soient économiques. La radiation solaire, dont on a beaucoup parlé depuis les travaux d'Ericson, en Amérique, et de Mouchot en France,

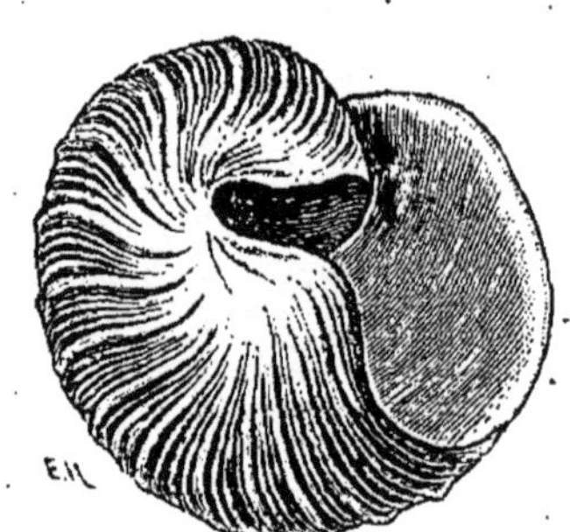

Fig. 5. — Mollusque fossile de la houille.

n'est utilisable que dans les pays chauds. L'électricité, enfin, la forme de force actuellement à la mode, demande généralement du charbon pour sa production. Ainsi, il ne nous reste actuellement à compter que sur la houille. Il y a donc un grand intérêt pour nous à savoir ce que nous en possédons, quel est notre stock disponible et ce que l'avenir nous présente à cet égard. Dans la lutte pour l'existence, il est certain que le charbon est un des principaux éléments; car de lui dépendent nos forces productives.

En examinant les relevés de la puissance des couches que possèdent la France et les pays limitrophes, nous pouvons estimer quelle sera la durée de la période pendant laquelle nous aurons le charbon à notre disposition, étant donnée la consommation annuelle. Mais il est un autre élément qu'il faut faire intervenir, c'est l'accroissement régulier de consommation, en raison du développement de l'industrie. C'est en tenant ou en ne tenant pas compte de cet élément dans leurs estimations que les calculateurs optimistes et les pessimistes (souvent pour un motif privé) sèment la terreur dans le monde industriel ou lui font voir l'avenir en rose. Nous croyons qu'il est un juste milieu. Il est probable que l'accroissement de la consommation de charbon sera continu, comme le développement de l'industrie ; mais à mesure que s'étendra la civilisation et que le monde entier deviendra producteur industriel, la vieille Europe ne sera plus seule à fournir les produits manufacturés. Par conséquent, dans un temps plus ou moins éloigné, il se produira une sorte de régularisation de la puissance productive. Les diverses contrées fabriqueront les produits manufacturés selon leurs ressources naturelles, et la lutte s'établira sur l'économie de combustible pour arriver à l'économie du prix de revient, et non pas, comme le prétendent certains inventeurs d'appareils perfectionnés, parce qu'il n'y aura bientôt plus de charbon. Ce n'est pas à dire qu'il ne faille pas économiser le combustible quand même, car jusqu'ici la consommation a été un gaspillage. Tout d'abord, les houillères perdent environ 20 pour 100 du cube susceptible d'être extrait par suite des veines non complètement enlevées et des déchets divers. Cependant, aujourd'hui, comme nous le verrons plus loin, on cherche à réduire cette première perte en fabriquant des agglomérés avec des poussiers.

En second lieu, c'est l'utilisation même du combustible qui est défectueuse. Ainsi le rendement des foyers domestiques ne dépasse pas 13 pour 100 avec les cheminées ouvertes chauffées au charbon. Les foyers métallurgiques, les chaudières à vapeur n'utilisent également qu'une faible partie du combustible employé.

Aussi toutes les recherches faites pour augmenter le rendement des appareils sont-elles parfaitement justifiées.

Il n'est donc ni possible ni raisonnable de dire que la houille nous manquera dans cent ans ou mille ans. Il faut s'efforcer de mieux l'utiliser et se rendre un compte exact du stock que nous possédons.

Les gisements d'Europe sont les mieux connus, et des statistiques ont été assez rigoureusement établies en ce qui concerne la puissance des couches, la production et la consommation. Nous allons les passer en revue.

La *Grande-Bretagne* posséderait environ 160 milliards de tonnes de charbon dans ses bassins houillers. Sa consommation annuelle dépasse 170 millions de tonnes. Le bassin le plus puissant est celui du sud du pays de Galles, où certaines parties contiennent 17 mètres d'épaisseur de houille à extraire. Un autre bassin, très important également, est celui sur lequel sont situées les villes de Manchester, Leeds, Liverpool et Newcastle. Enfin, l'Écosse renferme un grand nombre de bassins, mais de moindre étendue.

L'*Allemagne*, dans ses bassins de la Ruhr, la Saar, dans la Silésie et la Westphalie, contient environ 300 milliards de tonnes. La production annuelle est de 80 millions de tonnes. Mais l'Allemagne est moins bien placée que l'Angleterre pour l'exportation de ses houilles, à cause des grands parcours qu'il faut leur faire subir pour atteindre les ports d'embarquement; aussi cherche-t-elle à créer des canaux pour faciliter ces transports.

L'*Autriche* ne possède pas beaucoup de bassins houillers. Ceux de Bohême et de Moravie fournissent environ 7 millions de tonnes; elle a de bons lignites; on en a extrait, en 1884, 10 millions de tonnes. La Hongrie n'a pas de houillères; elle tire son charbon d'Allemagne.

En *Russie* existent de grands bassins; mais ils sont encore mal connus; les plus importants sont ceux du gouvernement de Charkow, de Moscou et de la Vistule. La Sibérie en contient également.

La *Belgique* produit annuellement 18 millions de tonnes. Les bassins de Mons, du Centre, de Charleroi, ont une superficie totale de 150 000 hectares. Les couches n'ont pas une grande épaisseur.

La *France*, malheureusement, n'a ni une grande superficie de terrains houillers, ni des couches épaisses, par conséquent avantageuses à exploiter. On estime cette superficie à 350 000 hectares. La production annuelle est de 24 millions de tonnes et l'importation d'environ 12 millions de tonnes.

L'*Espagne* produit 1 500 000 tonnes et en importe autant de l'étranger. Cependant, dans les provinces du Nord existent des gisements puissants et d'exploitation facile, qui pourraient assurer sa consommation. La surface des bassins houillers est estimée à 140 000 hectares.

L'*Italie* importe environ 3 millions de tonnes et n'a que de faibles gisements ; mais elle possède des mines de lignite de bonne qualité.

Si nous passons aux autres parties du monde, nous trouvons des gisements d'une surface considérable dans l'*Amérique du Nord*. Les bassins européens ne sont que peu de chose, si on les compare à celui des Apalaches, qui s'étend sur la Pensylvanie, le Kentucky, la Virginie et le Tennessee ; les bassins de l'Illinois, du Michigan, du Canada sont également très importants.

Enfin, nous savons que la *Chine* renferme de grandes richesses en houille, — environ, dit-on, trente fois la superficie des bassins de la Grande-Bretagne. Lorsque la Chine entrera enfin dans la voie du progrès moderne, ces richesses minérales enfouies depuis de longs siècles sortiront du sol et permettront malheureusement à l'industrie chinoise de faire concurrence à celle de la vieille Europe, dont les houillères seront peut-être épuisées. Il y a donc un immense intérêt pour nous à étudier les moyens de mieux utiliser le combustible que nous possédons, afin de l'économiser.

TABLEAU

DE L'ÉTENDUE ET DE LA PRODUCTION DES BASSINS HOUILLERS.

	SURFACE DES BASSINS.	PRODUCTION.
	Hectares.	Tonnes.
Grande-Bretagne	1 600 000	170 millions.
Allemagne	600 000	80 —
Autriche	120 000	17 —
France	350 000	24 —
Belgique	150 000	18 —
Espagne	140 000	1,5 —
Amérique du Nord	30 000 000	» —
Russie	»	» —

Classification géologique des houilles.

Au point de vue géologique, les combustibles fossiles doivent être divisés en trois classes très nettes : les lignites, les houilles proprement dites et l'anthracite.

Bien que ces trois combustibles soient également le résultat de la décomposition des fibres végétales, les époques de leurs formations et les positions successives et superposées de leurs gisements dans des terrains bien définis permettent, en dehors de leurs caractères chimiques particuliers, de les classer au point de vue géologique.

Il y a cependant des transitions entre ces divers combustibles; certaines houilles se rapprochent du lignite, d'autres de l'anthracite; mais on peut appeler lignites ceux des combustibles fossiles qui sont au-dessus de la craie; les houilles et l'anthracite sont antérieurs à la craie et situés au-dessous, c'est-à-dire que la houille et l'anthracite appartiennent aux terrains de transition et aux terrains secondaires, tandis que les lignites sont situés dans les terrains tertiaires.

La houille est généralement exploitée dans des gisements situés dans la partie supérieure des terrains de transition appelée la grande formation carbonifère et surtout dans le terrain auquel elle a donné son nom et qu'en géologie on appelle le terrain houiller. Au-dessous, ou plutôt dans la partie inférieure de la formation carbonifère, comme nous le voyons plus haut, se trouve l'anthracite, qui est de la houille très pure où le carbone est resté presque seul, sans doute, par suite de l'expulsion lente de l'hydrogène, de l'oxygène et de l'azote. Cependant, on trouve quelquefois l'anthracite dans le terrain houiller proprement dit et même dans les terrains secondaires.

On remarque également que, plus les combustibles fossiles sont de formation ancienne, moins la texture des végétaux qui les constituent reste apparente, et dans les lignites, la texture fibreuse des troncs semble entièrement conservée.

Classification d'après la composition chimique et l'emploi.

Au point de vue industriel, la classification géologique ne suffirait pas en raison des variétés de houilles dont la nature est très diverse et qui ont des applications très différentes, selon les qualités.

En Angleterre, la classification est basée tout simplement sur la pratique; on distingue :

Le charbon à gaz (gascoal);

Le charbon pour chauffage domestique (household coal);

Le charbon pour chauffage des chaudières à vapeur (steam coal).

Ces désignations n'indiquent nullement les propriétés des houilles, mais elles sont entrées dans la pratique, et les marchands de charbon entendent parfaitement ce qu'il faut fournir lorsque le public leur demande une houille pour un usage quelconque.

En France, la classification repose plutôt sur les propriétés physiques de la houille; elle a une certaine relation avec la composition chimique.

On distingue les *houilles grasses* qui, mises dans un creuset à l'état de poudre fine, se prennent en masse homogène et subissent une sorte de fusion sous l'influence de la chaleur.

Les *houilles demi-grasses* dont la poudre chauffée se prend en masse sans entrer en fusion comme la houille grasse.

Enfin les *houilles sèches* ou *maigres* qui ne se prennent même pas en masse, et ne se collent pas lorsqu'on les chauffe. Quant aux lignites, ils présentent des différences très nettes avec la houille en dehors de l'aspect physique. A la distillation, les houilles donnent des vapeurs et des liquides contenant de l'ammoniaque, c'est-à-dire à réaction alcaline, tandis que les lignites produisent, comme le bois, des vapeurs d'acide acétique. Si l'on chauffe dans un tube de la poudre de lignite avec une dissolution de potasse, il se forme, par suite de l'attaque du lignite, une solution brune d'humate de potasse, tandis que, dans ce cas, la houille reste inaltérée. Avec l'acide azotique, les houilles sont très peu altérées, tandis que le lignite est vivement attaqué et se transforme en une résine brun jaune. D'après Frémy, la houille et l'anthracite sont solubles dans un mélange d'acide azotique et d'acide sulfurique.

La classification française en houilles grasses, demi-grasses et maigres a des subdivisions permettant de passer d'une espèce à une autre selon les propriétés, car il existe des houilles intermédiaires. Ainsi certaines houilles maigres sont à longue flamme et certaines houilles grasses sont à courte flamme. Examinons les propriétés et les usages de chacune des trois classes :

1° Les *houilles grasses* s'agglutinent par la chaleur, comme nous l'avons vu plus haut, et sont facilement inflammables. Les houilles grasses sont particulièrement bonnes pour la fabrication du gaz; elles constituent, comme disent les Anglais, un charbon à gaz (gascoal); elles ont, en effet, une composition chimique où l'hydrogène tient une large part; par conséquent, cet hydrogène, se combinant avec le carbone lors de la distillation, donnera des hydrocarbures volatils qui constituent un gaz très éclairant.

En raison de leur fusion facile, elles seront excellentes pour la forge parce qu'elles forment, par leur agglutination, une voûte au-dessus de la pièce à chauffer qui se trouve en quelque sorte renfermée dans une espèce de four où se concentre la chaleur; elles sont donc houilles maréchales ou charbon de forge. Elles ne vaudront rien, au contraire, pour brûler sur une grille qu'elles obstruent par suite de leur agglutination; l'air ne passe plus à travers les morceaux et la combustion se ralentit. Elles ne seront donc pas bonnes pour les foyers domestiques ni pour le chauffage industriel sur grilles.

2° La *houille demi-grasse* a une couleur moins foncée que la houille grasse; sa cassure est généralement brillante; elle brûle aussi moins facilement. Elle est excellente sur les grilles domestiques et pour le chauffage des chaudières à vapeur. Elle est moins avantageuse pour la fabrication du gaz parce qu'elle en produit peu, et parce que son coke s'agglomère mal et n'est pas volumineux.

3° La *houille maigre* ou *sèche* n'est utilisable que dans un nombre de cas beaucoup plus restreint; elle ne donne que de mauvais coke qui ne s'agglomère pas; elle est généralement moins pure à moins qu'elle ne soit anthraciteuse; mais alors, même dans ce cas, comme elle brûle difficilement, elle trouve peu d'emplois. Elle est utilisée pour certains fours dans l'industrie et dans les générateurs à gaz de chauffage.

Certaines houilles spéciales ne rentrent pas d'une façon absolue dans les trois classes que nous venons d'indiquer; ainsi le cannel coal (charbon chandelle des Anglais) brûle facilement et sa variété par excellence, le boghead coal, est un remarquable charbon à gaz, bien que son coke ne soit pas du coke proprement dit. Le cannel réduit en petits éclats s'allume comme une chandelle avec une allumette en donnant une flamme fuligineuse, le coke conserve la forme et le volume primitif et ne se ramollit pas par la chaleur.

L. Gruner a donné une méthode de classification des houilles dans laquelle leur composition permet de les placer dans cinq classes ou types généraux. Pour classer un charbon quelconque, on doit faire tout d'abord l'analyse immédiate, c'est-à-dire la détermination de la teneur en carbone, hydrogène, oxygène, puis évaluer le rendement en coke et enfin la teneur en cendres. Cette analyse donne par le calcul pour les houilles la puissance calorifique, c'est-à-dire la quantité de chaleur disponible dans l'unité de poids de houille. Nous indiquons, à la suite du tableau de la composition des houilles, les principales méthodes élémentaires et pratiques pour l'appréciation des charbons.

Un des éléments dont il y a toujours lieu de tenir compte est la teneur en cendres et en eau, qui, dans une houille, sont des non-valeurs; la proportion ou le rendement en coke et sa nature sont également à observer avec soin, surtout au point de vue de l'industrie du gaz.

Le tableau suivant, résultat moyen d'un grand nombre d'analyses, donne la classification générale des houilles d'après Gruner :

NOMS des TYPES OU CLASSES.	COMPOSITION ÉLÉMENTAIRE.			RAPPORT de $\frac{O}{H}$.	PROPORTION de CHARBON fourni par la calcination.	NATURE et ASPECT DU CHARBON obtenu.
	C.	H.	O.			
Houilles sèches à longue flamme	75 à 80	5,5 à 4,5	19,5 à 15	4 à 3	0,50 à 0,60	Pulvérulent ou fritté.
Houilles grasses à longue flamme ou charbon à gaz	80 à 85	5,8 à 5	14,2 à 10	3 à 2	0,60 à 0,68	Fondu, mais très fendillé.
Houilles grasses proprement dites ou charbon de forge. .	84 à 89	5 à 5,5	11 à 5,5	2 à 1	0,68 à 0,74	Fondu, moyennement compact.
Houilles grasses à courte flamme ou charbon à coke. . .	88 à 91	5,5 à 4,5	6,5 à 5,5	1	0,74 à 0,82	Fondu, très compact, peu fendillé.
Houilles maigres, anthraciteuses, à courte flamme	90 à 93	4,5 à 4	5,5 à 3,5	1	0,82 à 0,90	Fritté ou pulvérulent.

Comme on le voit d'après les chiffres ci-dessus, l'élément principal de détermination des types est la proportion du carbone.

Dans le tableau suivant, nous indiquons plusieurs séries des principaux charbons utilisés en France et provenant de divers pays. Les houilles, dont nous donnons les compositions et les rendements, sont classées justement d'après la méthode de Gruner, mais ne donnent pas les charbons limites dont l'emploi est plus restreint.

DÉSIGNATION DES CHARBONS.	POIDS DE L'HECTOLITRE de charbon.	FINES ET POUSSIER par 10,000 kilogrammes.	EAU HYGROMÉTRIQUE par 100 kilogrammes.	CARACTÈRES PHYSIQUES ET COMPOSITION DU CHARBON. COMPOSITION ÉLÉMENTAIRE. Déduction faite des cendres. O.	H.	C.	Hydrogène en excès.	Soufre pour 100 dans le charbon.	INCINÉRATION et calcination. Matières volatiles.	Coke.	Cendres.
Nord — Denain, fosse Saint-Marc	92,500	579	2,20	4,97	4,19	90,24	3,57	0,87	16,40	83,6	10,30
— Thiers	94,000	635	3,40	4,36	4,16	90,86	3,63	0,68	16,00	84,0	10,50
Moyenne	93,250	607	2,80	4,66	4,18	90,55	3,60	0,77	16,20	83,8	10,40
Charbons allemands. — New Coln (Kœnig Wilhelm)	89,330	642	2,27	5,29	4,92	89,19	4,26	1,09	24,00	76,00	6,00
Kœnig Wilhelm (Christian Levin)	88,880	639	2,10	6,10	4,56	88,74	3,79	1,03	22,00	78,00	7,25
Herné Bochum (Puits Prœsident)	90,670	475	2,20	5,05	4,81	89,54	4,18	0,93	22,50	77,50	6,50
Herné Bochum (Puits Providence)	88,110	455	1,94	4,57	5,08	89,75	4,50	1,33	24,75	75,25	4,55
Herné Bochum (Puits Barillon)	86,000	625	2,58	7,30	5,19	86,91	4,28	1,57	27,50	72,50	7,00
Charbons belges — Ouest de Mons Bellevue	87,897	426	1,60	6,70	4,68	88,02	3,85	0,60	20,00	80,00	5,37
Agrappe	87,000	281	2,90	5,38	4,84	89,18	4,17	0,14	22,00	78,00	4,35
Escouffiaux	85,979	308	1,83	5,61	5,23	88,56	4,58	0,77	26,74	73,26	12,64
Seize-Actions	82,905	263	2,09	6,32	5,27	87,80	4,48	0,67	28,63	71,37	7,56
Pas-de-Calais — Dourges	89,152	389	2,40	5,80	5,02	88,58	4,29	0,96	27,32	72,68	8,91
Nœux, fosse n° 2	93,000	443	1,36	5,46	5,11	88,83	4,43	1,59	27,00	73,00	9,00
Moyenne	88,083	449	2,11	5,78	4,97	88,65	4,26	0,97	24,76	75,24	7,19
Charbons anglais. — Washington	86,554	627	1,91	7,75	5,26	86,39	4,30	1,37	29,00	71,00	6,12
West-Pelaw main	82,406	387	3,00	6,86	5,34	87,20	4,48	1,63	31,76	68,24	4,55
West-Leverson	81,625	485	2,66	6,89	5,41	87,10	4,55	1,16	32,44	67,56	3,50
Pas-de-Calais — Lens	83,736	457	2,77	6,72	5,34	87,34	4,50	0,72	31,74	68,26	6,37
Ferfay	85,373	498	4,56	7,26	5,21	86,92	4,30	0,67	29,32	70,68	11,85
Charbons belges — Grand Buisson	84,833	454	1,60	7,14	5,44	86,82	4,54	0,50	30,33	69,67	9,20
Ouest de Mons	87,568	402	3,15	7,59	5,31	86,49	4,37	0,42	29,90	70,10	13,67
Moyenne	84,558	473	2,81	7,17	5,33	86,89	4,43	0,92	30,64	69,36	7,75

GAZ. Rendement. Par 100 kilog. charbon tout venant.	GAZ. Rendement. Par 100 kilog. charbon pur.	GAZ. Pouvoir éclairant.	GAZ. Rendement ramené à 105 litres. Par 100 kilog. charbon tout venant.	GAZ. Rendement ramené à 105 litres. Par 100 kilog. charbon pur.	GAZ. Densité. Brute.	GAZ. Densité. Déduction faite de l'acide carbonique.	GAZ. Acide carbonique pour 100 en volume.	COKE. Rendement en hectolitres par 100 kilogrammes de charbon.	COKE. Poids de l'hectolitre de coke éteint à l'étouffoir.	COKE. Poussier par 100 kilogrammes du poids du coke.	COKE. Cendres pour 100 kilogrammes du poids du coke.	CONDENSATIONS. Goudron. Par 100 kilog. de charbon tout venant.	CONDENSATIONS. Goudron. Par 100 kilog. de charbon pur.	CONDENSATIONS. Eau. Par 100 kilog. de charbon tout venant.	CONDENSATIONS. Eau. Par 100 kilog. de charbon pur.
24,33	26,9	•180	13,00	14,5	0,286	0,270	1,21	1,626	41,43	29,41	13,32	2,11	2,34	4,07	4,54
23,10	28,8	176,2	13,71	15,3	0,290	0,273	1.30	1,032	40,00	73,00	12,50	2,43	2,71	4,17	4,65
23,71	27,8	178,1	13,35	14,9	0,288	0,272	1,25	1,329	40,714	51,20	12,91	2,27	2,52	4,12	4,59
29,280	31,1	149,6	20,550	21,9	0,349	0,325	1,91	2,104	»	9,54	7,89	3,36	3,58	4,16	4,42
27,630	29,7	177,8	16,320	17,6	0,342	0,320	1,73	2,113	34,46	11,42	9,29	2,81	3,03	4,09	4,41
30,080	32,11	167,3	18,880	20,2	0,322	0,307	1,18	1,978	36,38	10,71	8,64	3,09	3,30	3,64	3,89
30,010	31,4	145,6	21,640	22,7	0,332	0,314	1,42	2,160	34,40	10,44	6,04	3,22	3,37	3,58	3,95
28,640	30,08	132,9	22,630	24,3	0,363	0,314	1,53	1,979	35,45	10,96	9,65	3,46	3,72	4,41	4,74
26,758	30,00	161,1	18,760	19,2	0,331	0,311	1,56	2,070	35,93	11,78	6,28	2,48	2,56	3,13	3,41
26,960	28,2	132,3	21,390	22,4	0,344	0,327	1,31	2,112	37,17	10,93	5,57	2,18	2,28	3,70	3,86
28,621	33,3	120,2	24,980	25,8	0,371	0,351	1,40	1,895	36,25	13,52	12,12	4,59	5,02	3,73	4,08
30,212	33,5	124,2	25,870	27,0	0,362	0,341	1,71	1,979	35,51	10,53	10,14	4,06	4,44	3,88	4,18
28,846	32,4	128,05	28,810	30,0	0,379	0,349	2,33	1,967	36,27	11,07	11,22	4,20	4,35	3,49	3,70
28,190	31,0	131,60	22,490	24,7	0,365	0,334	2,38	1,917	37,45	11,09	12,33	3,66	4,03	3,85	4,23
28,838	31,16	142,79	21,547	23,2	0,351	0,329	1,64	2,026	35,92	11,09	9,19	3,32	3,60	3,88	4,08
31,080	32,7	119,4	27,360	28,8	0,372	0,355	1,44	2,216	32,650	9,42	7,21	3,98	4,19	4,27	4,50
30,741	32,7.	111,4	28,859	30,8	0,360	0,346	1,41	1,886	35,870	9,39	5,78	5,29	5,40	4,72	5,01
31,075	»	108,25	30,171	»	0,400	0,381	1,69	1,924	35,151	7,68	»	5,59	»	4,84	»
31,040	34,0	113,53	28,711	31,0	0,389	0,369	2,05	1,736	32,261	9,39	9,45	4,94	5,13	4,57	5,10
27,359	30,9	114,83	24,070	28,3	»	»	2,10	2,150	38,940	13,17	21,50	4,46	4,85	6,63	7,53
30,468	»	105,90	30,212	»	0,390	0,390	1,87	2,020	35,062	7,56	»	5,03	»	4,08	»
28,270	33,2	108,10	27,465	30,7	0,374	0,374	2,00	1,789	37,834	11,40	16,17	4,83	5,07	5,72	6,01
30,004	»	111,70	28,249	»	0,388	0,369	1,79	1,960	35,395	9,71	12,06	4,87	4,92	4,97	5,03

DÉSIGNATION DES CHARBONS.	POIDS DE L'HECTOLITRE de charbon.	FINES ET POUSSIER par 10,000 kilogrammes.	EAU HYGROMÉTRIQUE par 100 kilogrammes.	COMPOSITION ÉLÉMENTAIRE — Déduction faite des cendres			Hydrogène en excès.	Soufre pour 100 dans le charbon.	INCINÉRATION et calcination.		
				O.	H.	C.			Matières volatiles.	Coke.	Cendres.
Bassin de la Rühr. — Hibernia.	83,170	384	4,20	8,09	5,51	85,76	4,52	0,87	29,90	70,10	9,70
Dalbusch.	83,727	460	5,27	8,82	5,50	85,08	4,40	0,93	30,28	69,72	7,16
Alma	82,553	411	4,38	8,58	5,38	85,44	4,37	0,97	31,12	68,88	6,75
Consolidation	84,458	395	5,40	7,82	5,39	86,18	4,42	0,78	29,79	70,21	8,79
Wilhelmine Victoria	85,850	282	4,99	8,44	5,48	85,47	4,43	0,74	30,50	69,50	10,50
Charbons belges — Produits (veine de la Pierre).	85,500	186	1,87	7,21	5,41	86,78	4,51	0,56	32,00	68,00	6,25
Produits (Sainte-Honriette, criblé).	83,727	310	2,65	7,56	5,50	86,33	4,55	0,57	31,43	68,57	8,78
Produits Saint-Louis	83,492	421	3,40	8,43	5,53	85,44	4,48	0,57	30,35	69,65	14,05
Charbon anglais. — Londonderry	83,734	464	2,47	8,87	5,57	84,96	4,37	1,82	35,48	64,52	4,90
Pas-de-Calais. — Nœux, fosse n° 4.	86,185	428	3,25	7,54	5,67	86,18	4,73	1,33	32,18	67,82	9,11
Liévin.	85,490	451	2,94	7,68	5,52	86,33	4,56	0,41	33,34	66,66	8,98
Charbons français du centre. — Decize.	87,250	257	3,52	8,77	5,82	84,82	4,72	1,35	35,53	64,47	12,22
Malafolie	87,362	493	4,29	8,93	5,49	84,98	4,38	0,86	33,08	66,92	9,16
Sarrebruck. — Dudweiler	81,043	164	2,64	8,63	5,50	85,27	4,42	1,10	34,06	65,94	7,38
Moyenne	84,516	373	3,65	8,24	5,52	85,64	4,49	0,91	31,95	68,05	9,25
Sarrebruck. — Hoinitz	81,500	153	2,88	9,86	5,62	83,92	4,38	0,65	35,12	64,88	5,75
Alten-Wald	86,020	291	3,08	9,80	5,14	84,46	3,91	0,94	31,87	68,13	14,12
Pas-le-Calais. — Bruay	84,185	413	4,29	10,40	5,44	83,56	4,14	1,02	35,75	64,25	9,35
Marles	85,605	403	4,05	10,19	5,55	83.65	4,28	1,05	33,91	66,09	12,49
Centre de la France. — Commentry	82,640	483	5,81	10,18	5,66	83,31	4,39	1,74	35,97	64,03	9,98
Moyenne	83,990	379	4,02	10,09	5,48	83,78	4,22	1,08	34,52	65,48	10,34
Charbons français du centre. — Blanzy.	82,258	473	5,05	11,43	5,70	82,26	4,27	1,06	36,39	63,61	10,03
Decazeville	82,280	685	7,71	12,58	5,62	81,20	4,05	1,70	35,43	64,57	12,24
Saint-Éloi	91,800	276	6,53	13,65	5,56	80,17	3,87	1,23	35,75	64,25	15,75
Saint-Berain-sur-Dheune.	85,150	676	5,11	13,00	5,42	80,87	3,80	1,04	35,15	64,85	17,15
Sarre et Moselle	90,500	305	6,14	12,00	5,67	80,83	4,07	1,00	36,65	63,35	13,35
Moyenne	86,398	483	»	12,53	5,58	81,07	4,01	1,21	35,87	64,13	14,90

| GAZ. | | | | | | | | COKE. | | | | CONDENSATIONS. | | | |
RENDEMENT. Par 100 kilog. charbon tout venant.	RENDEMENT. Par 100 kilog. charbon pur.	Pouvoir éclairant.	RENDEMENT ramené à 105 litres. Par 100 kilog. charbon tout venant.	RENDEMENT ramené à 105 litres. Par 100 kilog. charbon pur.	DENSITÉ. Brute.	DENSITÉ. Déduction faite de l'acide carbonique.	Acide carbonique pour 100 en volume.	Rendement en hectolitres par 100 kilogrammes de charbon.	Poids de l'hectolitre de coke éteint à l'étouffoir.	Poussier par 100 kilogrammes du poids du coke.	Cendres pour 100 kilogrammes du poids du coke.	GOUDRON. Par 100 kilog. do charbon tout venant.	GOUDRON. Par 100 kilog. de charbon pur.	EAU. Par 100 kilog. de charbon tout venant.	EAU. Par 100 kilog. de charbon pur.
29,475	32,5	104,67	29,640	30,6	0,393	0,374	1,66	1,738	37,177	13,83	14,62	4,94	5,60	6,40	7,26
29,851	32,1	104,76	29,919	32,0	0,393	0,377	1,56	1,731	37,680	12,70	9,17	5,03	6,75	7,19	7,21
30,178	31,7	103,58	30,626	32,2	0,392	0,372	1,52	1,798	36,559	10,05	8,30	5,04	5,57	7,12	8,13
29,305	32,5	106,69	28,791	32,5	0,396	0,378	1,55	1,775	36,582	11,58	11,75	5,06	6,10	7,03	7,34
29,660	33,0	106,40	29,360	32,7	0,405	0,379	2,22	1,627	38,060	15,70	14,60	4,67	5,20	6,39	7,11
34,570	33,6	105,50	31,420	32,5	0,391	0,378	1,63	1,731	36,570	12,90	9,19	5,60	5,97	4,17	4,45
30,293	33,1	103,70	30,679	33,7	0,399	0,378	1,85	1,887	35,775	13,89	13,06	5,04	5,49	5,26	5,90
27,961	32,9	104,22	28,272	32,4	0,405	0,383	1,69	1,828	36,056	9,81	21,01	5,16	5,74	5,78	8,02
31,100	33,5	104,87	31,169	33,4	0,400	0,381	1,76	1,897	34,771	12,68	8,08	5,86	6,01	5,19	5,37
31,347	34,5	108,00	30,499	33,9	0,410	0,381	2,47	1,764	35,358	11,37	12,88	5,16	5,66	5,85	6,41
29,656	34,3	108,37	28,728	32,5	0,432	0,406	2,59	1,798	34,697	14,01	13,68	4,94	5,49	5,42	5,82
26,128	33,4	99,47	29,660	35,2	0,448	0,422	»	1,762	37,165	13,49	14,57	5,81	6,36	7,50	7,52
27,430	30,2	106,37	27,080	29,7	0,428	0,393	»	1,783	34,887	»	13,56	5,37	5,71	7,03	8,07
30,049	32,8	101,60	31,066	33,9	0,431	0,400	2,70	1,667	38,918	12,53	11,74	5,78	6,00	6,21	6,61
29,427	»	104,97	29,617	»	0,409	0,386	2,03	1,779	36,316	12,64	12,58	5,23	5,83	6,16	6,80
29,984	31,8	95,40	33,001	35,0	0,438	0,412	2,18	1,682	37,450	13,40	8,86	6,16	6,53	7,00	7,41
26,927	29,6	95,90	29.441	32,7	0,451	0,420	2,72	1,640	38,303	18,97	28,82	5,54	6,66	6,69	8,75
29,302	33,7	110,67	27,813	33,1	0,453	0,421	3,35	1,753	36,671	15,68	17,69	5,58	7,00	7,73	9,29
29,210	31,1	102,17	30,045	32,4	0,450	4,421	3,47	1,585	37,910	19,17	21,89	5,84	6,33	7,03	8,62
28,093	31,5	103,60	29,393	31,1	0,441	0,408	2,85	1,651	37,280	12,48	16,14	5,60	6,31	8,20	9,54
28,883	»	101,54	29,939	»	0,449	0,416	3,10	1,664	37,523	15,94	18,68	5,74	6,56	7,33	8,72
28,774	31,3	107,03	28,166	31,7	0,472	0,435	3,53	1,696	34,87	22,05	11,77	5,26	6,38	8,20	9,80
24,680	29,0	103,39	25,089	29,0	0,463	0,420	3,75	1,691	35,63	20,92	17,32	5,18	5,43	10,87	11,79
25,220	30,0	107,30	24,680	29,3	0,481	0,436	4,02	1,593	37,44	19,79	24,51	5,68	6,74	9,49	11,26
25,680	31,0	139,90	19,270	23,2	0,483	0,431	4,72	0,674	40,48	100,00	26,44	3,78	4,56	8,19	9,88
26,090	32,3	102,60	26,700	33,1	0,551	0,489	5,94	1,170	35,94	54,72	30,54	5,12	6,35	8,58	10,64
26,089	»	112,16	24,781	»	0,490	0,442	4,39	1,361	36,872	43,50	22,01	5,00	5,89	9,07	10,67

On voit que le tableau ci-dessus classe les houilles surtout d'après leur composition chimique, et permet la comparaison de leurs qualités au point de vue du rendement du gaz; à ce titre, il y aurait lieu d'ajouter le charbon boghead, qui donne à la distillation jusqu'à 35 mètres cubes de gaz, le boghead Russel, allant même jusqu'à 40 mètres cubes par 100 kilogrammes; en revanche, le coke n'a que peu de valeur, brûle mal et laisse beaucoup de cendres. La proportion d'hydrogène est très élevée par rapport au carbone contenu; aussi les produits de distillation contiennent-ils beaucoup d'hydrocarbures, qui augmentent le pouvoir éclairant du gaz et donnent des goudrons légers.

Au point de vue des emplois pour le chauffage, un élément fort important est la puissance calorifique, c'est-à-dire la quantité de chaleur que dégage, en se brûlant complètement, l'unité de poids ou 1 kilogramme du combustible examiné. La puissance calorifique est une valeur théorique, mais qui donne les relations exactes entre les combustibles, en vue des moyens d'utiliser la chaleur développée. Une relation pratique est la puissance de vaporisation, c'est-à-dire la quantité d'eau que 1 kilogramme de charbon peut vaporiser. Nous passerons plus loin en revue, d'une façon sommaire, les méthodes pratiques d'appréciation de ces diverses valeurs relatives. La puissance calorifique théorique peut s'établir par le calcul d'après l'analyse élémentaire des combustibles.

Nous donnons ci-après un tableau contenant, d'après Regnault, la composition de quelques combustibles; nous avons ajouté la puissance calorifique de ces combustibles en prenant 8080 pour la puissance calorifique du carbone et 34462 pour celle de l'hydrogène.

On peut également établir par le calcul un autre élément important en industrie : la température de combustion, c'est-à-dire l'échauffement thermométrique maximum qu'un combustible peut produire. La combustion se produisant par la combinaison chimique des éléments d'un combustible avec l'air, le résultat sera de l'eau, de l'acide carbonique et de l'azote.

DÉSIGNATION DES COMBUSTIBLES.	DENSITÉ.	NATURE DU COKE.	COKE DONNÉ PAR LA CALCINATION.	COMPOSITION. CARBONE.	HYDROGÈNE.	OXYGÈNE et azote.	CENDRES.	HYDROGÈNE EN EXCÈS.	PUISSANCE CALORIFIQUE.
Combustibles de la formation carbonifère.									
Anthracites — Pensylvanie	1,462	Pulvérulent.	84,83	90,45	2,43	2,45	4 67	2,12	8039
Anthracites — Pays de Galles	1,348	—	89,72	92,56	3,33	2,53	1,58	3,01	8516
Anthracites — Mayenne	1,367	—	89,96	91,98	3,92	3,16	0,94	3,52	8645
Anthracites — Rolduc (Prusse)	1,343	—	86,96	91,45	4,18	2,12	2,25	3,91	8737
Houilles grasses et dures. — Alais (Rochebelle)	1,322	Boursouflé.	76,29	89,27	4,85	4,47	1,41	4,29	8691
Houilles grasses et dures. — Rive-de-Gier (P. Henry)	1,315	—	73,34	87,85	4,90	4,29	2,96	4,36	8601
Houilles grasses maréchales. — Rive-de-Gier 1	1,298	Très boursouflé.	66,72	87,45	5,14	5,63	1,78	4,44	8596
Houilles grasses maréchales. — (Grand'Croix 2	1,302	—	68,36	87,79	4,86	5,91	1,44	4,12	8513
Houilles grasses maréchales. — Newcastle (Richardson)	1,280	—	»	87,05	5,24	5,41	1,40	4,56	8678
Houilles grasses à longues flammes. — Flénu de Mons 1	1,276	—	»	84,67	5,29	7,94	2,10	4,30	8323
— 2	1,292	—	»	83.87	5,42	7,03	3,68	4,54	8341
Rive-de-Gier (cimetière) 1	1,288	—	67,33	82,04	5,27	9,12	3,57	4,13	8052
— — 2	1,291	—	66,11	84,83	5,61	6,57	2,99	4,79	8505
— (Couzon) 1	1,298	—	61,88	82,58	5,59	9,11	2,72	4,45	8206
— — 2	1,311	—	60,28	81,71	4,93	7,98	5,32	3,99	7977
Lavaysse (Aveyron)	1,284	—	52,77	82,12	5,27	7,48	5,13	4,33	8128
Lancashire (Cannel-coal)	1,317	—	55,35	83,75	5,66	8,04	2,55	4,65	8369
Épinac	1,353	—	59,97	81,12	5,10	11,25	2,53	3,69	7826
Commentry	1,319	—	63,16	82,72	5,29	11,75	0.24	3,82	8000
Houilles sèches à longues flammes. — Blanzy	1,362	Fritté.	54,72	76,48	5,23	16,01	0,28	3,23	7293
Combustibles des terrains secondaires.									
Anthracites — Lamure (Isère)	1,362	Pulvérulent.	89,5	89,77	1,67	3,99	4,57	1,17	7657
Anthracites — Macot (Turentaise)	1,919	—	88,9	71,49	0,92	1,12	26,47	0,78	6045
Houilles — Obernkirchen (Westphalie)	1,279	Très boursouflé.	77,8	89,50	4,83	4,67	1,00	4,25	8696
Houilles — Céral (Aveyron)	1,294	Fritté.	53,3	75,38	4,74	9,02	1,86	3,61	7335
Houilles — Noroy	1,410	Pulvérulent.	51,2	63,28	4,35	13,17	19,20	2,70	6043
Jayet — Saint-Girons (Ariège)	1,316	Fritté.	42,5	72,94	5,45	17,53	4,08	3,26	7017
Jayet — Belortat	1,305	—	42,0	75,41	5,79	17,91	0,89	3,55	7317
Combustibles des terrains tertiaires.									
Lignite parfait — Dax	1,272	Pulvérulent.	49,1	70,49	5,59	18,93	4,99	3,22	8805
Lignite parfait — Bouches-du-Rhône	1,254	—	41,1	63,88	4,58	11,16	13,43	2,32	5961
Lignite parfait — Mont-Meisner (Hesse-Cassel)	1,351	—	48,5	71,71	4,85	21,67	-1,77	2,14	6532
Lignite parfait — Basses-Alpes	1,276	—	49,5	70,02	5,20	21,77	3,01	2,48	6512
Lignite imparfait — Alphée (Grèce)	1,185	Analogue	38,9	61,20	5,00	24,78	9,02	1,90	5600
Lignite imparfait — Cologne	1,100	au	36,1	63,29	4,98	26,24	5,43	1,70	5700
Lignite imparfait — Usnach (bois fossile)	1,167	charbon de bois.	»	56,04	5,70	36,07	2,19	1,19	4938
Lignite passant au bitume. — Ellebogen (Bohème)	1,157	Boursouflé.	27,4	73,79	7,46	13,79	4,96	5,74	7940
Lignite passant au bitume. — Cuba	1,197	—	39,0	75,85	7,25	12,96	3,94	5,63	8069
Asphalte. — Mexique	1,063	—	9,0	79,18	9,30	8,72	2,80	8,21	9227
Combustibles de formation contemporaine.									
Tourbes — Vulcaire				56,25	5,63	32,54	5,58	1,57	5086
Tourbes — Long				57,29	5,93	32,17	4,61	1,91	5287
Tourbes — Champ-du-Feu				57,00	6,11	31,56	5,33	2,17	5152
Combustibles végétaux.									
Bois. — Composition moyenne				49,60	5,80	42,56	2,04	0,48	4162

Or 1 kilogramme de carbone exige $2^k,666$ d'oxygène pour se transformer en acide carbonique; ces $2^k,666$ d'oxygène seront fournis par $11^k,59$ d'air atmosphérique, et 1 kilogramme d'hydrogène à son tour exige 8 kilogrammes d'oxygène fournis par $34^k,77$ d'air pour former de l'eau. Avant d'établir le calcul, on devra avoir soin de déduire du poids de l'hydrogène celui qui est nécessaire pour la quantité d'oxygène contenu dans le combustible, c'est-à-dire 1/8. La quantité d'hydrogène restante, désignée sous le nom d'hydrogène en excès, et qui se trouve toute calculée dans la table suivante, concourt à l'estimation de la puissance calorifique. Ainsi, par exemple, en prenant la houille d'Épinac, houille grasse à longue flamme contenant 81,12 de carbone et 3,69 d'hydrogène en excès, on a

$$0,8112 \times 8080 + 0,0369 \times 34462 = 7826 \text{ calories}$$

dégagées par le kilogramme ou puissance calorifique.

Pour avoir la température de combustion, comme on a la quantité en poids de chacun des produits de la combustion pour un kilogramme de combustible d'après les considérations indiquées ci-dessus, et que l'on connaît la *chaleur spécifique* ou quantité de chaleur nécessaire pour élever de 1 degré la température du kilogramme de chacun d'eux, il suffira de diviser le nombre de calories résultant de la combustion, par l'ensemble des chaleurs spécifiques des produits de cette combustion.

Ainsi quelle sera la température de combustion fournie par la houille d'Épinac ci-dessus ?

1 kilogramme de cette houille contenant 0,8112 de carbone prendra $2^k,162$ d'oxygène fournis par $9^k,401$ d'air, et produira $2^k,973$ d'acide carbonique, dont la chaleur spécifique est 0,221, de sorte que la quantité de chaleur nécessaire pour l'élever de 1 degré sera $2,973 \times 0,221 = 0,6570$.

Les $0^k,0369$ d'hydrogène en excès prendront $0^k,2952$ d'oxygène fournis par $1^k,283$ d'air pour former $0^k,332$ d'eau, auxquels il faut ajouter les 0,126 d'eau provenant de l'oxygène du charbon. La quantité de chaleur nécessaire pour élever de 1 degré la température de cette eau s'obtient en multipliant son poids par 0,475, chaleur spécifique de la vapeur d'eau. On trouve ainsi 0,2175.

L'air fourni pour la combustion, soit

$$9^k,401 + 1,283 = 10^k,684,$$

contient 77 pour 100 d'azote, soit $10,684 \times 0,77 = 8^k,226$ d'azote, dont la chaleur spécifique est 0,273, ce qui donne pour l'azote 2,245.

La chaleur des cendres et de l'acide carbonique de l'air peut être négligée de sorte qu'en additionnant $0,657 + 0,217 + 2,245$, on trouve 3,119 calories, ce qui représente la quantité de chaleur pour que tous les produits de la combustion du kilogramme de houille d'Épinac s'élèvent en température de 1 degré. La chaleur produite par cette combustion étant de 7826 calories, la température de combustion sera de

$$\frac{7826}{3,119} = 2510 \text{ degrés environ.}$$

En pratique, il y a toujours un excès d'air ; ce calcul, purement théorique, peut cependant servir très utilement comme terme de comparaison.

Ainsi qu'on peut le voir par les deux tableaux qui précèdent, le choix du charbon employé est fort important, en raison des applications auxquelles on le destine. La puissance calorifique, le rendement en gaz et la quantité de ce dernier, la nature et la quantité du coke obtenu, dépendent de la composition du combustible. L'industriel appelé à acheter des charbons devra donc tenir compte de ces éléments.

L'apparence d'une houille ou plutôt ses propriétés physiques sont déjà un indice important, mais absolument insuffisant pour indiquer la valeur réelle.

En général, d'après Wagner, ou plutôt comme moyenne, les diverses natures de houille donnent les résultats suivants :

COMPOSITION.	ANTHRACITE.	HOUILLE GRASSE.	HOUILLE DEMI-GRASSE.	HOUILLE MAIGRE.
Carbone...........	83	78	75	69
Hydrogène..........	3	4	4	4
Eau chimiquement combinée...	2	8	11	18
Eau hygroscopique.........	5	5	5	5
Cendres...........	5	5	5	5
Effet calorifique.				
Absolu............	0,96	0,93	0,89	0,79
Spécifique..........	1,44	1,17	1,16	1,06
Pyrométrique.........	2350°	2300°	2250°	2100°
Une partie réduit : plomb.....	26 à 33	23 à 31	19 à 27	21 à 31
Une partie échauffe de 0° à 100° :				
eau	60,5 à 74,7	52,8 à 72	44 à 61,6	50 à 71
Poids spécifique.........	1,41	1,13 à 1,26	1,13 à 1,30	2,05 à 1,34

Dans la pratique, on admet, dit également Wagner, que le pouvoir calorifique d'une bonne houille se rapproche de celui du charbon de bois, et qu'il surpasse du double environ celui du bois sec. Dans les opérations de fusion, la puissance calorifique des houilles est à celle du bois comme 5 est à 1, à volumes égaux, et comme 15 est à 8, à poids égaux.

D'après les expériences de Karsten, dans les fours à flamme, l'action de 100 volumes de houille égale celle de 700 volumes de bois, celle de 100 parties en poids égale celle de 250 parties en poids de bois.

Lorsqu'il s'agit de chauffer des liquides :

100 volumes de houille = 400 volumes de bois = 400 volumes de tourbe.
100 p. en poids de houille = 160 p. en poids de bois = 250 p. en poids de tourbe.

Méthodes d'analyse. — Pyrométrie.

Les divers éléments constitutifs et les propriétés physiques de la houille devront être connus par l'industriel qui en fait usage ; dans beaucoup de cas, la connaissance de certains de ces éléments ou de leurs proportions sont de la plus haute importance.

Nous allons passer en revue quelques-uns des moyens employés pour les déterminer. Nous ne pouvons entrer ici dans la discussion des différentes méthodes ; cependant, en raison de l'intérêt qui s'attache à ce sujet, nous croyons devoir donner quelques détails utiles.

Comme nous ne pouvons exposer ici une étude complète des méthodes suivies, nous sommes obligés de renvoyer aux ouvrages spéciaux d'analyse chimique. Considérant surtout le côté pratique de l'examen des houilles, nous allons indiquer les procédés pour déterminer : le poids spécifique, l'eau hygrométrique, la teneur en cendres, la teneur en soufre, le rendement en gaz, le rendement en coke et la puissance calorifique.

Poids spécifique. — Par poids spécifique on doit comprendre le poids de l'unité de volume, et par poids spécifique absolu le poids de l'unité de volume, vides déduits, c'est-à-dire le poids du combustible massif. Pour déterminer ce dernier, on pèse un morceau de la houille sur une balance ; on note le poids. On suspend ensuite ce morceau de houille au-dessous d'un des plateaux de la balance, au moyen d'un fil ténu, en ayant soin que le morceau de houille plonge dans un vase plein d'eau distillée, et l'on rétablit l'équilibre de la balance avec des poids que l'on note comme ci-dessus. La différence des poids obtenus donne le poids du volume d'eau déplacé, c'est-à-dire le volume de la houille examinée ; en divisant le poids dans l'air par le poids du volume d'eau déplacé, on a le poids spécifique. Il y aurait lieu d'établir la correction relative à la température de l'eau, qui, pour que le résultat fût exact, devrait être à 4° ; mais cette différence est généralement négligeable, et du reste le poids spécifique absolu a une moins grande importance dans la pratique que le poids d'une autre unité de volume plus courante : l'hectolitre. En effet, la houille se vend à l'hectolitre ou au poids ; la valeur relative du poids de l'hectolitre a donc une importance plus générale ; pour l'obtenir, il suffit de remplir jusqu'au bord, sans tassement, une mesure d'un hectolitre dont le poids est connu, et, prenant le poids du tout sur une balance, on a le poids de l'hectolitre, en déduisant la tare, c'est-à-dire le poids de l'instrument de mesurage.

Dans notre premier tableau, nous donnons les poids de l'hectolitre des charbons examinés, et nous pouvons constater que ces poids varient de 81 à 90 kilogrammes, tandis que, dans le second tableau des houilles, nous donnons les poids spécifiques absolus, le charbon étant considéré comme bloc plein. Nous pouvons constater également que l'hectolitre pèserait de 120 à 190 kilogrammes ; mais, comme nous le disons plus haut, cette manière de compter n'est pas usitée dans la pratique.

Eau hygrométrique. — Pour déterminer la quantité d'eau hygrométrique contenue dans une houille, il suffira d'en prendre un poids quelconque, soit 100 grammes, et après les avoir finement pulvérisés de les exposer pendant trois ou quatre heures à une température d'environ 100 degrés. Il faut avoir soin de ne pas dépasser cette température, parce qu'au delà certains combustibles commencent à laisser dégager des carbures d'hydrogène. On devra, par deux pesées successives, s'assurer que la dessiccation est terminée ; pour certains lignites, et notamment pour la tourbe, qui peut contenir jusqu'à 25 pour 100 d'eau, il faut prolonger longtemps la dessiccation. La houille pulvérisée et séchée à l'air ne contient généralement pas plus de 3 à 3,5 pour 100 d'eau. La perte de poids pendant le séchage représente la quantité d'eau hygrométrique contenue dans la houille.

Teneur en soufre. — Comme nous l'avons vu dans notre premier tableau, certaines houilles peuvent contenir jusqu'à 1,74 de soufre.

Il est fort important dans beaucoup d'industries, comme la fabrication du gaz et la métallurgie, de connaître cette quantité de soufre.

La méthode d'Eschka est exacte et suffisamment pratique. On mélange 1 gramme de la houille finement pulvérisée avec 1 gramme de magnésie calcinée et $0^{gr},5$ de carbonate de soude effleuri; on verse dans un creuset de platine, que l'on incline légèrement et dont on maintient le fond chauffé au rouge, pendant environ une heure. Le mélange, gris d'abord, devient jaune brun; l'opération est alors terminée.

On ajoute 1 gramme de nitrate d'ammoniaque, que l'on mélange avec la masse au moyen d'un fil de platine; puis on chauffe pendant dix minutes. Lorsque le mélange est refroidi, on délaye dans l'eau bouillante et on filtre; on lave le filtre avec un peu d'eau bouillante. Le liquide filtré est acidifié par quelques gouttes d'acide chlorhydrique; on le porte à l'ébullition et on y verse du chlorure de baryum jusqu'à ce qu'il ne se forme plus de précipité blanc de sulfate de baryte. On jette le liquide sur un filtre avec son précipité, on lave avec de l'eau bouillante sur le filtre, on sèche le filtre, on le calcine; le poids de sulfate de baryte trouvé donne le poids du soufre contenu, sachant que 1 gramme de sulfate de baryte contient $0^{gr},137$ de soufre.

Teneur en cendres. — La quantité de cendres contenues dans la houille est excessivement variable, et, dans la pratique, dépend beaucoup de la manière dont la combustion est conduite, parce que l'on comprend généralement, avec les cendres retirées d'un foyer, les scories, le mâchefer et des particules de charbon incomplètement brûlé. Aussi serait-il difficile, sans prendre des précautions spéciales, de se baser sur le résultat obtenu dans la pratique pour l'estimation de la teneur en cendres. Les résultats, d'un foyer à un autre, ne seraient pas comparables.

La méthode d'analyse, au contraire, permet de constater souvent que la combustion se produit dans de mauvaises conditions, puisque l'on obtient plus de cendres que celles qui sont réellement contenues dans le charbon.

Pour déterminer la teneur en cendres, on pulvérise finement du charbon, on en pèse 10 grammes que l'on met dans une capsule de platine. On place ensuite cette capsule dans un fourneau à moufle chauffé au charbon de bois et mieux au gaz. (Voy. fig. 88.) Il faut avoir soin de placer le charbon dans le moufle froid et de le chauffer progressivement, sans cela le charbon s'agglutinerait en formant du coke, difficile ensuite à réduire en cendres, et on s'exposerait à des pertes par projection, parce que la plupart des houilles, si l'on chauffe trop vivement, produisent des crépitements au commencement du chauffage. L'incinération est complète lorsqu'on n'aperçoit plus dans la masse de petits points noirs, plus faciles à distinguer en humectant légèrement la masse avec de l'alcool qui s'évapore complètement lorsqu'on remet au moufle. Quand l'incinération est terminée, on laisse refroidir et l'on pèse ; le poids obtenu, déduction faite du poids de la capsule tarée d'avance, donne le poids des cendres. Au lieu de capsule de platine, on peut, dans un fourneau à moufle chauffé progressivement, employer une capsule ou un creuset bas en porcelaine.

Matières volatiles. — On chauffe au rouge un creuset de terre dont le couvercle doit être bien ajusté et percé d'un petit trou en son milieu. On laisse refroidir et on tare. On y verse alors la houille à examiner et pesée, on pose le couvercle et on chauffe sur une flamme d'un bec Bunsen, en augmentant progressivement la température, afin d'éviter les projections et le boursouflement du coke, qui, si le creuset était trop plein, soulèverait le couvercle et, laissant rentrer de l'air, brûlerait un peu du coke formé, ce qui fausserait les résultats. On termine en portant le creuset au rouge à l'aide d'un chalumeau, jusqu'à ce qu'il ne se dégage absolument plus de gaz combustibles; on laisse refroidir et on pèse. La perte de poids donne la quantité de matières volatiles. Le résidu est du coke, mais nous n'estimons pas que l'on puisse se servir de ce résultat pour calculer le rendement en coke; le chiffre obtenu est généralement plus élevé que celui qui est fourni dans la pratique, car le chauffage ayant été progressif, le coke ne s'est pas agglutiné comme lorsqu'on chauffe brusquement ; les conclusions que l'on

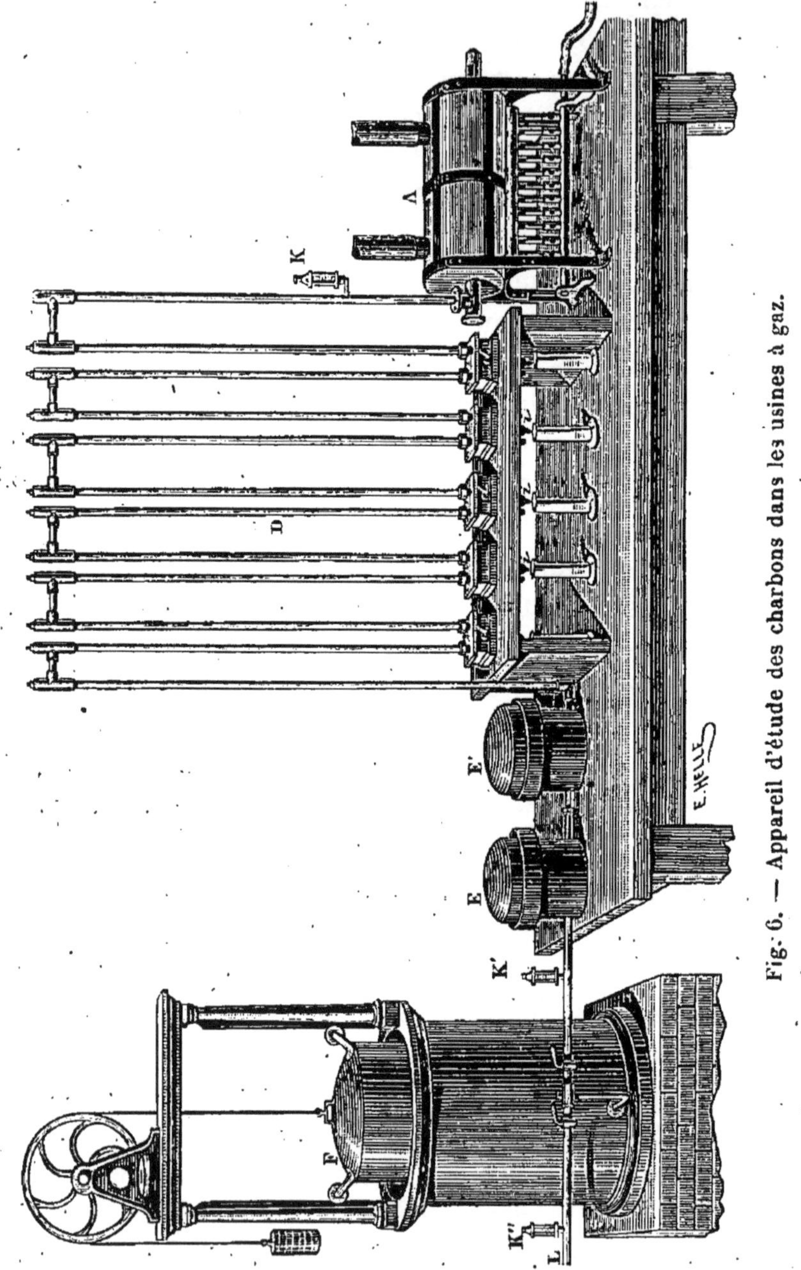

Fig. 6. — Appareil d'étude des charbons dans les usines à gaz.

pourrait tirer sur la nature du coke seraient donc inexactes. Il faudrait des précautions assez difficiles à réaliser pour rendre ces résultats comparables.

Le *rendement en gaz*, au contraire, fournit des résultats plus réguliers et s'approchant plus rigoureusement de ceux que donne la pratique, soit au point de vue des matières volatiles et du gaz à extraire d'un charbon, soit au point de vue du poids et de la nature du coke.

Un des meilleurs dispositifs à employer est représenté dans la figure 6. L'appareil, véritable réduction d'une usine à gaz, se compose d'un fourneau A, chauffé au gaz et dans lequel est disposé un tube en fer B, dans lequel on place le charbon, pesé et versé dans une nacelle en fer tarée. Il faut avoir soin de n'introduire le charbon que lorsque la cornue est au rouge vif, et toujours à la même température pour chaque essai, afin que les résultats soient comparables. Le gaz produit, sortant du tube, traverse successivement les tuyaux D, où il se refroidit et les vapeurs de goudrons et d'eaux ammoniacales se condensent pour être recueillies en *i*, *i'*, *i"* en ouvrant des robinets. On peut ainsi connaître la nature des produits qui se condensent successivement. Lorsqu'on veut étudier en même temps l'influence de la température sur les produits de la condensation, ces tuyaux doivent être enveloppés de manchons contenant de l'eau maintenue à des températures déterminées. Le gaz traverse ensuite les petits épurateurs E E', où sont placées les matières épurantes, puis se rend enfin au gazomètre F, qui porte une échelle graduée et donne les volumes de gaz produit. On augmente ou diminue la pression à volonté ; on peut la réduire au besoin à zéro, même au-dessous, pour faire fonctionner le gazomètre comme aspirateur.

La lecture du volume de gaz obtenu doit, en tout cas, être faite lorsque le manomètre marque zéro pour le ramener à la pression atmosphérique.

Les manomètres K, K', K" permettent d'obtenir la pression aux divers points. Par le tuyau L, le gaz se rend ensuite au photomètre ou aux appareils d'analyse, selon les cas.

Le coke obtenu est retiré rapidement et mis à refroidir dans un espace clos, par exemple sous une cloche; on le pèse ensuite.

Les résultats obtenus ainsi seront, au point de vue du rendement en gaz et en coke, plus rapprochés de ce qui se passe en réalité dans l'industrie, et, avec quelques soins, ils sont toujours comparables entre eux. Enfin, la nature du coke pourra être examinée; il sera bien plus comparable à celui que l'on obtiendra dans la cornue que celui qui provient des essais au creuset.

Puissance calorifique. — L'appréciation de la puissance calorifique ou plutôt de la valeur calorifique des houilles peut se faire d'après trois idées différentes :

1° D'après la loi de Welter, les quantités de chaleur que développent ces combustibles en brûlant complètement sont en raison directe des quantités d'oxygène nécessaires pour leur combustion; mais, comme nous l'avons vu, une partie d'hydrogène se combine avec autant d'oxygène que trois parties de carbone; par conséquent, la méthode sera d'autant plus exacte que le combustible contiendra moins d'hydrogène. En effet, la méthode suivie d'après Berthier consiste à calculer combien le combustible peut réduire d'oxyde de plomb à l'état métallique, en s'emparant de l'oxygène de l'oxyde; pour cela, on pèse 1 gramme de houille réduite en poudre fine : on la mélange avec 30 grammes de litharge exempte de massicot et de grains de plomb métallique; on verse dans un creuset, on ajoute par-dessus 20 grammes de litharge, et on ferme avec un couvercle s'ajustant bien; puis on chauffe progressivement jusqu'à ce que le contenu soit entré en fusion; on donne un coup de feu et on laisse refroidir. On casse ensuite le creuset, on sépare le culot métallique, on le martèle et on le pèse. Le poids du culot, multiplié par 212,5, donne la puissance calorifique. Cette méthode, malgré ses causes d'inexactitude, est suffisante dans la pratique et pour des combustibles de même nature; elle est très employée en raison de sa simplicité.

2° La puissance calorifique peut être obtenue par l'expérience directe, en portant un poids connu d'eau d'une température à une autre. C'est la méthode du calorimètre de Rumford, perfectionnée par plusieurs physiciens, Péclet, Despretz, Kamarsch, Regnault, Favre et Silbermann. Connaissant la quantité de chaleur nécessaire pour élever de 1 degré 1 kilogramme d'eau, on en conclut la quantité de calories que dégage l'unité de poids du combustible. Mais cette méthode comporte une infinité de précautions, et, tout en donnant des résultats comparables pour un même appareil, n'en donne plus de comparables sans de nombreuses corrections pour des appareils différents. C'est une méthode de laboratoire. En mesurant le nombre de kilogrammes d'eau vaporisée dans une chaudière par un poids donné de combustible, méthode fort employée en Allemagne, on est arrivé, après des recherches suivies, à établir la valeur comparative d'un grand nombre de charbons. Cette méthode pratique, qui donne l'effet calorifique d'une houille par la quantité d'eau vaporisée, fournit, comme résultat, des chiffres de comparaison fort intéressants ; mais elle est moins à la portée de tout le monde, ne présente pas la simplicité de la méthode de Berthier et ne donne pas les renseignements plus intéressants d'après la méthode de calcul de la puissance calorifique que d'après l'analyse élémentaire.

3° L'analyse élémentaire, comme nous l'avons vu plus haut, faisant connaître les proportions de carbone, d'oxygène et d'hydrogène contenues dans une houille, permet, d'après le raisonnement que nous avons indiqué, de calculer la puissance calorifique ; elle est indépendante, en outre, des corrections spéciales aux systèmes d'appareils employés.

Le détail d'une analyse élémentaire serait un peu compliqué et ne rentre pas dans le cadre de cet ouvrage, où nous cherchons plutôt à fournir des renseignements pratiques. Aussi nous croyons devoir renvoyer aux ouvrages spéciaux d'analyse chimique, dans lesquels cette opération un peu complexe se trouve expliquée.

Analyse des gaz. — Depuis que les méthodes scientifiques de contrôle se sont introduites dans l'industrie et que la routine tend à disparaître des procédés de fabrication employés, l'analyse du gaz a pris une grande importance. Winckler, Honigmann, Bunte, Schlœsing, etc., ont proposé des appareils pour cet objet. Parmi les plus pratiques, nous avons choisi l'appareil Orsat, pour donner une idée des méthodes employées et parce que c'est un de ceux dont l'emploi est le plus général. Modifié successivement par Salleron, Aron, Fisher, Thomson, Winkler, Müncke, il a pu trouver sa place dans une foule d'industries.

Il est utilisé pour le dosage de l'acide carbonique, de l'oxygène, de l'oxyde de carbone dans les gaz provenant de la combustion à la suite des hauts-fourneaux, fours à réverbères et autres fours métallurgiques ; il sert à l'analyse des gaz de houillères, de sources, de caves, de puits, à celle des gaz de grillage, de fours à chaux, de gazogènes, et, en prenant certaines précautions, à celle du gaz d'éclairage.

En présence de certains mélanges, il y a lieu d'éliminer quelques-uns des éléments contenus, comme le goudron du gaz, et, en général, dans le plus grand nombre de cas, on peut obtenir très rapidement et facilement des renseignements pour la pratique industrielle, au moyen de cet appareil, dont la figure 7 représente une des formes les plus commodes. Son principe consiste à mesurer un volume déterminé d'un mélange de gaz, puis à mettre successivement ce volume de gaz en contact avec des absorbants appropriés et à mesurer, après chaque passage, le volume de gaz restant. Cette opération s'exécute de la façon suivante : en A est une trompe permettant de vider d'air la conduite d'arrivée des gaz qui pénètrent par a ; puis, le robinet e étant fermé, on purge d'air le tube mesureur B (gradué en fractions de centimètres cubes et enveloppé d'un manchon plein d'eau), en élevant le flacon D de telle sorte que le niveau du liquide vienne jusqu'au haut du tube mesureur ; une pince g arrête la circulation dans le tuyau de caoutchouc. Ensuite, avec la trompe, on fait monter les liquides absorbants dans leurs flacons respectifs, jusqu'auprès des robinets de barrage 1,2,3, en aspirant l'air contenu, et l'on ferme les robinets ; puis on arrête la trompe. On remplit ensuite le tube mesureur d'un volume déterminé de gaz, on ferme le robinet *a*; puis, par une série d'élévations et d'abaissements du flacon D, on met le gaz en contact successivement avec les liquides absorbants de 1,2,3, et chaque fois on mesure le volume absorbé.

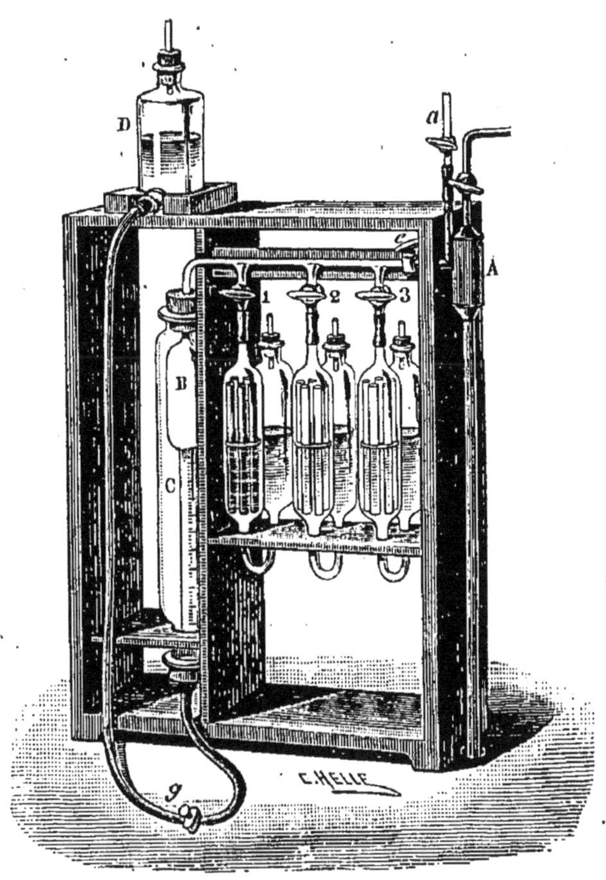

Fig. 7. — Appareil Orsat.

On obtient ainsi la composition du mélange de gaz étudié, l'hydrogène et l'azote constituant, en général, un excédent non absorbé. On emploie les liquides absorbants suivants : pour l'acide carbonique, la potasse caustique à 1,20 de densité; pour l'oxygène, l'acide pyrogallique en solution alcaline; pour l'oxyde de carbone, une solution saturée de chlorure cuivreux dans l'acide chlorhydrique ; pour l'éthylène. (propylène, butylène), l'eau de brome ;. pour l'ammoniaque, l'acide sulfurique dilué ; pour l'acide chlorhydrique et l'hydrogène sulfuré, de la potasse caustique ; pour la benzine, l'acide azotique fumant, etc. Il nous est impossible, sans sortir de notre cadre, d'indiquer tous les cas qui peuvent se présenter ; nous avons seulement voulu indiquer la marche générale de cette méthode et donner une idée du fonctionnement de cet intéressant appareil.

Pyrométrie. — Ainsi que nous l'avons fait remarquer plus haut, la mesure des températures élevées est un élément important en industrie. Malheureusement, les méthodes d'appréciation de ces températures, dont l'ensemble forme ce qu'on appelle la *pyrométrie*, présentent des difficultés telles que, généralement, on se contente d'une estimation à l'œil d'après certaines données d'expérience. On estime généralement que le platine est

Rouge naissant à . . .	525°	Orange foncé à. . . .	1100°
Rouge sombre	700	Orange clair	1200
Cerise naissant. . . .	800	Blanc	1300
Cerise.	900	Blanc soudant	1400
Cerise clair	1000	Blanc éblouissant. . .	1500

Cependant, il y aurait tout intérêt à trouver une méthode de mesurage exacte. On a proposé successivement la dilatation des solides, des liquides ou des gaz. Mais les solides, après plusieurs chauffages et refroidissements, n'ont plus le même coefficient de dilatation.

Les liquides ont leur point d'ébullition trop bas ; les gaz nécessitent des appareils trop délicats pour les usages industriels. On a proposé d'estimer la température d'après les points de fusion de certains alliages, argent, or et platine. Mais ces alliages sont coûteux et délicats à préparer avec précision, ce qui est nécessaire pour obtenir des chiffres exacts. Les travaux de Prinsep, Erhard et Schertel sur la température de fusion des alliages et métaux donnent une certaine exactitude à cette méthode ; toutefois les raisons énoncées ci-dessus ont empêché son adoption.

Cependant, il y a intérêt à connaître certains points de fusion, pour des cas spéciaux. On sait que :

L'étain fond à.	230°	L'argent fond à. . . .	954°
Le bismuth	256	Le cuivre . . . ˉ. . .	1050
Le plomb.	339	L'or.	1075.
Le zinc.	360	Le fer doux	1500
L'antimoine.	432	Le platine	1775

Ces chiffres supposent les métaux à l'état de pureté. Les alliages, sauf ceux d'argent, or, platine, pourraient servir à l'estimation de températures intermédiaires, s'ils n'étaient exposés à la liquation.

La contraction des substances argileuses à la cuisson (pyromètre de Wedgwood) ne présente aucune régularité.

La variation de résistance au passage du courant électrique suivant la température donne de bons résultats avec le pyromètre électrique de Siemens ; mais elle est trop délicate pour la pratique. Enfin, on fait usage de la méthode calorimétrique, que nous estimons suffisamment pratique pour être employée dans l'industrie. Aussi donnerons-nous ci-dessous l'instruction suivie pour son emploi dans les usines de la *Compagnie parisienne du gaz*. Cette méthode est assez simple pour être utilisée dans beaucoup d'usines. Elle repose sur la connaissance de la chaleur spécifique d'un solide, cuivre, fer, platine, c'est-à-dire de la quantité de calories nécessaire pour élever à une température donnée l'unité de poids de ce corps. La quantité de chaleur prise par ce corps est ensuite mesurée par l'échauffement d'une masse d'eau de température connue dans laquelle on le plonge. Dans cette méthode, on emploie généralement une masse de fer qui a l'inconvénient de s'oxyder, mais qui est facile à renouveler. Connaissant le poids du fer et sa chaleur spécifique, le poids de l'eau dans laquelle on le plonge, sa température initiale et sa température finale, il est facile de calculer la température du milieu où le fer a été exposé.

L'appareil employé se compose d'un vase en bois cerclé de fer d'une contenance de dix litres, portant trois orifices percés sur son pourtour et fermés par des chevilles mobiles (fig. 8). Ce vase est posé sur un trépied ou, suivant les cas, à terre. Un couvercle mobile, percé d'un trou circulaire et muni d'une sorte de panier en bois, est posé sur le vase. Le couvercle porte sur sa face supérieure un manneton et une planchette évidée formant arrêt. Il est percé d'une entaille destinée à recevoir le thermomètre qu'un coin de bois maintient en place.

Un cube de fer du poids de 2 kilogrammes et une tringle en fer de 2 mètres de long environ et de 15 millimètres de grosseur complètent cet appareil.

Quand on veut prendre la température d'un milieu quelconque, tel que carneaux, cheminées, on opère de la manière suivante :

Mise en place du fer. — La tringle est introduite dans le trou percé au centre du morceau de fer. Le fer est ensuite disposé dans l'enceinte dont on cherche la température.

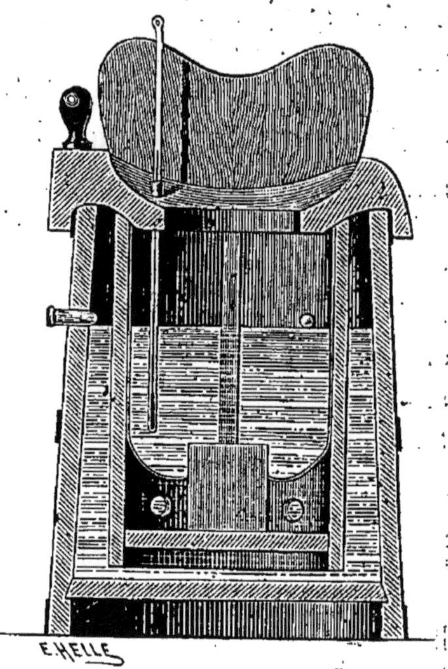

Fig. 8. — Pyromètre de la Compagnie parisienne du gaz.

Mesurage de l'eau. — Le vase en bois est posé sur un sol de niveau. On enlève le couvercle et les trois chevilles, on remplit le vase d'eau jusqu'à la hauteur des trois trous (si le vase est bien de niveau, l'eau sort par les trois trous). On remet les chevilles, puis on replace le couvercle.

Température de l'eau avant l'essai. — On fixe le thermomètre au point de repère (la tige dépasse le couvercle de 8 à 10 centimètres). On saisit le manneton et on fait tourner le couvercle cinq à six fois; on relève le thermomètre et on prend note du degré de température. On remet le thermomètre au point de repère. Le vase ainsi préparé est porté vis-à-vis et à $0^m,50$ du regard de l'enceinte dont on veut prendre la température.

Enlèvement du fer. — Cet enlèvement a lieu après un séjour de vingt-cinq minutes. On fait pénétrer la tringle dans le trou percé au centre du morceau de fer, et on la retire doucement avec ce dernier, que l'on fait tomber dans l'eau du vase en bois par l'ouverture percée au milieu du couvercle.

Température de l'eau après l'essai. — On saisit de nouveau le manneton du couvercle, auquel on fait faire huit à dix révolutions ; on relève le thermomètre et on note le degré ; l'expérience est terminée.

Calcul de la température T. — Du chiffre représentant la température t de l'eau après l'essai, on retranche le chiffre représentant la température t avant l'essai. On cherche dans le tableau ci-dessous le chiffre correspondant à cette différence $t_1 - t$. On note ce chiffre ; on y ajoute le degré t, après l'essai ; le total donne la température cherchée.

$t_1 - t$.	$\frac{P}{pc}(t_1 - t)$.	$t_1 - t$.	$\frac{P}{pc}(t_1 - t)$	OBSERVATIONS.
1	39	21	833	NOTA. — Pour obtenir
2	79	22	873	la température cher-
3	118	23	912	chée, il suffit d'ajouter
4	158	24	952	aux chiffres des colon-
5	198	25	992	nes contenant les va-
6	237	26	1031	leurs de $\frac{P}{pc}(t_1 - t)$ le
7	277	27	1071	chiffre trouvé pour t, la
8	316	28	1111	température finale de
9	356	29	1150	l'eau.
10	396	30	1190	
11	436	31	1230	
12	476	32	1269	
13	515	33	1309	
14	5 5	34	1349	
15	595	35	1388	
16	634	36	1428	
17	674	37	1468	
18	714	38	1507	
19	753	39	1547	
20	793	40	1587	

Si on veut la calculer, il suffit d'employer la formule

$$T = \left(\frac{t_1 - t}{p\,c}\right) + t_1$$

dans laquelle P est le poids de l'eau, $= 10$ kilogrammes, p le poids du fer, $= 2$ kilogrammes, et c la chaleur spécifique du fer, $= 0,126$; d'où $T = 39,68\,(t_1 - t) + t_1$; et si, par exemple, on trouve $t = 11$ et $t_1 = 42$, $t_1 - t = 31$, d'où $31° \times 39,68 + 42 = 1272$.

II

COMBUSTIBLES DÉRIVÉS

Briquettes d'agglomérés.

Beaucoup de matières combustibles à l'état pulvérulent sont restées pendant longtemps sans emploi; telles sont la sciure de bois, les pailles menues, la tannée, le poussier de charbon de bois, de tourbe et les menus de houille.

C'est seulement après l'invention de moyens convenables pour préparer les agglomérés que l'on a connu les divers systèmes découverts depuis pour brûler ces déchets en nature. En effet, les combustibles pulvérulents ne peuvent se tenir sur les grilles, qu'il faudrait disposer avec des barreaux trop rapprochés; et en outre, comme ils sont trop menus, ils ne laissent pas entre chaque morceau un passage suffisant à l'air pour que la combustion puisse s'effectuer. Aujourd'hui, divers systèmes de foyers permettent de les brûler; tels sont les foyers à étages du genre Perret, dans lesquels le combustible est disposé en couches minces sur de grandes surfaces, et les gazogènes.

Nous n'avons à nous occuper ici que des agglomérés de houille; du reste, les autres matières combustibles pulvérulentes pourraient être agglomérées par des moyens analogues.

L'industrie de la fabrication des agglomérés s'est surtout établie près des mines où la matière première, le menu, était autrefois tellement abondant que, pour s'en débarrasser, on le jetait dans les anciennes galeries pour les remblayer.

La proportion de menu atteignait jusqu'à 20 pour 100 du charbon extrait, avec certaines qualités friables.

Dans le principe, les agglomérés n'étant pas très employés, les industries peu nombreuses qui les utilisaient n'étaient pas exigeantes; mais peu à peu leur usage s'étant répandu en raison de certaines commodités qu'ils présentent, telles que la régularité des dimensions facilitant l'emmagasinement, les fabricants ont été amenés par les demandes, et par leur intérêt, à soigner les détails de la fabrication.

Aujourd'hui, les grandes industries des transports par voies ferrées et par bateaux, à cause des facilités d'arrimage, les emploient en quantités si considérables que la production française ne suffit plus, et que l'importation des agglomérés belges et anglais représente aujourd'hui une valeur très importante. Ajoutons encore que les menus, étant très divisés, facilitent l'épuration, c'est-à-dire l'enlèvement des parties terreuses inertes par le lavage.

Dans les cahiers des charges de fourniture, les grandes administrations marines, les compagnies de transport et les chemins de fer exigent généralement des briquettes présentant des qualités que nous allons énumérer.

Cohésion. — Les morceaux d'agglomérés pesant au moins 500 grammes, mis dans un cylindre en fer de 1 mètre de long et de $0^m,50$ de diamètre, par exemple, muni de lames à l'intérieur pour obliger les morceaux à retomber les uns sur les autres et tournant à une vitesse déterminée, soit 50 révolutions en 2 minutes, ne doivent pas donner plus de 50 pour 100 de morceaux d'une grosseur inférieure à 4 centimètres.

Densité. — La densité des briquettes doit être en moyenne de 1,17 (1,13 à 1,21).

Teneur en brai. — La teneur en brai, *agglomérant* généralement employé, doit être de 8 pour 100 en moyenne lorsque le brai a servi à l'agglomération.

Ramollissement. — Une température d'étuve de 60°, maintenue de dix à vingt-quatre heures, ne doit pas faire éprouver de ramollissement sensible.

Fumée. — Dans la marine, en particulier, on exige que les briquettes ne donnent pas de fumée noire, mais une fumée grise et légère (?).

Cendres. — La teneur en cendres est une des conditions les plus sévèrement contrôlées; on exige généralement que les agglomérés ne laissent, à l'essai d'incinération, que 5 à 7 pour 100 de cendres et au maximum 10 pour 100 de cendres à la combustion au foyer.

Puissance calorifique. — La puissance calorifique des bonnes briquettes est souvent supérieure de 10 à 15 pour 100 à celle des bonnes houilles. Aussi, en résumé, est-ce un excellent combustible.

Nous allons voir maintenant quelles sont les méthodes employées pour leur fabrication.

Trois points sont à considérer pour cette industrie : la qualité des houilles, la nature de l'agglomérant, les machines employées.

Houilles. — La qualité des houilles est loin d'être indifférente pour arriver à obtenir des agglomérés présentant les conditions énoncées ci-dessus.

Tout d'abord, pour obtenir une faible teneur en cendres, les houilles doivent être soigneusement lavées.

Les méthodes de lavage sont les mêmes que celles employées pour le lavage des houilles destinées à la fabrication du coke; elles reposent toutes sur la différence de densité existant entre la houille (1,0 à 1,3, comme nous l'avons dit) et celle des impuretés ou matières étrangères que l'on retire de la mine avec le charbon et qui varie de 2 à 4. Si l'on jette dans l'eau un mélange de poussier de houille et de poussier de quartz, de schiste ou de spath calcaire qui ordinairement accompagnent la houille, celle-ci sera, en raison de sa moins grande densité, la dernière à atteindre le fond ; ou bien, si, au lieu de mettre le mélange à trier en mouvement dans l'eau, on met au contraire l'eau en mouvement et que ces matières soient maintenues dans un courant d'eau, ce seront les houilles qui seront entraînées le plus loin et les matières lourdes qui se déposeront les premières. Il est essentiel, pour que la séparation soit nette, que les grains soient à peu près tous de même grosseur, ce que l'on obtient par un broyage préalable et un criblage servant à leur classification.

On ne soumet ainsi au lavage que des qualités de même grosseur. La théorie du lavage et la description des divers appareils employés nous entraîneraient trop loin.

Les houilles ne présentent pas toutes les mêmes facilités pour l'agglomération, même lorsqu'on emploie une matière agglomérante plus ou moins abondante.

Avec peu de ciment, les houilles grasses donnent très facilement des briquettes ayant une grande cohésion, tandis qu'avec les houilles très sèches, les anthracites et les lignites, il est très difficile d'obtenir des briquettes qui soient non pas solides (elles en ont au moins l'apparence à froid), mais qui se maintiennent convenablement sur les grilles des foyers et ne se réduisent pas alors en poussière. On devra donc, autant que possible et sauf des cas absolument spéciaux, n'employer que les houilles grasses et demi-grasses pour cette fabrication.

Agglomérant. — On a proposé successivement bien des substances pour servir à l'agglomération de la houille. Les agglomérés ont été faits avec de l'argile délayée mélangée au poussier de charbon ; la pâte obtenue était moulée, puis séchée à l'air. Les briquettes obtenues, peu solides, donnaient tout naturellement beaucoup de cendres et brûlaient mal. Lorsque les premières usines à gaz se créèrent, elles produisaient en quantité du goudron ou coal tar (goudron de houille), qui était à cette époque une matière encombrante dont elles ne savaient comment se débarrasser. On fit des essais de briquettes agglomérées avec ce goudron ; mais elles manquaient de consistance, étaient longues à durcir et enfin avaient une très mauvaise odeur. M. Marsais, ingénieur à Saint-Étienne, eut alors l'idée, vers 1842, d'employer le goudron après en avoir extrait 25 pour 100 d'huiles volatiles, par distillation. Ce produit, nommé brai gras, solide à la température ordinaire, dur et cassant par les grands froids, se ramollissait par les grandes chaleurs et présentait l'inconvénient de donner des briquettes exposées au ramollissement. En outre, depuis que les procédés de distillation du goudron ont été perfectionnés et que les produits obtenus ont acquis de la valeur, il y avait avantage à n'employer que le dernier résidu de la distillation ou brai sec, qui reste lorsque les produits, volatils au-dessous de 300°, ont été éliminés. Le brai sec, très dur et cassant, change à peine de forme par les plus grandes chaleurs de l'été, ce qui permet de l'expédier en vrac.

On attribue le premier emploi du brai sec à Wylam. C'est cette substance qui, aujourd'hui, est généralement la matière agglomérante usitée dans les usines.

Les autres substances proposées, telles que la gélatine sous une forme quelconque, le lichen en décoction ou autres matières mucilagineuses végétales, les résines, quelquefois les corps gras, n'ont pas d'applications industrielles importantes.

On a proposé également la fabrication des briquettes sans emploi de matières agglomérantes. Plusieurs raisons sembleraient en effet concluantes en faveur de ce procédé : le prix du brai qui, à certains moments, a été très élevé, la solidité des briquettes qui ainsi ne pourraient pas se ramollir, enfin le produit obtenu qui, ne contenant que le charbon seul, donnerait des briquettes très pures. Évrard, Bessemer, Baroulier, etc., ont fait des tentatives plus ou moins heureuses sans arriver à une bonne fabrication ; dans tous les systèmes, on emploie un mélange de houille contenant une forte proportion de houille très grasse. Ce mélange comprimé est chauffé à haute température ; le charbon gras se ramollit, agglomère la masse et remplace ainsi le brai. Tous ces procédés n'ont pas été généralement adoptés, à cause des difficultés du chauffage à haute température, qui était coûteux par lui-même, et des frais d'entretien du matériel qu'il imposait et qui se trouve rapidement détérioré.

Machines. — En somme, le procédé généralement adopté aujourd'hui est l'agglomération au moyen du brai gras ou sec, le plus souvent du brai sec. Les différentes méthodes de fabrication ne varient que par les dispositifs mécaniques. Les machines se composent de deux parties : celles qui sont disposées pour la préparation de la pâte de houille et de brai et celles qui opèrent la compression du mélange. Nous avons vu que les houilles sont tout d'abord lavées afin d'être purifiées.

La préparation de la pâte se fait de deux manières, selon que l'on emploie du brai gras ou du brai sec.

Pour le brai gras, le charbon, séché et chaud, est amené dans un malaxeur, chauffé en même temps que le brai gras fondu, soit par un foyer à chauffe directe, soit par injection de vapeur surchauffée, comme dans le système Évrard. Lorsqu'on a obtenu un malaxage suffisant pour constituer une pâte parfaitement homogène, on conduit cette dernière aux appareils de moulage et de compression au moyen de conduits inclinés, en tôle chauffée, ou de conduits horizontaux dans lesquels la pâte est poussée par des hélices.

On emploie environ 8 pour 100 de brai. La température à laquelle on maintient le charbon et le brai varie entre 80 et 100°.

Lorsque l'on se sert du brai sec, on le broie d'abord ; puis, dans certains cas, on le mélange avec une certaine quantité d'huiles lourdes pour augmenter sa fluidité. Le charbon chauffé et le brai liquéfié sont mélangés dans des appareils chauffés soit par la vapeur surchauffée à 300°, soit sur des soles fixes ou tournantes ; enfin ils sont malaxés avant de parvenir aux appareils de compression.

Avec un chauffage convenable et un malaxage bien entendu, dans des appareils assez grands pour que le mélange y séjourne assez longtemps, de manière à atteindre une température suffisante pour le ramollissement complet, on peut arriver à réduire la quantité de brai de 8 à 4 pour 100, selon la qualité des charbons employés.

En sortant des mélangeurs, la pâte est reçue par les machines à compression dont les nombreux modèles peuvent être classés en trois genres principaux.

1° Machines à pistons avec moules à compression fermés.

2°   —   —   —   ouverts.

3° Machines à roues tangentielles.

Tous les systèmes de machines à compression doivent donner des briquettes d'une densité régulière, dures et sonores ; celles-ci doivent ne pas être trop grosses pour qu'on n'ait pas à les concasser en trop de morceaux pour les mettre dans les foyers et cependant ne pas être trop petites pour qu'une tonne de briquettes soit trop longue à arrimer.

La pression nécessaire pour obtenir une bonne agglomération varie entre 100 et 150 kilogrammes par centimètre carré.

1° *Machines à pistons avec moules à compression fermés.* — Toutes ces machines comportent un ou plusieurs moules en fonte avec fond mobile, dans lesquels un piston vient comprimer la pâte chaude. Les principales machines sont celles de Marsais où l'on fabrique un gros bloc qui est cassé en morceaux après la compression produite par une presse hydraulique ; celle de Middleton, formée d'un plateau circulaire, tournant devant deux pistons verticaux ; le plateau circulaire est percé d'ouvertures constituant les moules. Au-dessous du premier piston, sous le plateau, est une plaque pleine ; la pâte est comprimée dans le moule du plateau entre la plaque pleine et le 1er piston ; le plateau, après le relèvement du piston, tourne un peu, de manière à amener la briquette venant d'être comprimée au-dessus d'une ouverture correspondant au 2e piston, qui en descendant fait tomber la briquette. Pendant ce temps-là, le 1er piston a comprimé une nouvelle briquette dans un autre moule amené par la rotation du plateau, et ainsi de suite. La machine Revollier emploie le plateau ou chariot Middleton et la compression par pression hydraulique. Quelquefois le plateau tournant est remplacé par un mouvement de va-et-vient. La machine Mazeline comporte également un plateau tournant dans lequel la compression a lieu de bas en haut au moyen de plaques poussées par des vis ; les briquettes obtenues pèsent 9 à 10 kilogrammes dans les grands modèles et 5 kilogrammes dans les petits.

2° *Machines à piston avec moules ouverts.* — La machine type de ce genre est la machine Évrard, aujourd'hui très répandue. Elle se compose d'un plateau circulaire horizontal, percé, suivant les rayons, d'un certain nombre de trous cylindriques de $0^m,12$ à $1^m,15$ de diamètre et au nombre de seize généralement ; dans chacun des moules s'enfonce un piston ayant $0^m,14$ à $0^m,16$ de course. Tous ces pistons sont actionnés par un seul excentrique, placé au centre du plateau. Cet excentrique est monté sur un arbre vertical dont la rotation pousse et retire successivement tous les pistons. Lors du recul des pistons, la pâte amenée du malaxeur descend dans un espace laissé à découvert par le piston, qui vient ensuite la chasser dans le moule et, la réduisant à $0^m,03$ d'épaisseur, la fait adhérer à la partie déjà comprimée ; lorsque, par suite de plusieurs coups de piston, le cylindre comprimé a atteint une longueur suffisante en dehors du moule, il est cassé et emporté au magasin.

Ces machines, dans lesquelles la compression a lieu, en raison de l'adhérence le long des parois du moule, malgré la pression de 100 kilogrammes par centimètre exercée par les pistons, ne marchent convenablement qu'avec une pâte assez molle exigeant l'emploi du brai gras ou du brai sec mélangé de goudron. Un des avantages réalisés consiste dans la densité élevée des briquettes qui sont très homogènes.

3° *Machines à roues tangentielles.* — Les machines à roues tangentielles sont moins employées.

La machine Jarlot est formée de deux roues semblables fonctionnant comme des engrenages. Une trémie amène la pâte au-dessus des deux roues qui, par le mouvement de rotation, l'obligent à pénétrer de plus en plus à chaque tour et enfin à sortir sous forme d'une série de boudins continus enlevés par un couteau fixe.

Dans la machine David, au contraire, l'une des roues est garnie de dents, l'autre de creux formant moule. Au fond de ces creux est un tasseau qui est poussé par une came vers l'extérieur, et, quand il se trouve en face d'une dent, sert à la compression ; un peu plus loin, la roue continuant son mouvement, le fond mobile pousse la briquette formée et la fait tomber sur une table, d'où elle est enlevée par les ouvriers. Enfin la machine Verpilleux est simplement formée de deux roues pleines et unies agissant comme une sorte de laminoir, débitant un ruban continu que des couteaux coupent à la longueur voulue.

Afin de mieux faire comprendre les détails de cette fabrication, représentant aujourd'hui 2,500,000 tonnes, dont un million en France, nous donnons ci-contre (fig. 9) la description d'un ensemble comprenant une des bonnes machines du premier type, dans lequel la compression est double : c'est la machine Biétrix et Couffinhal.

L'ensemble des appareils comprend un broyeur A, auquel les menus sont amenés du dehors de l'usine par des wagonnets. Le charbon broyé et criblé, pour être amené à une grosseur uniforme de grains, est élevé ensuite par la chaîne à godets B, au-dessus du four E, où il est amené par une hélice en fonte C. C'est dans ce four que le menu de charbon est chauffé et séché. Ce four se compose d'une sole tournante F, constituée par un plateau en fonte mobile autour d'un axe vertical qui lui transmet ce mouvement, produit par une transmission inférieure.

Le plateau est enfermé dans la masse du four E, en briques réfractaires, qui l'enveloppe complètement et auquel est attenant un foyer placé sur le côté. Les flammes passent sur la partie supérieure de la sole tournante, puis dessous, et de là gagnent la cheminée de l'usine par une cheminée traînante.

Le menu chauffé sur le plateau est remué continuellement par des rables fixes qui renouvellent ainsi les surfaces. Du côté de la machine à comprimer, des palettes inclinées le poussent vers le conduit G, contenant une vis mélangeuse à enveloppe de vapeur : le menu chauffé au-dessus de 100° y reçoit le brai en poudre, qui y est conduit au moyen d'un élévateur spécial. La vis commence le mélange de la pâte, qui devient complètement homogène dans le malaxeur H, d'où il tombe dans la machine à compression M. L'organe essentiel de cette machine est un plateau tournant à alvéoles du genre du chariot Middleton ; il comporte 12 à 14 moules disposés pour donner aux briquettes une forme telle que la hauteur et la largeur soient moitié de la longueur, ce qui permet de les empiler en les croisant ; quatre d'entre elles forment un cube parfait. La compression se produit au-dessus et

Fig. 9. — Machine à agglomérer, système Biétrix et Couffinhal.

au-dessous des briquettes par l'intermédiaire d'un cylindre hydraulique permettant de régulariser la pression sur les briquettes. Cette pression s'effectue en trois temps distincts :

1er temps. Le piston compresseur agit seul.

2e temps. Le piston inférieur monte jusqu'à ce que la pression soit égale sur les deux faces.

3e temps. Lorsque la pression limite est atteinte, le piston continue son mouvement dans le cylindre hydraulique jusqu'à ce que le point mort de la manivelle soit dépassé.

Le démoulage par un piston démouleur spécial se fait sur un tablier à bascule, une toile sans fin ou directement à terre. Il existe quatre modèles de presse à double compression qui donnent des briquettes de 1, 2, 5 et 10 kilogrammes et produisent respectivement 18, 50, 90 et 150 tonnes de briquettes par jour.

Les machines à compression pour fabriquer des briquettes d'agglomérés exigent des machines motrices assez puissantes.

La force nécessaire varie d'un système à l'autre entre 4 et 8 chevaux par tonne de briquettes et par heure ; les machines à roues tangentielles sont celles qui demandent le moins de force : de 4 à 6 chevaux ; viennent ensuite les machines de compression à moules fermés, qui prennent de 5 à 6 chevaux, et enfin les machines à moules ouverts, qui prennent de 6 à 8 chevaux. La force nécessaire est un des points importants du prix de revient des briquettes, mais le côté essentiel est le prix du menu de houille employé. Le prix du brai est assez variable. En somme, les agglomérés de houille coûtent de 6 à 8 francs plus cher que les menus par tonne, de 2 à 4 francs plus cher que la houille tout venant ; mais les qualités des briquettes, en raison de la facilité de la combustion et l'épuration du menu, donnent des avantages pratiques qui compensent bien ces différences de prix. Nous indiquons ci-dessous, d'après Knapp, le résultat de nombreuses expériences de M. l'ingénieur Delantel.

DÉSIGNATION DES COMBUSTIBLES.	DÉCHET POUR 100			POUVOIR CALORIFIQUE rapporté à celui de la houille de Cardiff [1].	TÉNACITÉ. RAPPORT du gros au menu [2].
	Cendres.	Escarbilles.	Total.		
A. *Charbons à courte flamme.*					
Anzin. Roche (puits Thiers). . .	5,70	2,50	8,20	1,053	35 à 40
— Briquettes cylindriques au brai sec	3,48	2,91	6,39	1,025 .	50 à 60
— Briquettes rectangulaires au brai sec	3,48	2,91	6,39	1,010	50 à 60
Charleroi. Baudin Evrard. Dehaynin.	»	»	6 à 7	1,002	45 à 50
Cardiff. Roche	6,11	2,31	8,42	1,000	42 à 47
Chazotte. Briquettes cylindriques brai gras.	3,53	3,49	7,02	0,981	»
B. *Charbons gras.*					
Firminy. Roche.	3,88	4,15	8,03	0,910	»
Brassac. Roche.	11,83	4,67	16,50	0,887	»
C. *Charbons longue flamme.*					
Brunay. Roche.	2,34	1,52	3,86	0,878	»
Newcastle. Roche.	3,55	1,62	5,17	0,841	50 à 60
Blanzy } Puits Cinq-Sous. . . . — Sainte-Marie. . .	4,02	5,22	9,24	0,781 0,740	» »

I. Le Cardiff, pris pour unité, vaporise 8ᵏ,30 d'eau par kilogramme.

2. La cohésion est prise d'après les renseignements donnés plus haut dans les conditions générales exigées pour les agglomérés.

Charbon de Paris.

La fabrication du charbon de Paris, comme celle des agglomérés, est une industrie toute moderne ; elle utilise, comme elle, des résidus qui, à l'époque de sa création, avaient peu de valeur. De même que l'industrie des agglomérés de houille, la fabrication du charbon de Paris a reçu, depuis son origine, divers perfectionnements, tant dans les machines employées que dans la nature des matières premières. L'industrie du charbon de Paris a été créée de toutes pièces par M. Popelin-Ducarre ; il eut l'idée d'utiliser les résidus de matières végétales brûlant facilement après agglomération, comme du charbon de bois, et inventa les machines nécessaires à la réalisation industrielle de son idée.

Les matières premières qu'il avait en vue tout d'abord étaient les bruyères, la sciure de bois, les menues branches restant dans les forêts et le tan de tanneries ; mais les dépenses de carbonisation préalable firent abandonner ces diverses substances (dont cependant la valeur brute était peu considérable) pour utiliser exclusivement les poussiers de charbon de bois restant dans le fond des bateaux qui les amènent à Paris ou dans les magasins, et le poussier de charbon de tourbe. Ces matières brûlant très facilement et même trop rapidement, on put y mélanger du poussier de coke, qui, étant très bon marché, abaisse le prix de revient. Mais il y a une limite qu'il ne faut pas dépasser dans la proportion du mélange de coke, parce qu'alors les briquettes deviennent plus difficiles à brûler ; les quantités convenables de coke à introduire dans les briquettes sont indiquées par la pratique.

Comme dans la fabrication des agglomérés de houille que nous venons de passer en revue, trois éléments sont à considérer pour le charbon de Paris : la matière première, l'agglomérant et les machines de compression ; mais cette fabrication entraîne une autre opération nécessitée par la nature de l'agglomérant employé, c'est la carbonisation après le moulage de la pâte. La fabrication dans le principe comprenait :

1° La carbonisation des résidus végétaux destinés à la fabrication du charbon.

2° La pulvérisation du charbon obtenu.

3° Le mélange avec l'agglomérant.

4° Le moulage de la pâte.

5° Le séchage des briquettes.

6° La carbonisation du charbon moulé.

La carbonisation avait lieu dans des fours en briques réfractaires avec enveloppe en maçonnerie cubant environ 10 mètres cubes et donnant, à raison de 3 charges par 24 heures, 450 kilogrammes de charbon obtenus avec 1500 kilogrammes de déchets de bois (bourrées et copeaux); mais, comme nous le disions plus haut, cette opération a été généralement supprimée par suite de l'emploi de résidus de charbons.

Ces charbons, qui ne sont pas en poudre assez fine ni assez régulière, ont besoin d'être pulvérisés au moyen de broyeurs soit à pilons, soit à cylindres. On a soin d'humecter la matière avec 10 pour 100 d'eau avant le broyage. Enfin on fait subir aux charbons broyés un criblage.

La poudre de charbon est ensuite mélangée avec du goudron brut de gaz d'éclairage dans la proportion de 35 à 50 pour 100. Ce goudron, lors de la calcination ultérieure des briquettes, laissera 20 à 25 centièmes de son poids de charbon. Le mélange de la poudre et du goudron se fait dans une auge circulaire métallique dans laquelle tournent trois meules en fonte, deux cannelées et une lisse; une lame de fer, inclinée en forme de soc de charrue, relève tout le temps la pâte, afin que le mélange soit plus homogène. Les meules tournent ainsi pendant un temps qui varie de trois quarts d'heure à une heure; puis on ouvre une porte en fonte ménagée dans la paroi de l'auge circulaire et, sans arrêter le mouvement des meules, on laisse descendre dans la pâte une lame oblique qui la chasse hors de l'appareil. On recharge de suite le mélangeur de charbon et de goudron pour faire une nouvelle quantité de pâte.

Depuis quelque temps, on a remplacé, comme dans la fabrication des agglomérés, le goudron de gaz par du brai sec dans la proportion de 35 à 40 pour 100; les briquettes obtenues sont plus lourdes, le brai sec laissant perdre moins de matières volatiles que le goudron.

Le moulage se fait soit avec les compresseurs de M. Popelin-Ducarre (fig. 10) lorsqu'on emploie le goudron, soit avec la machine Mazeline, si c'est le brai sec qui sert d'agglomérant.

La machine à mouler de M. Popelin-Ducarre se compose de trois pièces animées de mouvements différents. D'abord une forte pièce de bois à laquelle des bielles impriment un mouvement vertical de va-et-vient. Cette pièce porte à sa partie inférieure deux rangs de pistons en fer disposés verticalement : les uns sont des pistons bourreurs, les autres des pistons débourreurs. Au-dessus

Fig. 10. — Machine à mouler le charbon de Paris.

est disposée une plate-forme fixe en fonte comportant des entonnoirs dans lesquels deux femmes versent sans interruption de la pâte de charbon et goudron. Les pistons bourreurs compriment la pâte dans ces entonnoirs et l'obligent à pénétrer dans des moules cylindriques pratiqués dans une deuxième pièce de fonte, disposée directement au-dessous de celle qui porte les entonnoirs, mais animée d'un mouvement horizontal de va-et-vient produit par un excentrique. Aussitôt que les pistons bourreurs ont obligé la pâte à se comprimer dans ces moules et se relèvent, cette pièce glisse d'une certaine quantité et présente sous les entonnoirs de nouvelles cavités semblables aux premières et que l'on emplit également de pâte. Les pistons bourreurs descendent et compriment la pâte dans ces nouveaux moules, puis se relèvent, et la pièce porte-moules glisse à nouveau. Mais, pendant que les pistons bourreurs agissaient successivement sur les deux séries de moules, les pistons débourreurs travaillaient en même temps en forçant les cylindres de charbon moulé à continuer leur mouvement de descente au travers d'une plaque inférieure en fonte, percée de trous correspondant aux cylindres à démouler. Ceux-ci sont reçus entre les mains de femmes qui les disposent horizontalement sur une sorte de table en tôle à bouts relevés.

Chaque mouvement des pistons dure deux secondes et donne quatre briquettes finies. La machine, desservie par un homme et quatre femmes, produit environ 150 hectolitres de briquettes et exige une force de 6 chevaux-vapeur. Comme nous le disions plus haut, on substitue aujourd'hui le brai sec au goudron, et la compression se fait à la Compagnie du charbon de Paris, par exemple, avec une machine du système à roues tangentielles construite par M. Mazeline. Ces roues sont creusées sur leur pourtour d'entailles demi-cylindriques qui, lors du mouvement de rotation des roues, se correspondent exactement. La pâte de charbon, versée dans une trémie placée entre les deux roues, s'écoule dans les entailles où elle se comprime en forme de cylindres par suite du mouvement circulaire des roues. Au-dessous du point de contact des roues sont disposées des petites plaques parallèles qui saisissent les cylindres moulés par les deux bouts et les enlèvent. Avec la compression au goudron, il est nécessaire de faire sécher les briquettes qui sont alors trop molles; on les expose pour cela dans un endroit aéré, pendant une durée de 2 à 8 jours, selon la saison.

Lorsque les briquettes sont assez fermes, on procède à leur carbonisation, qui a pour but d'en faire sortir tous les produits volatils du goudron et l'humidité provenant de l'addition d'eau au broyage.

La carbonisation s'opère dans un four en briques réfractaires renfermant un certain nombre de moufles ou caissons en terre également réfractaire autour desquelles circulent les flammes. Celles-ci sont produites par les matières volatiles qui s'échappent des briquettes elles-mêmes chauffées au rouge ; c'est pourquoi les moufles ne sont pas chargés en même temps, mais successive-ment, de manière à utiliser les produits combustibles qui se dégagent des moufles chargés antérieurement. Les briquettes cylindriques, étant entassées dans une sorte de caisse en tôle à trois côtés, sont introduites avec cette caisse dans les moufles et, tandis qu'un ouvrier, au moyen d'un outil formé d'une plaque rectangulaire, ayant les dimensions de la caisse, maintient les briquettes, un autre ouvrier, au moyen d'un crochet, tire la caisse en dehors du moufle, de manière à ne laisser que le charbon dans le four ; puis il ferme de suite la porte en fonte du moufle. La carbonisation dure douze heures, et comme les charges se font toutes les six heures, il ne se produit pas d'arrêt dans le fonctionnement. Lorsqu'au moyen de regards on voit que les briquettes ne dégagent plus de gaz inflammables, on défourne, en les faisant tomber dans des étouffoirs en tôle où elles se refroidissent en dix ou douze heures.

La chaleur perdue des fours est employée à chauffer le générateur de la machine motrice de l'usine.

Tel est, dans son ensemble, le mode de fabrication de ces agglomérés qui permet d'utiliser nombre de résidus difficiles à employer autrement et qui, en raison de leur densité, de 1/3 environ plus grande que celle du charbon de bois, brûlent plus lentement que ce dernier et par la régularité de leur combustion présentent certains avantages spéciaux dans un grand nombre d'applications industrielles et domestiques.

Le coke.

Le coke est le produit de la carbonisation de la houille ; son nom semble venir du latin *congere* ou *coquere* (les Anglais, qui écrivent coke aujourd'hui, écrivaient autrefois coak). Le coke est utilisé depuis longtemps en Angleterre, surtout dans la métallurgie.

Depuis longtemps, en effet, des ouvrages ont été publiés dans ce pays, qui traitent de son emploi et de ses divers modes de fabrication.

Dans beaucoup de cas, le coke présente, au point de vue de la combustion, des avantages spéciaux qui l'ont fait employer de préférence à la houille, et souvent même le rendent indispensable : les produits volatils à haute température ayant été éliminés par la carbonisation, il brûle sans fumée et avec peu d'odeur ; sa teneur en carbone est plus élevée que celle de la houille. La chaleur rayonnante du coke en combustion étant très intense permet d'en obtenir un très bon chauffage dans les cheminées. Enfin, comme ce combustible est, soit le résidu de la fabrication du gaz, soit le produit de la carbonisation de menus de houille, il peut être vendu à très bas prix et constitue une source de chaleur très économique.

Nous avons fait remarquer, en parlant des propriétés de la houille, et en passant rapidement en revue les méthodes d'analyse, que les diverses espèces de houille donnent des cokes ayant des qualités très différentes en raison de la manière dont la houille se comporte à la calcination ; les houilles grasses et demi-grasses ont la propriété de se boursoufler ou au moins de s'agglutiner sous l'action de la chaleur, tandis que les anthracites et les houilles maigres ne laissent qu'un résidu pulvérulent sans cohésion. Il y a donc lieu de choisir, pour la fabrication du coke, des houilles qui rentrent dans les deux premières catégories.

Nous avons vu, lorsque nous avons parlé de la fabrication des agglomérés, que les menus subissent, avant toute préparation, un lavage préalable qui a pour but d'éliminer les matières terreuses. Il y a encore plus d'intérêt à laver les menus de houille destinés à la fabrication du coke, afin d'éliminer les matières argileuses et sableuses qui se vitrifient à la combustion en donnant des scories et du mâchefer. En opérant ainsi, on diminue aussi la teneur en cendres qui déprécient le coke et sont souvent nuisibles dans un grand nombre d'opérations métallurgiques. Le lavage enlève également ment les parcelles de fer sulfuré qui accompagnent souvent le charbon dans les veines de houille. Nous avons indiqué les principes sur lesquels sont établies les méthodes du lavage de la houille; nous ne donnerons pas dans ce volume de plus longs détails sur cette opération accessoire.

Tous les procédés de fabrication du coke peuvent être ramenés à trois :

1° La distillation du charbon dans les cornues pour la fabrication du gaz ;

2° La carbonisation en meules ou en tas ;

3° La carbonisation dans des fours.

Nous ne nous occuperons, pour le moment, que des deux derniers procédés, le premier faisant partie de la description de la fabrication du gaz que nous traiterons plus loin.

Carbonisation en meules. — Par ce procédé de carbonisation qui a évidemment précédé la méthode des fours, on ne peut songer à recueillir tous les produits de la décomposition de la houille. On peut admettre trois manières de faire cette carbonisation : 1° en meules coniques ou en meules rectangulaires sans cheminées ; 2° en meules avec cheminées, et 3° en tas. De toute façon, il est nécessaire que les produits volatils s'échappent ; c'est pourquoi, lorsque l'on entasse le charbon, les plus gros morceaux dans le bas et le menu par-dessus, on a soin de ménager des conduits de dégagement. Les meules sans cheminée ont de 4 à 5 mètres de diamètre et 1 mètre à 1^m,50 de hauteur; elles sont établies sur une aire en poussier de coke. On recouvre le tout de paille, de brindilles et de terre humide ou de mottes de gazon; on allume le feu par une ouverture de 20 à 25 centimètres ménagée à cet effet; la carbonisation dure quatre à cinq jours. Au bout de ce temps, on éteint le feu en l'arrosant d'eau; le rendement en coke est de 40 à 50 pour 100 de la houille employée.

Les meules avec cheminées sont disposées circulairement autour d'une cheminée en briques réfractaires (voyez fig. 11). A l'intérieur de la meule, on laisse des vides sur toute la circonférence; mais la partie qui doit être au-dessus de la meule n'en comporte pas et se ferme avec un couvercle en tôle. Cette cheminée servira pour toutes les carbonisations successives. La houille est disposée sur une hauteur de 1^m,50 à 2 mètres autour de la cheminée ; on a soin de mettre les morceaux de plus en plus gros en allant vers le centre et en les inclinant vers l'intérieur. On ménage, de distance en distance, des conduits. La couverture se fait, comme pour les meules sans cheminées, en paille, feuilles, brindilles et terre. On opère l'allumage par le centre, soit en faisant du feu en haut et autour de la cheminée, soit en jetant au fond de cette der-

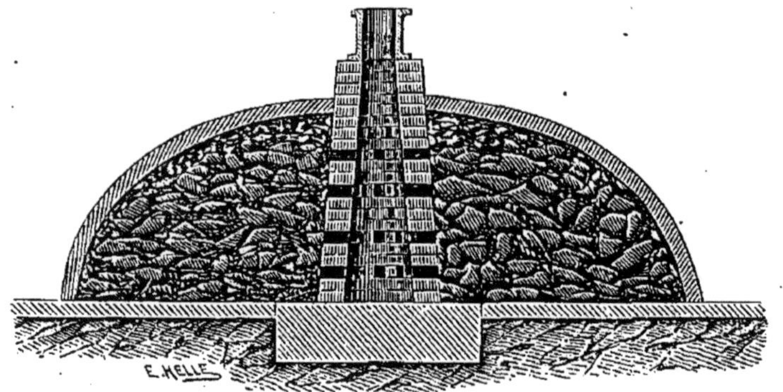

Fig. 11. — Meule à carboniser la houille.

nière des branchages ou du charbon enflammés. Au début, il sort une fumée abondante, puis des flammes dont la disparition subséquente fait reconnaître que la carbonisation est terminée. On pose alors le couvercle sur la cheminée, on bouche soigneusement les vides qui ont pu se produire dans la couverture et on laisse refroidir. La carbonisation dure de deux à dix jours, selon la grandeur des meules ; celles-ci contiennent de 10 à 30 tonnes de houille. Lorsqu'on enlève le coke, on l'éteint avec de l'eau ; on en peut également-ment jeter par la cheminée et l'on prétend que cette pratique facilite la désulfuration du coke. Le rendement en coke peut atteindre 60 à 65 pour 100.

Les tas ne sont que des meules rangées l'une à côté de l'autre ; des cheminées sont ménagées de distance en distance au moyen de pieux verticaux que l'on enlève après la construction. Le feu se met sur toute la longueur à des intervalles à peu près égaux à ceux des cheminées. Le rendement ainsi obtenu n'est pas avantageux ; la quantité de coke ne dépasse pas 40 à 50 pour 100 de la houille employée.

Carbonisation en fours. — La fabrication du coke ayant toujours lieu aux mêmes points et sur les mêmes soles, on dut apporter bientôt aux anciennes méthodes de carbonisation des perfectionnements en vue d'améliorer la qualité du coke, d'augmenter le rendement et, comme nous le verrons, d'utiliser les produits de la carbonisation. Les procédés de carbonisation en meules donnaient des ennuis de toute nature, par suite des fissures et des affaissements qui se produisaient dans la couverture ; ils demandaient des ouvriers exercés et une surveillance continue ; aussi les premiers fours ont-ils eu évidemment pour but de remédier à ces accidents.

Ils étaient tout d'abord formés simplement de murs parallèles entre lesquels on entassait le charbon en réservant des cheminées de distance en distance ; des regards ménagés le long des murs permettaient de laisser entrer l'air nécessaire ; à la partie supérieure il existait une couverture comme pour les meules. Ils ne donnaient guère de meilleurs résultats que ces dernières. On en arriva donc vite à faire des fours fermés dans lesquels il n'y avait pas de couverture à faire. Ces fours fermés peuvent être classés dans trois genres :

1° Fours qui n'utilisent pas les produits de la carbonisation et les laissent simplement se dégager dans l'atmosphère.

2° Fours qui utilisent les produits de la combustion pour le chauffage des fours eux-mêmes ou de générateurs.

3° Fours qui, plus rationnellement établis, non seulement utilisent les gaz provenant de la calcination, mais encore avant de les employer, soit pour chauffer des générateurs ou des fours, soit comme gaz d'éclairage, en séparent, dans des appareils spéciaux, les produits condensables tels que le goudron et les eaux ammoniacales.

Les fours de la première catégorie laissent beaucoup à désirer au point de vue du rendement; ils sont essentiellement composés d'une chambre en briques fermée à la partie supérieure par une voûte dans laquelle est pratiquée une ouverture pour le dégagement du gaz. A la base, on ménage une ou deux portes que l'on ferme soit avec des plaques de fonte ou tôle, soit par une maçonnerie provisoire.

Tels sont les anciens fours rectangulaires de Glowitz, Sarrebruck, employés aussi dans le Northumberland ; ils mesuraient 2 mètres à $2^m,50$ de large, 12 à 20 mètres de long, $1^m,50$ de hauteur. Des regards établis sur la longueur permettaient de régler la marche du feu. Les cokes obtenus étaient de bonne qualité, le rendement n'était que de 500 à 550 kilogrammes de coke par mètre cube de houille.

Quelquefois on établissait les fours en forme de fours de boulanger avec des carneaux qui en faisaient le tour et laissaient entrer l'air de distance en distance : tels sont les fours employés dans l'est, à Sarrebruck, en Lorraine. Ou bien encore, on accolait plusieurs chambres carrées dans un seul massif et l'on arrivait à des dépenses d'établissement moins élevées et à moins de perte de chaleur.

Les fours de la deuxième catégorie sont déjà plus rationnels puisqu'ils utilisent les produits de la carbonisation perdus dans les systèmes précédents. Ces produits représentent environ 30 pour 100 de la houille convertie en coke et, comme ils sont composés d'hydrogène et de carbone, ils sont susceptibles de fournir au moins autant de chaleur qu'un poids égal de charbon.

Tels sont les fours de Mathei qui envoient les matières volatiles brûler sous des générateurs ou griller des minerais ; les fours de Marsilly et de Jones qui les emploient à chauffer la houille même qu'il s'agit de carboniser, en les brûlant sous la sole ; les fours Fromont qui, comme ceux de Gendebien, sont réunis deux à deux et superposés ; les fours Smet, Dulait, Coppée, avec compartiments disposés à côté l'un de l'autre. Les gaz de l'un chauffent les murailles de l'autre.

Dans tous ces fours, le coke est difficile à défourner ; les ouvriers, chargés de ce travail, brisent les morceaux de coke incandescent et produisent beaucoup de déchet ; aussi plusieurs constructeurs ont-ils cherché à diminuer cette main-d'œuvre et cette perte, soit par des moyens mécaniques, tels que des repoussoirs ou des crochets râbles mus mécaniquement, soit par des dispositifs spéciaux dans lesquels le coke sort par le bas du four.

Au premier type, se rapportent les fours horizontaux Pauwels et Dubochet (fig. 12) ; au second, les fours Appolt et les fours inclinés Pauwels et Dubochet.

Les fours Appolt sont groupés au nombre de dix ou douze dans un massif vertical. Chacun des fours est formé d'une sorte de cuve à doubles parois entre lesquelles passent les produits volatils ; ils y sont brûlés au moyen d'une introduction d'air pris sous les fours ; chacune de ces cuves mesure 45 centimètres sur 1^m,24 et 4 mètres de profondeur. Au-dessous de tout le massif existe une galerie dans laquelle circulent des wagonnets qui reçoivent le coke produit. Au-dessus des fours existe une double voie de rails sur laquelle se meuvent des wagons à fond mobile qui amènent la houille ; des plaques de fer ferment le four en haut et en bas.

Chaque four contient 1250 kilogrammes de houille et les charges ont lieu toutes les deux heures, de telle sorte que, la carbonisation durant vingt-quatre heures, toutes les deux heures on vide et recharge un four.

Ces fours, bien que leur établissement revienne à un prix assez élevé (15 000 fr.), ont l'avantage de rendre 62 à 70 pour 100 de coke sans déchet, puisque le défournement s'opère sans main-d'œuvre par simple descente du coke, lorsqu'on ouvre la porte inférieure. Ils produisent 12 000 kilogrammes de coke par vingt-quatre heures.

La troisième catégorie de fours à coke comprend les fours qui, utilisant les gaz produits pendant la carbonisation, comportent en même temps des dispositifs qui permettent de recueillir les matières condensables.

Tous les fours du deuxième type peuvent être transformés pour cet usage et aucun four spécial ne serait, à proprement parler, à classer ici, si des types particuliers de fours dans lesquels on recueille ces produits n'avaient été établis en vue de ce résultat.

Ce fut Knab qui propagea le plus cette idée très rationnelle, mais qui présente cependant, dans la pratique, certains inconvénients qui l'ont fait quelquefois abandonner : le gaz est moins abondant et moins riche que celui des cornues de distillation des usines à gaz, et on recueille également moins de goudron et d'ammoniaque. Pour obtenir le plus de produits possible, il faut également ajouter au matériel ordinaire un dispositif qui enlève les gaz au fur et

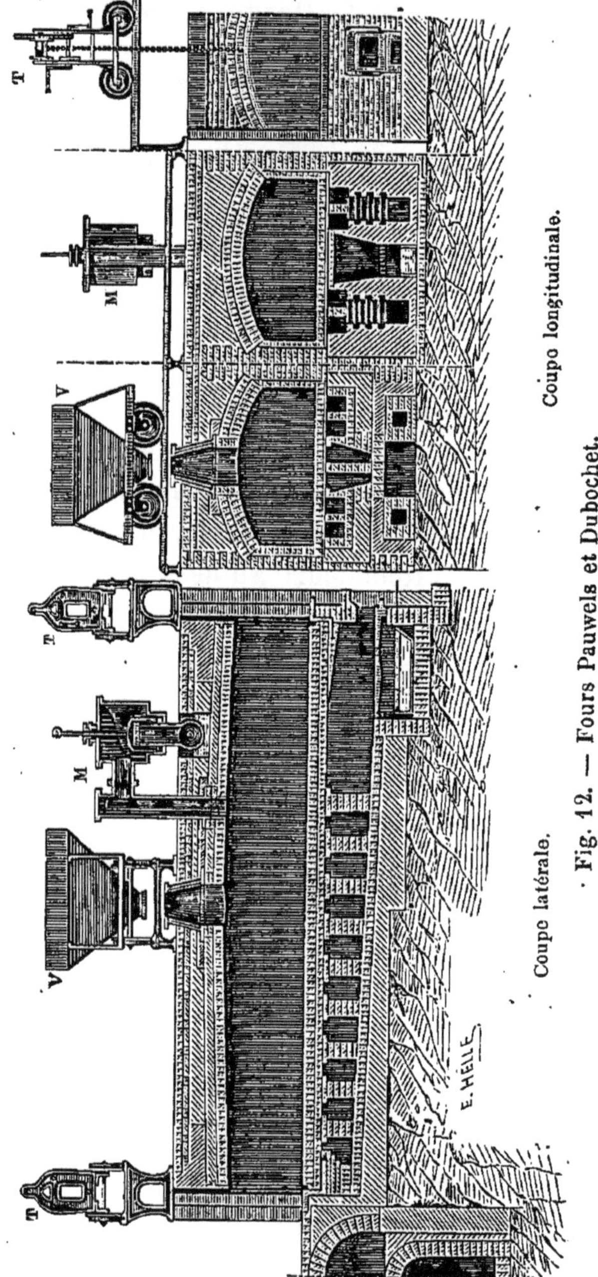

Fig. 12. — Fours Pauwels et Dubochet.

à mesure de leur production, afin d'éviter que, par suite de la pression déterminée par leur dégagement, des fentes se produisent à travers la maçonnerie. De sorte que le problème n'est devenu réalisable que par l'invention des extracteurs.

MM. Pauwels et Dubochet, à la Compagnie parisienne du Gaz, construisirent les premiers fours de ce genre (fig. 13).

Ils sont composés de chambres en briques réfractaires à soles horizontales; elles mesurent 2 mètres de large et 7 mètres de long intérieurement et contiennent six tonnes de houille; celle-ci est amenée par des wagonnets à fond mobile qui roulent au-dessus des fours et la laissent descendre à travers des ouvertures pratiquées dans les voûtes. Sous la sole sont des carneaux où circulent les flammes provenant d'un foyer spécial.

Dans le cas où les gaz produits ne sont pas employés à l'éclairage, on les utilise pour le chauffage des fours. Ceux-ci sont réunis en batteries devant lesquelles circule un repoussoir mécanique qui chasse le coke produit dans des étouffoirs en maçonnerie. Les fours sont fermés à chaque bout par une porte en fonte, manœuvrée par un treuil roulant qui dessert toute la batterie. La carbonisation dure soixante-douze heures, au bout desquelles on fait sortir le coke au moyen du repoussoir. On le laisse refroidir vingt-quatre heures dans les étouffoirs, après l'avoir recouvert de cendres. Les produits volatils se dégagent par un tuyau qui correspond avec une conduite générale; il peut en être rendu indépendant au moyen d'une vanne hydraulique.

Les dépenses de fabrication sont à peu près les mêmes qu'avec les cornues; mais la qualité du coke produit est de beaucoup supérieure à celle du coke de cornues. Un four consomme 12 hectolitres de coke par jour, soit 6 hectolitres par tonne de houille carbonisée. Chaque four coûte 6000 francs. Une tonne de houille produit 630 kilogrammes de gros coke, 37 kilogrammes de petit coke, 80 litres de poussier et 50 kilogrammes de goudron. Le rendement en gaz est inférieur de 12 pour 100 à celui qu'on obtient dans les cornues.

Afin d'éviter les fuites à travers la maçonnerie, bien que les

portes soient lutées avec de l'argile, on a soin d'enlever les gaz
qui se dégagent au fur et à mesure de leur production, au moyen
d'aspirateurs, dont le fonctionnement coûte de 30 à 35 centimes
par 100 mètres de gaz.

Le coke de four n'a que peu de rapport avec le coke de cornue,
et, du reste, n'a pas les mêmes applications. Il est surtout employé comme combustible industriel. Il doit être dur et sonore,

Fig. 13. — Four incliné Pauwels et Dubochet.

d'une couleur gris argenté bien nette. Il présente dans sa struc-
ture de longues aiguilles bien frittées et se livre tout venant,
c'est-à-dire en gros morceaux. Le coke de cornue, au contraire,
est léger, brûle facilement et convient surtout au chauffage domestique, pour lequel on le demande en morceaux de dimension uniforme, selon le genre de foyers auxquels il est destiné. Aussi, aujourd'hui, est-il d'un usage général de le casser et cribler en
sortes ou numéros de grosseur uniforme. Plusieurs appareils sont
employés pour ce travail : broyeurs de divers modèles qui, lors-

qu'ils sont appliqués au cassage du coke, prennent le nom de casse-coke. Parmi les plus recommandables, nous devons citer les casse-coke Arpé, Eichelbrenner, Verdier, Chevalet, Durand et Chapitel. Les qualités exigées de ces appareils sont de donner un rendement élevé pour la même force dépensée et de produire peu de déchet. Leur description nous entraînerait hors du cadre de cet ouvrage.

III

LE CHAUFFAGE

On peut définir le chauffage : « L'utilisation de la chaleur produite par la combustion. » Il y a lieu de distinguer deux applications très différentes du chauffage : le chauffage domestique et le chauffage industriel; car, bien que tous les deux aient la même source, les modes d'emploi et le but à atteindre dans chaque cas sont si distincts, que cette division est absolument justifiée. Les appareils sont différents, ainsi que la manière de diriger la combustion. Dans le chauffage domestique, on cherche à maintenir fixe la température de l'air dans lequel nous vivons; tandis que, dans le chauffage industriel, on soumet à l'action de la chaleur, soit les parois de vases métalliques, soit des matières auxquelles on veut faire subir des modifications physiques ou chimiques.

Dans les deux cas, on cherche naturellement à tirer le meilleur parti possible de la chaleur produite par la combustion.

La chaleur s'obtient en brûlant du bois, de la tourbe, du lignite, de la houille, de l'anthracite, du coke, de la tannée ou du charbon aggloméré, selon les circonstances et les conditions locales. Nous ne nous occuperons que de la houille et du coke; qui, du reste, représentent, dans nos pays, les combustibles les plus économiques.

La proportion utilisée de la chaleur produite par la combustion de la houille et du coke est excessivement variable, selon les cas. Le rendement peut varier de 1 à 10 dans une même application avec des appareils différents, aussi bien dans le chauffage domestique que dans le chauffage industriel. Il y a donc un grand intérêt à rechercher non seulement un bon combustible, mais aussi de bons appareils pour le brûler. Ajoutons que cela ne suffit pas encore et qu'il faut de plus savoir le faire brûler. La manière de conduire le feu a une très grande importance, puisque, dans une même chaudière, deux chauffeurs d'habileté différente peuvent produire une même quantité de vapeur avec 50 ou 100 kilogrammes de houille.

Nous allons passer en revue les différents genres d'appareils usités pour brûler la houille et le coke, d'abord pour le chauffage domestique, puis pour le chauffage industriel, en indiquant les modèles qui utilisent le mieux la combustion et en rappelant les chiffres de consommation, pour montrer les résultats obtenus et ceux que l'on devrait atteindre théoriquement.

Les indications que nous avons pu donner plus haut relativement aux puissances calorifiques et aux méthodes de calcul de la chaleur et de la température de combustion nous fournissent les quantités de chaleur disponibles. Nous verrons successivement ce que rendent dans la pratique les appareils de chauffage actuels.

Chauffage domestique.

La température de l'air qui nous entoure varie entre — 30° et + 40°, et la température du corps humain est de + 37° à + 38°. Comme le corps tend toujours à se mettre en équilibre avec le milieu qui l'entoure, nous sommes obligés, *lorsque nous sommes au repos,* d'élever la température de l'air ambiant, lorsqu'elle s'abaisse au delà d'une certaine limite. Cette température limite, au-dessous de laquelle nous ne pouvons vivre sans que les fonctions des organes soient rendues difficiles, varie entre 10° et 20°, selon le genre d'occupations et les habitudes. On peut admettre qu'en général, il faut maintenir une température de 10° à 12° dans les locaux où le corps est en mouvement, comme dans certains ateliers;

12° à 14°, lorsque l'on y travaille assis;

14° à 16° dans les appartements;

16° à 18° dans les bureaux, magasins et lieux publics.

La température de 18° à 20° ne se maintient que dans certains cas spéciaux, dans quelques hôpitaux, par exemple.

Cette question du degré de la température a non seulement de l'importance au point de vue du bien-être, mais encore au point de vue de la santé. En effet, lorsque la température s'abaisse au-dessous d'un certain minimum, nos divers organes ne fonctionnent plus régulièrement et, par suite, ne peuvent plus rendre un travail normal.

De tout temps on a reconnu la nécessité de maintenir la température des locaux habités dans certaines limites; mais c'est seulement depuis peu que l'on a étudié l'un des côtés de la question, qui est la conséquence même du chauffage; nous voulons parler de la *ventilation*. On ne peut, du reste, admettre scientifiquement, qu'il y ait chauffage sans ventilation; mais ce n'est que de notre temps qu'on a pensé à l'étudier, surtout pour les appartements privés.

Lorsque la température extérieure est élevée, nous ouvrons portes et fenêtres; l'air n'est pas vicié, puisqu'il se renouvelle rapidement; mais lorsque l'hiver arrive, nous consommons cet air par notre respiration d'abord, par nos foyers ensuite, en ayant grand soin de ne pas le renouveler, car celui qui viendrait le remplacer serait froid. Dans un local où peu de personnes respirent à la fois, quand l'air est vicié, on se contente de dire : il fait lourd, et l'on ouvre un peu la porte; mais lorsqu'une assemblée est nombreuse, comme dans un théâtre, ou quand l'air est vicié par des émanations nuisibles, comme dans les hôpitaux, il faut ventiler sous peine d'asphyxie. Aussi est-ce dans les monuments publics, théâtres et hôpitaux, que l'on a commencé à appliquer des méthodes rationnelles de chauffage et de ventilation. Dans nos maisons, nous continuons généralement à conserver le procédé préhistorique de ventilation : des courants d'air sous les portes. Cependant, le système actuel (si l'on peut appeler système un pareil moyen) est non seulement irrationnel, malsain, désagréable, mais encore très onéreux ; il est vrai qu'il a l'appui d'un certain nombre de préjugés.

Historique. — Comme nous le disions plus haut, on a reconnu de tout temps la nécessité du chauffage ; nous ne parlons pas, bien entendu, du feu nécessaire à la cuisson des aliments, pour laquelle l'emploi de la houille et du coke dans des appareils spéciaux est tout moderne.

Les premiers hommes, peuples pasteurs, faisaient sur le sol, au milieu de leurs tentes, un feu autour duquel ils préparaient leurs aliments et se chauffaient. Lorsque de nomades ils devinrent sédentaires et construisirent des huttes fixes, le même procédé se perpétua, et le premier dispositif destiné à chauffer les locaux habités semble avoir été une imitation de ce genre de feu primitif.

Les Hébreux employaient l'arula, les Romains le foculus, genre de brasero encore usité dans certains pays du Midi, l'Italie, l'Espagne. C'était un vase de métal plus ou moins orné et souvent portatif, en tout cas pouvant être enlevé l'été, dans lequel le charbon brûlait en laissant répandre dans l'atmosphère les produits de la combustion.

Lorsque la civilisation se perfectionna, les habitations devinrent plus closes. Les maisons s'élevèrent au-dessus d'un rez-de-chaussée. Il en résulta que la fumée, ne pouvant s'échapper directement sous le toit, il fallut établir des foyers disposés pour l'évacuer par des conduits spéciaux. Les Romains appelaient ce genre d'appareils *hypocaustum*. L'hypocauste était organisé pour chauffer les appartements, les salles de bains, par circulation d'air chaud sous le sol des salles et le long des parois des murailles ; un foyer sans grille était disposé dans un point quelconque en dehors des salles, et la fumée circulait sous les dalles, soutenues par des piliers très courts en brique ou pierre, puis s'élevait, par une série de tuyaux ou briques creuses établies le long des parois. Au moyen âge, nous voyons deux genres de chauffage : le brasero, souvent monté sur des roues permettant de le déplacer d'une pièce dans l'autre, idée première de nos poêles mobiles, et la cheminée proprement dite, qui, pendant longtemps, ne s'est composée que des jambages, de la hotte et du conduit de fumée. Mais l'étude des conditions les plus convenables pour l'établissement des cheminées ou foyers ouverts ne commence qu'avec l'emploi de la houille. La fumée du bois n'était pas agréable, mais se supportait — trop souvent, — tandis que la fumée de la houille étant absolument intolérable, on dut chercher les moyens de l'éviter.

Les premières recherches pour perfectionner les cheminées datent de l'ouvrage de Gauger, publié en 1723 et de la *Camino-logie* du moine Hébrard, en 1756. Leur but était surtout d'éviter la fumée.

La première cheminée connue comme cherchant à utiliser la chaleur de l'air échauffé à la partie externe du foyer et par les conduits de fumée est celle que Savot installa au Louvre vers 1624. Franklin, en Amérique, exerça son esprit ingénieux à perfectionner les cheminées et publia, en 1744, une brochure à ce sujet. Successivement nous voyons les systèmes préconisés par Montalembert, Rumford, Bronzac, Curandeau, d'Arcet, Péclet ; enfin, de notre temps, un grand nombre d'inventeurs ont établi des modèles utilisant la chaleur perdue auparavant et cherchent à relever le rendement utile des cheminées ou à éviter la fumée en remédiant aux vices de construction des cheminées généralement mal établies, en raison du manque de proportion entre les diverses parties qui les constituent.

Les poêles ont été connus, en France, seulement vers le XVIIe siècle. Ils étaient cependant répandus dans les pays froids qui, ayant besoin de mieux utiliser la chaleur, les avaient adoptés avant nous. Bien qu'ils soient plus faciles à établir dans des conditions avantageuses de fonctionnement, ils doivent cependant, pour arriver à un rendement convenable, être construits suivant certaines règles dont on ne tient généralement pas assez compte. Comme les cheminées, les poêles n'ont été étudiés que depuis peu d'années au point de vue du meilleur rendement à en obtenir.

Ainsi qu'en toutes choses, les appareils de chauffage ont été établis empiriquement d'abord ; puis, par tâtonnements successifs, on a créé des modèles utilisant de mieux en mieux les combustibles employés.

Comme nous le disions plus haut, il n'y a pas longtemps que l'on a compris que l'appareil de chauffage devait être également un moyen de ventilation. Ce n'est que depuis cinquante ans que les ingénieurs, traitant la question scientifiquement, sont arrivés à établir des appareils de chauffage répondant aux desiderata de la question.

Un appareil de chauffage doit, autant que possible, remplir les conditions suivantes :

1° Maintenir dans les appartements à chauffer une température constante dans tous les points, quelle que soit la température extérieure.

2° Ventiler les pièces chauffées, c'est-à-dire entraîner au dehors l'air vicié par la respiration et les émanations diverses des locaux habités.

La ventilation doit avoir lieu sans créer de courants d'air sensibles comme ceux qui se produisent ordinairement par les défauts de fermeture des portes et des fenêtres. Pour cela, il faut renouveler l'atmosphère ambiante au moyen d'air pur pris au dehors, chauffer cet air à la température convenable sans l'altérer, avant de l'introduire dans les pièces dont il faut élever la température et l'expulser lorsqu'il a produit son effet, au moyen des appareils de chauffage, par exemple.

3° Produire ces résultats avec le minimum de combustible.

Il est bien entendu qu'il ne doit pas être question de fumée.

L'air peut être chauffé par rayonnement ou par contact avec le combustible, ou avec une surface en métal ou en terre cuite qui elle-même est élevée à une température convenable, soit par chauffage direct, soit par circulation d'air très chaud, d'eau ou de vapeur. Nous allons étudier les divers moyens dont on dispose actuellement en suivant la classification de Péclet et en insistant surtout sur les appareils qui permettent l'emploi de la houille et du coke.

1° *Chauffage direct par la combustion.* — C'est le procédé primitif dont nous parlions plus haut : le brasero ; il ne ventile pas, répand de la fumée ou au moins de l'acide carbonique et de l'oxyde de carbone ; nous n'avons pas à nous en occuper.

2° *Chauffage par le rayonnement du combustible obtenu au moyen des cheminées proprement dites.* — Ce mode de chauffage est certainement le plus imparfait de tous. On prétend que les cheminées ventilent bien en raison du renouvellement de l'air ; cela est vrai, mais elles ventilent trop.

Le kilogramme de bois exige au moins 60 mètres cubes d'air pour sa combustion, c'est-à-dire qu'il faut appeler du dehors ce cube d'air. Et comme cet appel se produit en général par les interstices des portes et des fenêtres, le courant d'air vient refroidir le dos des habitants en enlevant tout l'air échauffé par le rayonnement au fur et à mesure qu'il se produit, pendant que le devant du corps est brûlé par la chaleur rayonnante du foyer ; de sorte que si, dans une salle chauffée par ce système, on respire de l'air pur, on est exposé aux bronchites et aux névralgies.

En outre, au point de vue économique, comme la chaleur rayonnante est de 25 pour 100 pour le bois et 55 pour 100 pour la houille et le coke (pour 100 de la chaleur totale développée), et que l'on n'en utilise dans les bonnes cheminées que le quart au plus, le résultat net est une utilisation de 5 à 6 pour 100 avec le bois et 10 à 12 pour 100 avec la houille et le coke. Il est vrai qu'on a le plaisir de *voir le feu chauffer la cheminée ;* on a également la satisfaction de brûler la semelle de ses chaussures. Les belles et vastes cheminées du moyen âge ne donnaient même pas un rendement aussi élevé et avaient en outre généralement l'avantage de fumer, avantage incontestable pour obtenir rapidement les pittoresques colorations brunes des poutres en saillie des plafonds, mais peu prisé à notre époque. Ce fut Rumford qui, par ses expériences, commença à faire construire des cheminées plus avantageuses. Il conseillait de ramener le feu en avant pour réduire la profondeur du foyer et de faciliter le rayonnement en évasant les côtés de la cheminée garnis de matériaux réfléchissant la chaleur, tels que le plâtre et mieux la faïence blanche.

Pour éviter d'introduire de l'air froid, on a bien proposé de puiser l'air nécessaire dans des pièces ou corridors chauffés par des calorifères ; mais ce moyen n'est pas à la portée de tout le monde et le type des appareils de la troisième classe satisfait mieux aux desiderata de ce mode de chauffage.

3° *Cheminées-poêles.* — Ce type d'appareils chauffe l'air de la pièce à la fois par rayonnement et par contact avec les parois du foyer où s'opère la combustion et avec celles des conduits de fumée. C'est ce système qui, bien proportionné, répond le mieux, selon nous, aux conditions d'un chauffage agréable, sain et économique. Les divers perfectionnements apportés successivement aux anciennes cheminées constituaient un acheminement vers ce modèle d'appareils.

Nous avons vu que Rumford avait étudié les meilleures proportions à donner aux cheminées et qu'il avait à la fois diminué la profondeur de la cheminée et la section de l'ouverture tout en évasant son entrée. Millet réglait l'ouverture d'entrée de l'air sur le foyer au moyen d'un tablier à coulisse, comme dans la cheminée Bronzac [1]; mais en outre, au fond de la cheminée, il ménageait une ouverture que l'on augmente ou diminue à volonté par une trappe. Péclet construisit une cheminée suivant les mêmes idées. Puis vint l'idée de la bouche de chaleur : ce fut un pas décisif pour atteindre la cheminée-poêle moderne proprement dite. A cette idée se rattachent les foyers Joly, Fondet, Cordier, Mousseron (fig. 14), dans lesquels la chaleur qui traverse les parois du foyer chauffe de l'air

1. Le tablier mobile en tôle a été inventé par Lhomond.

pris au dehors, séjourne dans une chambre de chaleur ou espace vide situé autour du foyer et s'échappe par des ouvertures grillagées situées en général aux côtés de la cheminée. Quelquefois les constructeurs obligent cet air à traverser des tubes en fonte formant le fond du foyer et autour desquels circule la flamme, ou bien ils augmentent la surface d'échauffement en ondulant le fond du foyer ou en le garnissant d'ailettés.

L'utilisation est bonne dans ces foyers, mais il faut avoir soin de n'en jamais chauffer trop fortement les parois si elles sont en

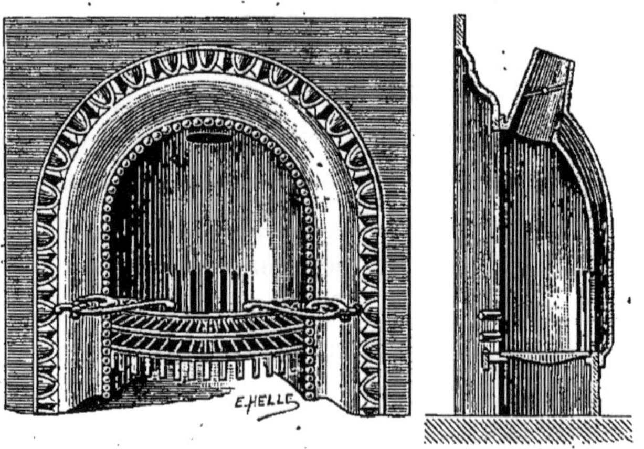

Fig. 14. — Grille et cheminée anglaise.

fonte, sous peine de produire de l'oxyde de carbone qui s'échappe dans les appartements par les bouches de chaleur. Pour éviter cet inconvénient, le meilleur moyen consiste à garnir intérieurement le foyer de plaques en terre réfractaire.

Le maximum d'utilisation est obtenu lorsque l'air, au lieu de s'échapper par les bouches de chaleur, continue à s'échauffer, en s'élevant autour du conduit de fumée, et ne pénètre dans l'appartement à chauffer qu'au niveau du plafond. Dans ce cas, la cheminée devient un appareil parfaitement rationnel et à rendement élevé en même temps qu'il produit une excellente ventilation. En effet, l'air froid appelé du dehors s'échauffe autour du foyer et du conduit de fumée et, s'élevant au niveau du plafond, pénètre dans la pièce à chauffer; il y rencontre le plafond relativement froid, se répand en nappes qui s'étendent jusqu'à l'extrémité de la pièce et se refroidissent peu à peu en descendant; finalement, il entraîne l'air vicié par la respiration, parvient à la cheminée, où il alimente la combustion et est évacué au dehors.

Le général Morin, dans son *Traité de chauffage et de ventilation*, dit de ce genre d'appareils :

« L'observation montre qu'avec les proportions indiquées plus loin, le volume de l'air introduit ainsi à 33° diffère peu de celui qui est évacué par la cheminée, ce qui supprime à peu près les rentrées d'air froid par les portes.

« Cette introduction d'air chaud, jointe au chauffage par le rayonnement ordinaire de la cheminée, augmente de beaucoup son effet calorique, qui s'élève à 35 pour 100 de la chaleur développée par le combustible, tandis que les cheminées ordinaires n'en utilisent que 12 à 14 et les cheminées munies de l'appareil Fondet 20 environ.

« Toutes les fois que les conditions de la construction permettront l'installation de ce genre de cheminée, il est évident qu'on devra le préférer à tous les autres, et l'on pourra suivre pour leur construction les proportions ci-après. »

CAPACITÉ des PIÈCES à chauffer.	VOLUME D'AIR A ÉVACUER et à introduire par heure.	SECTION du CONDUIT de fumée.	AIRE de PASSAGE de la mitre.	SECTION TOTALE de la gaine de passage de l'air nouveau.
Mètres cubes.	Mètres cubes.	Mètres carrés.	Mètres carrés.	Mètres carrés.
100	500	0,050	0,025	0,140
120	600	0,060	0,030	0,168
150	750	0,075	0,038	0,210
180	900	0,090	0,045	0,252
220	1100	0,110	0,055	0,308
260	1300	0,130	0,065	0,364
300	1500	0,150	0,075	0,420

Les cheminées dites à la prussienne et celles de Désarnod rentrent dans la catégorie des cheminées-poêles, puisqu'elles chauffent par rayonnement et par contact des parois. On peut, en général, leur reprocher que les parois qui entourent le foyer sont en fonte, et que quand ce dernier rougit, elles produisent de l'oxyde de carbone et deviennent malsaines. Il vaut mieux dans ce cas adopter les types modernes de cheminées-poêles à combustion lente, dans lesquelles la température ne s'élève jamais assez pour décomposer l'air.

Aujourd'hui, nous voyons des modèles de foyers ouverts à ventilation rendre jusqu'à 82 pour 100 de la chaleur développée par le combustible : appareils Bourdon, Geneste et Herscher, Godin, Reveilhac, etc. (Concours des appareils de chauffage du 11 janvier 1888, à Bruxelles.)

Les proportions essentielles d'une cheminée sont données par les chiffres du tableau ci-dessus ; quant aux dimensions des autres parties qui constituent le corps de la cheminée et comprenant l'âtre, le foyer, le contre-cœur, les jambages et le manteau, elles sont plutôt une question d'architecture et de goût. Les sections des conduits de fumée indiquées au tableau précité correspondent à des pièces de poteries fabriquées couramment aujourd'hui.

D'après des expériences soigneusement faites, les proportions de charbon nécessaires pour maintenir une même salle à la même température, pendant le même temps, sont : 100 pour les cheminées ordinaires, 13 pour les poêles métalliques et 13 à 16 pour les cheminées-poêles.

Les appareils nouveaux à combustion lente dont nous parlions plus haut utilisent même encore mieux la chaleur produite.

4° *Poêles*. — Le chauffage par les poêles est celui qui peut être considéré comme le plus économique ; mais, en revanche, on lui reproche divers inconvénients : le chauffage par ce système est moins gai que par les cheminées où l'on voit le feu. Si les proportions sont mauvaises ou la construction défectueuse, la ventilation produite n'est pas suffisante. Si les parois s'échauffent trop, l'air est vicié; il y a donc lieu ici également de tenir compte des diverses conditions d'installation.

Leur plus grand défaut consiste en ce qu'en chauffant fortement l'air d'une salle, ils ne le dessèchent pas, comme on le dit souvent à tort; mais ils en élèvent la température assez pour accroître considérablement son pouvoir absorbant qui s'exerce en enlevant l'eau à tous les corps humides enveloppés par lui, y compris les habitants. On y remédie en plaçant des vases contenant de l'eau dans le voisinage des poêles.

D'après les expériences de Péclet, on peut admettre que la quantité de chaleur qui passe à travers les parois d'un tuyau chauffé intérieurement est proportionnelle à la différence des températures intérieures et extérieures; il résulte qu'un mètre carré de surface laisse passer en une heure, pour une différence de température de $1°$: 3,93 unités de chaleur pour la tôle, 9,9 unités pour la fonte et 3,85 unités pour la terre cuite de $0^m,01$ d'épaisseur.

Si donc on admet que la fumée ou plutôt les gaz de la combustion (que l'on peut faire en sorte de ne laisser sortir du tuyau de cheminée qu'à 100°, et qui sont à 800° environ au-dessus du foyer) sont à une température moyenne de 500° au-dessus de l'air chauffé, on aura une quantité de chaleur traversant chaque mètre carré de tôle égale à 1965 unités, 4950 pour la fonte et 1925 unités pour la terre cuite.

On pourrait ainsi calculer la surface de chauffe nécessaire pour un appartement de dimensions données. On admet souvent qu'un mètre carré de surface de chauffe suffit pour chauffer 100 mètres cubes; cependant les quantités de chaleur qui traversent les parois variant avec leur nature, comme nous venons de le voir, le chiffre indiqué ci-dessus est beaucoup trop vague, et, si on l'admettait aveuglément, on pourrait s'exposer à se voir grillé ou gelé.

Comme nous l'avons déjà dit, les poêles ont été employés tout d'abord dans les pays froids en raison du meilleur rendement qu'ils fournissent.

Un des premiers poêles dont on ait parlé est celui de Dalesme, inventé vers 1686 ; il était disposé suivant un principe qui a été souvent appliqué depuis. La combustion avait lieu de haut en bas. L'Allemand Leutmann en fit une contrefaçon. Franklin essaya aussi de perfectionner ces appareils, et successivement beaucoup d'inventeurs présentèrent des modèles nouveaux ; aujourd'hui il existe un très grand nombre de dispositifs plus ou moins avantageux. On peut classer tous les poêles dans deux catégories distinctes :

1° Les poêles à alimentation intermittente, les uns métalliques, les autres en poterie, terre réfractaire ou grès ;

2° Les poêles à alimentation continue, d'invention toute moderne.

1° *Poêles à alimentation intermittente.* — Ce sont les poêles les plus simples, mais aussi les moins avantageux. Ceux qui sont en fonte laissent passer rapidement la chaleur et, comme nous l'avons vu d'après les expériences de Péclet, la plus grande partie de la chaleur. Leur rendement est donc très bon ; mais, d'autre part, ils ont l'inconvénient de brûler les poussières organiques en suspension dans l'air, de dessécher (nous savons le sens qu'il faut attribuer à ce mot) l'air des appartements où ils sont placés à cause de la température trop élevée des parois, enfin, d'altérer chimiquement l'air qui les environne et même de laisser passer à travers la fonte de l'oxyde de carbone, qui occasionne quelquefois des malaises.

Ces appareils ne doivent donc pas être considérés comme des appareils de chauffage pratiques, malgré leur économie.

Les poêles à alimentation intermittente, construits en poterie ou en pierre, sont moins rapidement traversés par la chaleur ; mais leur masse surtout dans les poêles dits allemands ou suédois, qui atteignent souvent des proportions monumentales, sert de magasin de chaleur. En outre, la température des parois ne s'élève pas à un degré suffisant pour brûler les poussières en suspension ; généralement les pièces du foyer sont en fonte ou en gros blocs réfractaires ; comme la quantité de chaleur qui traverse les parois en un temps donné est beaucoup moins grande qu'avec la fonte, il est nécessaire d'augmenter proportionnellement la surface extérieure. Souvent les parois sont creuses et disposées pour que l'air y circule, ce qui revient à multiplier les surfaces. Les foyers sont disposés selon les cas pour brûler du bois, de la houille, du coke et de l'anthracite.

2° *Poêles à alimentation continue.* — Les perfectionnements successivement réalisés ont aujourd'hui amené les constructeurs à obtenir un résultat avantageux que l'on ne prévoyait pas tout d'abord : ces poêles permettent la combustion lente, c'est-à-dire qu'ils ne chauffent l'air qu'avec un foyer, maintenu extérieurement à aussi basse température que possible (ce qui ne l'altère pas) et, en outre, ils entretiennent un chauffage constant, continu et qui ne demande pas de surveillance.

Tous ces appareils comportent un magasin, dans lequel le combustible déposé descend au fur et à mesure de la consommation. La combustion ayant lieu à basse température, il ne se forme pas de scories dures, mais des cendres qui tombent facilement dans le cendrier. D'un autre côté, pour que le combustible descende régulièrement, il ne faut pas qu'il soit collant ; par conséquent, on ne devra y brûler que du coke ou de l'anthracite. Les nombreux inventeurs ont cherché à rendre l'appareil facile à charger, à augmenter la capacité du magasin, à disposer des grilles

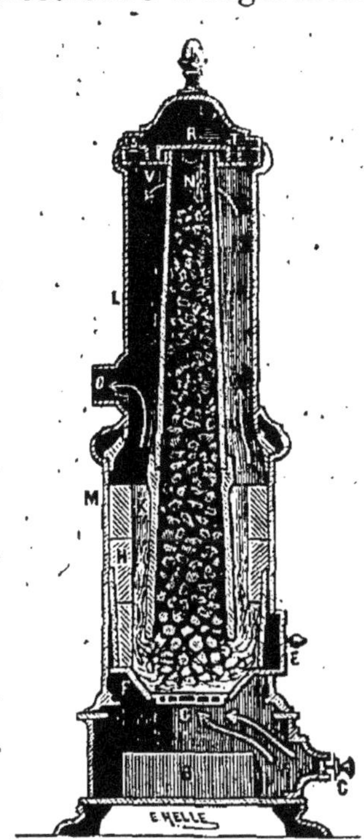

Fig. 15.
Poêle en fonte Phénix.

A, Foyer.
B, Cendrier.
C, Registre réglant l'arrivée de l'air.
D, Coke emmagasiné.
E, Porte de nettoyage.
F, Couronne fonte.
G, Grille.
H, Enveloppe en terre réfractaire.
K, Passage de flamme.
L, Enveloppe en fonte.
M, Socle en fonte.
N, Ouverture par laquelle on remplit le magasin.
R, Couvercle en fonte reposant dans une rigole ST pleine de sable fin. — Sortie des produits de la combustion à laquelle s'adapte le tuyau de tirage.

commodes à nettoyer et à régler facilement la combustion.

Parmi les plus recommandables, nous pouvons citer les poêles de Geneste et Herscher, Henschel, Meidinger, Martin, Delaroche, etc. Nous donnons ci-contre la coupe d'un poêle genre Phénix (fig. 15), qui fera comprendre les dispositions généralement adoptées.

Les dimensions sont proportionnées au cube des appartements à chauffer. Mais en tout cas on peut admettre généralement qu'avec ces appareils une consommation de 3 litres de coke à l'heure suffit à maintenir 350 mètres cubes d'un appartement, à une température de 15°.

La douceur et la régularité du chauffage obtenues avec ces appareils en raison de la lenteur, de la combustion et l'économie qu'ils procurent, donnèrent l'idée de les employer dans des locaux où jusqu'ici on n'avait utilisé que les cheminées.

Mais pour faciliter la suppression du chauffage lorsque la température désirée est atteinte et pour répondre aux craintes que fait naître

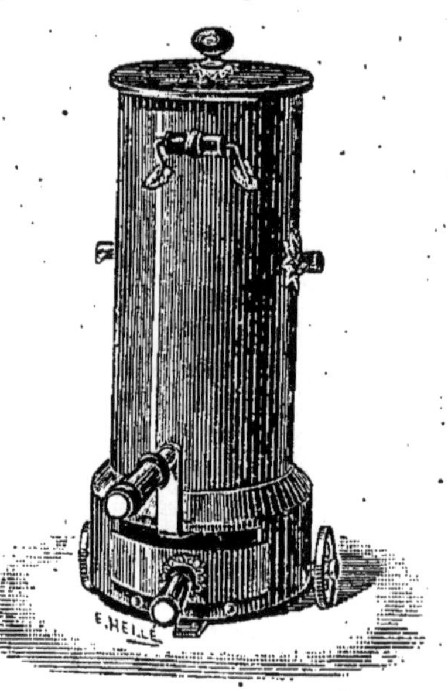

Fig. 16. — Poêle Choubersky.

le séjour d'un poêle dans certaines chambres, on les rendit mobiles ; de là le nombre considérable des poêles à roulettes qui ont été créés ces dernières années et leur succès. Ces appareils, qui dérivent tous du poêle à alimentation continue et à combustion lente, donnent pour quelques types un rendement atteignant 96 pour 100. (Concours des appareils de chauffage du 11 janvier 1888, à Bruxelles.)

Parmi les plus recommandables et les plus connus, on peut citer les poêles : Courtot, Godin, Reveilhac, Boucher, Choubersky (fig. 16), Collot, Delaroche, etc. Tous reposent sur les mêmes principes ; des détails d'ornementation et des perfectionnements divers, qui en facilitent les manœuvres et les enjolivent, en ont fait un appareil de chauffage des plus pratiques et des plus économiques, bien qu'ils ne présentent pas les avantages des cheminées-poêles dont nous avons parlé.

Il.est bien entendu qu'il faut toujours avoir le soin de faire évacuer les produits de la combustion par une cheminée et d'avoir un vase contenant de l'eau, disposé dans leur voisinage pour que la chaleur du poêle ne dessèche pas trop l'air du local où il est placé.

Calorifères. — Les calorifères sont des appareils destinés à produire de la chaleur, qu'on utilise dans un ou plusieurs locaux plus ou moins éloignés du lieu où ils sont placés. Tout calorifère comprendra donc un foyer générateur de chaleur, avec sa grille et ses conduits de fumée, des enveloppes et des surfaces de transmission de la chaleur, destinées à chauffer directement ou indirectement l'air des locaux désignés. En général, cet air doit être pris en dehors desdits locaux.

On doit distinguer deux classes de calorifères, selon que l'air est chauffé directement au contact des parois du foyer et des conduits de fumée, ou chauffé indirectement au moyen d'une circulation d'eau ou de vapeur qui abandonne sa chaleur dans les pièces que traversent les conduites qui les contiennent.

Les calorifères du premier type, dits calorifères à air chaud, se composent d'un foyer et de conduits de fumée situés dans une chambre de chaleur où l'air appelé du dehors pénètre et s'échauffe au contact des parois. En raison de la plus faible densité, cet air échauffé s'élève par des conduits dans les locaux à chauffer. Il résulte implicitement de ce que nous venons de dire, que les calorifères doivent être situés au-dessous des appartements et que les conduits devront être construits en matériaux aussi mauvais conducteurs que possible, afin de ne laisser perdre à l'air, dans son parcours, que la plus petite quantité de chaleur. Pour échauffer l'air le plus rapidement possible, les parois du foyer et des conduits de fumée devront au contraire être métalliques, et de préférence en fonte, de manière à obtenir une transmission plus facile. Les conduits de fumée ne devront pas être trop contournés, comme on le voit dans beaucoup d'appareils vicieux, afin que le tirage soit actif et que la suie ne les engorge pas ; ils doivent être faciles à visiter et à nettoyer. Il est bon que le foyer soit dans une enveloppe en

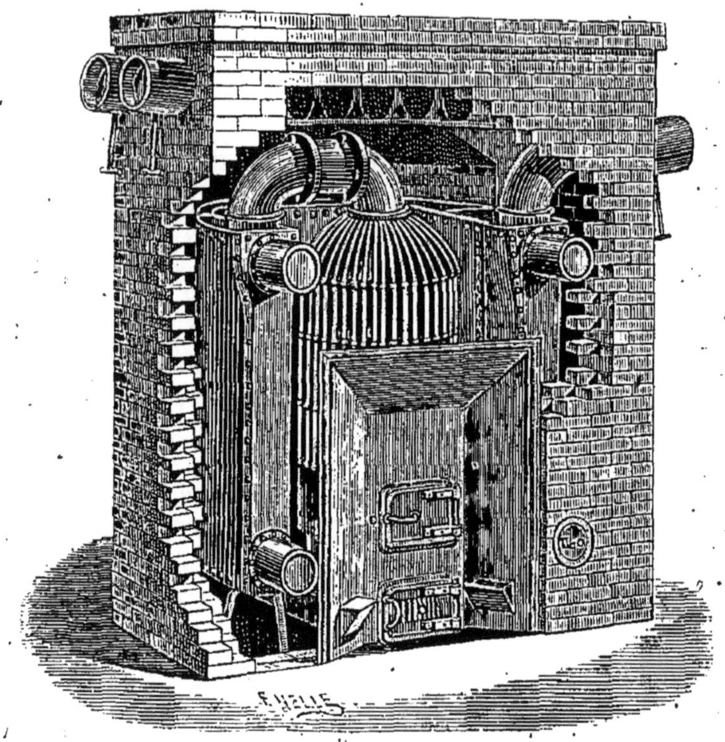

Fig. 17. — Calorifère Geneste.

terre réfractaire, afin que l'air à échauffer ne rencontre pas la fonte rouge et ne s'altère pas.

Dans certains calorifères, tels que le calorifère français de Geneste et Herscher, le foyer est composé d'une série de pièces de fonte annulaires garnies d'ailettes en fonte par lesquelles la chaleur se transmet rapidement à l'air par l'augmentation de la surface de chauffe.

Celui-ci, pris au dehors, est amené par un socle contenant de l'eau qui le maintient toujours suffisamment humide et s'élève entre les ailettes où il s'échauffe ; il est conduit ensuite dans les locaux à chauffer (fig. 17).

Dans des calorifères bien établis, l'effet utile atteint 75 pour 100 de la chaleur dégagée par le combustible. En pratique, on ne doit compter que sur 50 pour 100, quitte à modérer le chauffage dans l'application. Or on admet que, pour maintenir 100 mètres cubes de local à chauffer à une température de 16°, il faut en moyenne 1500 calories à l'heure. Si donc la houille fournit 6000 calories au kilogramme, l'utilisation n'étant que 50 pour 100, on consommera un demi-kilogramme de houille à l'heure par 100 mètres cubes.

Pour brûler ce poids de houille, la grille devra avoir un décimètre carré. On devra compter, d'autre part, deux mètres carrés de surface de chauffe par kilogramme de houille brûlée à l'heure et deux décimètres carrés de section des conduits de fumée.

Chaque jour, on devra donner à l'air 2 litres d'eau par 100 mètres cubes de salle à chauffer. Tous les conduits d'air chaud doivent partir de la chambre de chaleur et aller, indépendamment les uns des autres, directement aux pièces à chauffer. Enfin il est essentiel que toutes les pièces chauffées aient un moyen d'évacuer l'air soit par un appel situé en haut, près du plafond, soit par un orifice situé au niveau du sol ; dans ce cas, naturellement, l'air chaud doit arriver par le haut des pièces.

Le calorifère à air chaud s'applique surtout aux habitations particulières de peu d'étendue ; car, pour de grands locaux, l'installation des conduites d'air chaud dans de bonnes conditions de fonctionnement et d'efficacité est sinon impossible, du moins très difficile. On est alors obligé de recourir aux systèmes de calorifères à eau chaude ou à vapeur, avec lesquels on est toujours certain d'assurer la circulation.

Calorifère à vapeur. — Ces appareils reposent sur ce fait que, lorsque l'eau se réduit en vapeur, elle emmagasine, rend latente une certaine quantité de chaleur qu'elle tient disponible et qu'elle restitue lorsqu'elle se condense, à raison de 540 calories par kilogramme.

Par conséquent, si, au moyen de tuyaux et à l'aide de la pression qui se produit par son augmentation de volume, la vapeur peut être conduite aux divers points à chauffer, elle restituera en ces points choisis la chaleur qu'on lui aura fournie dans l'appareil de vaporisation ou chaudière.

Le problème étant ainsi posé, on voit de suite quels seront les appareils nécessaires et quelles conditions ils devront remplir. Le point de départ, qui est le générateur de vapeur, devra être une chaudière quelconque, d'un système simple autant que possible en raison de l'inexpérience qu'ont souvent les chauffeurs chargés de la conduite de ces appareils ; ces générateurs sont généralement à basse pression. Cette pression dépend du reste de la longueur et du diamètre des conduites où la vapeur doit être forcée de circuler sous son influence. Dans les usines qui possèdent une machine à vapeur, on emploie souvent la vapeur qui, ayant déjà travaillé dans les cylindres, s'échappe en possédant encore une pression suffisante pour parcourir les tuyaux.

Les tuyaux de conduite doivent être en fonte, en fer étiré ou en cuivre. Le plomb doit être proscrit, parce que, sous l'influence de la pression, il augmente peu à peu de section et finit par crever.

En général, les tuyaux servent à conduire la vapeur et non à chauffer. On emploie avec avantage des appareils appropriés où la vapeur, se condensant, abandonne sa chaleur, qui est ainsi utilisée en ces points déterminés, pour maintenir la température de l'air au degré voulu.

La quantité de chaleur transmise pour un même métal est indépendante de son épaisseur.

On admet dans la pratique que 1 mètre superficiel de fonte condense $1^k,80$ de vapeur à l'air et transmet 990 calories et que le cuivre condense $1^k,70$ de vapeur en abandonnant 935 calories. D'après Grouvelle, les tuyaux ont un diamètre de $0^m,07$ à $0^m,20$

lorsque la vapeur y circule à basse pression, et 0^m,035 plus 0,0045 par force de cheval employé lorsque la pression est de 2 atmosphères. Les conduites servant à porter la vapeur dans les locaux à chauffer doivent être entourés d'une enveloppe calorifuge en laine, plâtre, chanvre, liège, etc. Ils doivent être inclinés de manière à laisser écouler vers des purgeurs ou vers le générateur l'eau qui s'y condense nécessairement. Il faut avoir soin d'établir sur la conduite des appareils appelés *reniflards* qui permettent à l'air de rentrer lorsque, la vapeur étant toute condensée dans les conduites, le vide s'y produit. Sans cette précaution, les tuyaux pourraient être aplatis par la pression atmosphérique. De même il doit y avoir, aux extrémités des conduites, des souffleurs qui permettent d'expulser l'air lorsqu'on y introduit la vapeur. Enfin il y a lieu de tenir compte de la dilatation du métal chauffé par l'introduction de la vapeur. A cet effet, on dispose sur le parcours des compensateurs qui permettent cette dilatation sans que les tuyaux soient déformés. Les compensateurs sont composés, soit d'un joint étanche permettant le glissement des tuyaux l'un dans l'autre, soit de tuyaux en cuivre en forme d'U renversé; l'élasticité du métal permet aux deux branches de s'ouvrir et de se fermer sans qu'ils se rompent.

Nous venons de voir les appareils producteurs de vapeur et les tuyaux qui conduisent cette vapeur aux locaux à chauffer; restent les dispositifs pour utiliser la chaleur qu'elle contient. Ce sont en général des condenseurs affectant la forme d'un poêle à enveloppe en fonte, tôle ou faïence dans lesquels sont disposés soit des serpentins en fer, soit des boîtes métalliques garnies d'ailettes qui augmentent la surface de condensation ou même de simples récipients en fonte. L'air froid pénètre par le bas, s'échauffe au contact des parois et s'échappe par le haut.

Si l'on connaît le volume d'air à chauffer par heure et si l'on se rappelle que la chaleur spécifique de l'air est de 0,2378, on en déduit la quantité de chaleur à fournir. La vapeur, comme nous l'avons vu plus haut, abandonnant 540 calories par kilogramme, on saura quel poids de vapeur il faudra produire dans le géné-

rateur, et, d'après les chiffres donnés plus haut, on connaîtra les surfaces que doivent présenter les appareils de condensation. Le problème est donc très simple en théorie; mais, dans l'application, les
détails multiples des installations de ce genre exigent, pour les
mener à bien, les connaissances d'ingénieurs spéciaux expérimentés.

Calorifères à eau chaude. — Le chauffage par la circulation
de l'eau chaude dans des tuyaux était connu des anciens. Mais ce
n'est guère que dans le xviiie siècle et vers 1777
que ce système commença à se répandre en France
avec le dispositif de Bonnemain. Vers 1820, M. de
Chabannes l'appliqua en Angleterre en utilisant la
chaleur perdue des fourneaux de cuisine. Depuis
cette époque, les travaux de Perkins et de Léon
Duvoir ont donné beaucoup d'extension à ce procédé de chauffage.

L'avantage de ce système provient : d'une
part, de la grande chaleur spécifique de l'eau (en
effet, 1 kilogramme d'eau à 100° dégage 80 calories lorsqu'elle se refroidit de 100° à 20°, et ces
80 calories peuvent élever de 15° une quantité
de 16^{mc},4 d'air) ; d'autre part, de la facilité avec
laquelle l'eau circule dans des tuyaux en raison
de la différence de densité qui existe entre l'eau
chaude et l'eau froide.

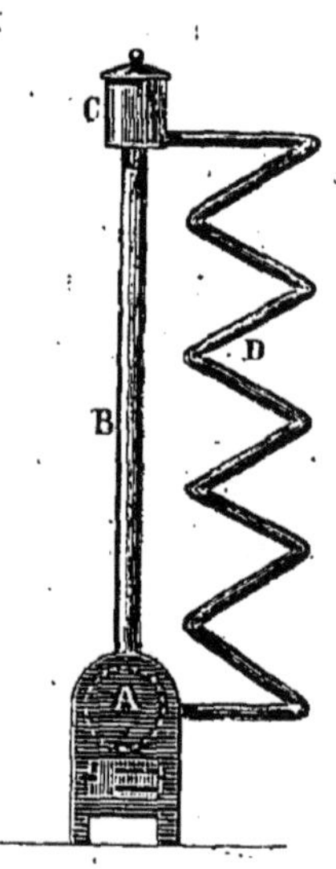

Fig. 18.
Calorifère à eau
chaude.

La figure 18 ci-contre fera saisir de suite le principe de cette
circulation. Soit A une chaudière métallique renfermée dans un fourneau quelconque ; B un tuyau vertical s'élevant de la chaudière A
au récipient C ; un autre tuyau D allant du récipient C à la partie
inférieure de la chaudière. Si l'on suppose la chaudière, les tuyaux
et le récipient pleins d'eau froide, cette eau restera au repos, quels
que soient le diamètre des tuyaux et le rapport de leurs longueurs ;
mais, si l'on vient à chauffer la chaudière, l'eau se dilatant devient
plus légère, un courant ascendant se produit de A vers C par B,
pendant que l'eau contenue dans le tuyau D vient en descendant

remplacer celle qui s'élève par B; il se produit ainsi une circulation continue pendant laquelle l'eau qui se refroidit en se mouvant dans D abandonne une quantité de chaleur qui peut être utilisée. Le récipient C a pour but de laisser se produire l'expansion de l'eau et, comme il n'est pas clos, de laisser échapper l'air qui se dégage de l'eau chauffée.

Il arrive souvent que du vase d'expansion C partent plusieurs conduites descendant dans diverses directions ou étages et venant toutes aboutir au bas de la chaudière A. L'essentiel est de maintenir chaude la colonne ascendante. Ce système, plus simple que le chauffage à la vapeur, est très facile à installer et à conduire et constitue le meilleur procédé de répartition de chaleur tant qu'on ne veut pas chauffer à de trop grandes distances : il devient difficile à appliquer au delà de 75^m de chaque côté de la colonne ascendante. Il présente, au point de vue de la régularité du chauffage, une garantie qu'aucun autre système ne peut assurer. Il est bien entendu que la première condition d'installation sera l'étanchéité des conduites. Comme pour le chauffage à la vapeur, l'installation pour le chauffage à l'eau chaude se compose d'une chaudière, de conduites et des appareils de chauffage des appartements; en plus, il nécessite un vase d'expansion. Dans la pratique, on admet qu'un mètre carré de surface de fonte dans l'intérieur de laquelle l'eau circule suffira pour chauffer 30 à 40 mètres cubes d'appartement; nous disons 30 à 40, parce qu'il y a lieu d'estimer la température à laquelle on veut arriver; ce chiffre variera également selon que la pièce présentera plus ou moins de causes de refroidissement. Ce mètre carré de surface de fonte qui peut être remplacé par de la tôle ou du cuivre (en augmentant un peu la surface) laissera passer 990 calories à l'heure.

La chaudière absorbe environ 15,000 calories à l'heure; par conséquent, la surface de chaudière exposée au feu devra être à peu près 15 fois moins grande que la surface totale des appareils de chauffage de l'air. Ces derniers peuvent être les tuyaux de circulation eux-mêmes, ou mieux des poêles à eau dans lesquels l'eau se meut de haut en bas. La dépense de chauffage peut être calculée en partant de cette donnée expérimentale, que 1 kilogramme de houille ou de coke transmet à la chaudière 3500 à 4000 calories.

Lorsqu'on emploie le chauffage par eau chaude pour les serres, il faut avoir soin d'augmenter un peu les proportions ci-dessus indiquées à cause des pertes de chaleur considérables qui se produisent par les vitrages.

Pour nous résumer, un volume de 1,000 mètres cubes dans un appartement sera maintenu à une température de 15° au moyen d'un chauffage à eau chaude formé d'une chaudière de $2^m,20$ de surface de chauffe et d'une surface de poêles à eau chaude de 33 mètres carrés. En admettant que chaque mètre carré de surface de poêle chauffe 30 mètres cubes, la dépense de combustible nécessitée par la perte de chaleur de ces 33 mètres carrés, qui sera de $33 \times 990 = 32,670$ calories, atteindra $\dfrac{32670}{4000}$ ou $\dfrac{32670}{3500}$, c'est-à-dire 8 à 9 kilos. Lorsque la température extérieure baisse beaucoup, il faut fournir plus de chaleur ; il est facile d'activer le feu sous la chaudière, de même qu'il est facile de le diminuer lorsque la température remonte.

Dans certains cas, au lieu d'avoir le vase d'expansion ouvert, dont nous avons parlé, on emploie un récipient clos. L'appareil de chauffage est dit alors à haute pression, parce que, la vapeur ne trouvant plus d'issue au dehors, la circulation s'effectue quand même, mais sous la pression même de cette vapeur. C'est l'Anglais Perkins qui a imaginé ce système présentant deux avantages particuliers. La température de l'eau peut atteindre un degré plus élevé, — jusqu'à 200°. — On peut, par conséquent, employer des tuyaux de plus faible section, qui sont réduits à un diamètre intérieur de $0,^m0125$ et extérieur de $0,^m025$. La chaudière est remplacée par le tube lui-même roulé en serpentin dans le foyer. On lui donne une longueur égale à 1/6 de la longueur totale des circuits. En Angleterre, où ce système est très répandu, on compte 1 mètre carré de surface de tubes pour chauffer 80 mètres cubes d'air dans un appartement.

Nous venons de passer en revue les divers modes de chauffage actuellement usités ; il est certain que chaque système doit répondre à des exigences particulières. Chacun doit donc, avant de choisir le mode de chauffage qu'il devra employer, étudier les conditions locales et déterminer ce qui sera le plus avantageux. Mais, dès qu'il s'agit de chauffer de grands locaux, le mieux est de

Fig. 19. — Fourneau de cuisine.

s'adresser à des ingénieurs et aux constructeurs spéciaux qui, par leur expérience, éviteront des insuccès et par suite des dépenses inutiles.

Il nous reste à dire quelques mots d'une application du chauffage toute particulière : le chauffage des fourneaux de cuisine par la houille et le coke. Il nous semble que le point de départ de cet emploi de la houille pour la cuisine remplaçant l'antique charbon de bois vient de l'idée d'utiliser le poêle au charbon de terre pour faire la cuisine.

Il est probable que tout d'abord, voyant le dessus d'un poêle rougir, on pensa à tenir chaudement les aliments sur le couvercle, puis à les y préparer directement. Peu à peu nombre de constructeurs sont venus faciliter cet emploi du poêle modifié en perfec-

tionnant sa forme pour y placer les ustensiles de cuisine. Aujour-
d'hui les fourneaux de cuisine dits économiques, en raison sans
doute du double emploi du fourneau qui a pour but de chauffer la
pièce et de préparer les aliments à l'aide de la chaleur qui rayonne
à travers les parois, comprennent un nombre considérable de
modèles. Nous donnons figure 19 le dessin d'un des types les plus
perfectionnés. Le foyer sert à chauffer les ustensiles de cuisine
lorsqu'on amène au rouge la partie supérieure, à faire rôtir les
viandes dans un four intérieur, à tenir de l'eau chaude constamment en réserve et même à chauffer des assiettes. Ce n'est pas à
dire que les viandes soient mieux grillées ou rôties, que la cuisine
soit meilleure et que le système soit économique. Il est même certain que la cuisine faite avec un appareil qui sert à tant de choses
est moins fine, mais on a l'avantage d'avoir un meuble qui, tout
en permettant de faire cuire d'une façon quelconque les aliments,
chauffe en même temps le local où il est placé et évite la surveillance de plusieurs fourneaux.

Chauffage industriel.

Nous venons d'indiquer sommairement les différents moyens de
se servir de la chaleur produite par la combustion de la houille et du
coke pour le chauffage domestique. Nous avons examiné successivement les procédés employés pour utiliser le mieux possible cette
chaleur ; nous allons voir maintenant comment, dans l'industrie, on
est arrivé à en tirer le meilleur parti.

Si pour le chauffage domestique la bonne utilisation a une importance assez grande, il existe d'autres facteurs dont les constructeurs doivent tenir compte : ce sont la ventilation et la commodité
des appareils qui conduisent souvent à préférer des systèmes dans
lesquels la quantité de chaleur perdue n'est pas négligeable à la
vérité, mais vient en seconde ligne. Dans l'industrie, où la dépense
de combustible est souvent le principal élément d'un prix de revient,
on doit, avant tout, chercher à utiliser la plus grande quantité de la

chaleur développée. Aussi voyons-nous le plus souvent des fabricants renouveler sans hésitation leur matériel de fabrication et le remplacer par un autre, dont la construction entraîne de grandes dépenses, afin d'arriver à réaliser une économie de charbon.

Le constructeur devra donc, avant d'établir un dispositif qui doit tirer parti de la chaleur, étudier soigneusement les conditions du prix de revient des divers charbons à sa portée, ce prix étant naturellement celui du combustible rendu à pied d'œuvre ; il devra ensuite chercher les meilleurs procédés d'utilisation de cette chaleur, c'est-à-dire les appareils les plus avantageux pour le genre de charbon choisi. En effet, dans la classification établie au commencement de ce volume, nous avons constaté que certains charbons sont à longue ou à courte flamme, que les uns sont collants, les autres secs ; les foyers où leur combustion s'opérera ne devront donc pas être disposés de la même manière et les usages auxquels ils sont appliqués devront être également différents en raison de leurs qualités diverses.

Comme nous l'avons vu pour le chauffage domestique, la chaleur produite par la combustion se disperse de deux façons : par le contact et le rayonnement et par l'entraînement avec les produits de la combustion. Il existera donc deux modes d'emploi, et, par suite, deux catégories d'appareils : dans l'une, on classera tous les dispositifs dans lesquels la matière à chauffer est en contact direct avec le charbon en ignition ; dans l'autre, les appareils où la chaleur produite est utilisée en un point différent de celui où a lieu la combustion, c'est-à-dire les appareils où le chauffage a lieu par la flamme.

Dans la première catégorie, on rangera les foyers métallurgiques pour affinage, hauts fourneaux, fours à cuve, foyers de maréchalerie ; dans la seconde, les foyers à chauffer, à évaporer les liquides, les chaudières à vapeur, les fours à réverbère, les fours de verrerie et enfin les appareils chauffés par le procédé plus moderne et nous ajouterons plus rationnel des générateurs à gaz, avec lesquels la production de la flamme et l'utilisation de la chaleur qu'elle fournit ont lieu en un point souvent éloigné de celui où le combustible est décomposé.

Première classe. — Les appareils de cette classe, qui comprend tous les dispositifs dans lesquels la matière à chauffer est en contact direct avec le combustible, sont presque tous des appareils employés dans la métallurgie. La combustion y a lieu d'une façon spéciale. Il nous est impossible, dans cet ouvrage, d'analyser les divers cas qui se présentent pour ces appareils; nous indiquerons cependant en quelques mots les principes qui servent à leur établissement.

Dans tous les foyers de ce genre, le combustible est en couche assez épaisse pour que l'oxygène de l'air, nécessaire à la combustion, ne puisse la traverser. Il ne faut donc pas compter sur le tirage d'une cheminée pour fournir l'air nécessaire. On y supplée au moyen de souffleries qui l'envoient à la partie inférieure de la colonne de combustible sous une pression plus ou moins élevée. Si cette colonne de combustible a une certaine hauteur, il est évident qu'on ne peut employer les charbons gras qui s'aggloméreraient et empêcheraient la circulation de l'air et des gaz résultant de la combustion; aussi n'est-ce guère que dans les forges de maréchalerie que l'on emploie du charbon cru. Dans ce cas, on choisit justement un charbon gras et collant (connu sous le nom de houille grasse maréchale), parce que, sous l'influence de la chaleur, il s'agglutine à la surface du feu et maintient le fer à chauffer dans une espèce de voûte où se concentre mieux la chaleur.

Dans certains cas, on a employé dans les foyers métallurgiques des houilles sèches donnant un coke fritté qui ne s'agglomère pas; mais généralement on se sert de coke dans tous les fourneaux à *cuve,* c'est-à-dire dans tous ceux où il existe au-dessus de la partie réservée à la combustion une cuve, ou espace dans lequel sont enmagasinés le combustible et la matière à élaborer.

Le type de ces fourneaux à cuve est le haut fourneau où l'on traite les minerais de fer; les fourneaux à manche, les cubilots, les demi-hauts fourneaux pour le cuivre, les fours Raschette em-

ployés dans la métallurgie du plomb, sont des fourneaux à cuve et
les différents phénomènes de la combustion s'y produisent de la
même façon.

Un haut fourneau (fig. 20) se compose d'un massif de maçonnerie dans lequel est construit le four lui-même, composé de ma-

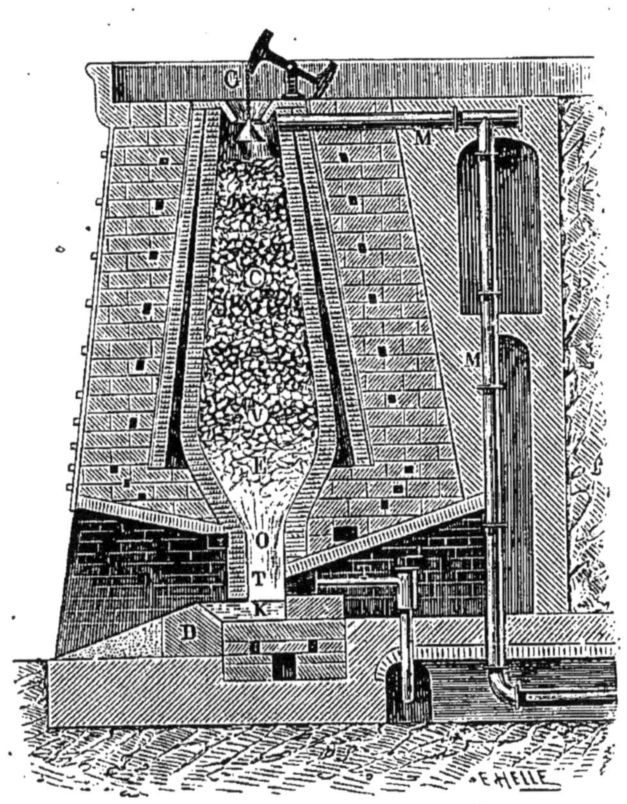

Fig. 20. — Haut fourneau.

tériaux réfractaires. La partie supérieure, ou *gueulard* G, sert à l'introduction du coke et du minerai auquel on ajoute des fondants
choisis pour former des silicatés fusibles avec les cendres et les
matières étrangères du minerai.

Ce mélange, versé par le gueulard, tombe dans la *cuve* C dont
la forme est tronconique, pour faciliter la descente des matières ;

au-dessous est le *ventre* V, partie la plus large du fourneau, puis les *étalages* E ayant la forme tronconique, mais dont l'ouverture, c'est-à-dire la partie la plus large, est tournée vers le haut. La partie inférieure se continue par un vide à peu près cylindrique appelé *ouvrage* O. Enfin au bas on trouve le *creuset* K. Entre l'ouvrage et le creuset sont situées les *tuyères* T par lesquelles l'air pénètre dans le fourneau.

La hauteur de ces fourneaux varie de 10 à 20 mètres selon la nature des minerais et du combustible.

Étant donnée cette description sommaire, examinons comment se produit la combustion.

L'air froid, ou chaud selon les cas, pénètre dans le fourneau par les tuyères et y rencontre la masse de combustible incandescent; l'oxygène de l'air se combine avec le carbone du coke, pour former de l'acide carbonique en produisant une température très élevée qui amène la fusion de la fonte et des scories. Ces matières liquides descendent dans le creuset, où elles se séparent par ordre de densité. Les scories liquides s'écoulent par une ouverture pratiquée sur le côté du creuset et par-dessus une partie de la paroi appelée *dame* D; la fonte est extraite de temps en temps par une ouverture appelée *trou de coulée*, ménagée au bas du creuset. L'acide carbonique produit, s'élevant dans le four, ne tarde pas à rencontrer d'autre coke en ignition; il se transforme en oxyde de carbone en absorbant de la chaleur, de sorte qu'arrivés au gueulard les produits de la combustion se composent théoriquement d'oxyde de carbone et d'azote. Ces gaz s'échappent par des conduits M placés au-dessous du gueulard; ils sont utilisés pour chauffer, soit l'air lancé par les tuyères, soit les chaudières; ou bien encore on les emploie pour l'affinage en y mélangeant une quantité d'air convenable destiné à leur fournir l'oxygène nécessaire à la combustion, c'est-à-dire à leur transformation en acide carbonique.

La partie où a lieu la formation de l'acide carbonique dans le haut fourneau, ou zone de fusion, est excessivement réduite et atteint seulement 0^m,40 de hauteur environ. Au-dessus de cette zone de fusion, il se produit un brusque abaissement de température; dans la partie appelée zone de réduction, la température n'est plus que de 400 à 600 degrés, la colonne gazeuse échauffe les matériaux qu'elle traverse et leur enlève leurs éléments volatils et leur humidité; en même temps, l'oxyde de carbone réduit le fer à l'état métallique. Ces réactions se sont produites avant que le fer n'atteigne la zone de fusion. Les gaz, à leur sortie, n'ont plus qu'une température de 120 à 150 degrés; leur utilisation a été un des grands progrès de la métallurgie moderne, puisque l'on a reconnu que la chaleur développée par leur combustion représentait jusqu'à 85 pour 100 de celle que le coke, introduit dans le haut fourneau, était susceptible de fournir; nous verrons plus loin, lorsque nous parlerons des générateurs à gaz, quelle est la conséquence industrielle de cette utilisation du gaz de haut fourneau.

Les cubilots ne transforment pas complètement l'acide carbonique en oxyde de carbone; on trouve encore des quantités considérables d'acide carbonique dans les gaz qui s'en dégagent. Il n'est pas utile que cette transformation se produise, le cubilot devant simplement déterminer une fusion, il y a tout avantage à obtenir une combustion complète, c'est-à-dire le maximum de température. L'oxyde de carbone qui se dégage n'est qu'une perte de chaleur.

La quantité de coke nécessaire varie de 150 à 200 kilogrammes par 100 kilogrammes de fonte obtenue dans un haut fourneau; pour fondre le même poids de fonte dans un cubilot, on compte de 100 à 200 kilogrammes de coke. Lorsque l'on fond au creuset à l'aide de fourneaux à vent, il faut, pour la fonte, de 80 à 200 kilogrammes de coke, selon le nombre de creusets, et 200 à 400 kilogrammes par 100 kilogrammes d'acier.

Deuxième classe. — Les appareils de cette classe, où le chauffage a lieu au moyen de la flamme, peuvent être partagés en deux sections : 1° les dispositifs où la flamme seule sert au chauffage et où elle se produit immédiatement auprès du combustible qui est brûlé dans l'appareil chauffé; 2° ceux où le chauffage par la flamme a lieu en un point plus ou moins éloigné du combustible qui la produit. Nous nous occuperons d'abord des appareils de la première section, qui comprennent les chaudières à vapeur, et tous les appareils servant au chauffage des liquides, les fourneaux dans lesquels on fait servir la flamme à des opérations chimiques ou métallurgiques, comme les fours à réverbère, les fours de verrerie, de céramique, etc.

Tout appareil de chauffage comporte un foyer où se produit la combustion du charbon, un espace où l'on utilise la chaleur développée, et enfin un dispositif qui a pour but de produire l'introduction de l'air nécessaire à la combustion, soit par appel au moyen des cheminées, soit par injection au moyen d'une soufflerie. Ces divers éléments doivent, bien entendu, être proportionnés à l'effet à produire, c'est-à-dire que la quantité de chaleur nécessaire varie suivant l'opération à effectuer et la quantité des matières à chauffer. La chaleur demandée est obtenue par un poids de combustible dépendant de sa puissance calorifique, et pour assurer la combustion de ce poids de combustible, il faut lui fournir une quantité d'air déterminée.

Connaissant la quantité de chaleur à produire et la puissance calorifique du combustible, on aura le poids à brûler dans l'unité de temps, en tenant compte du coefficient d'utilisation fourni par l'expérience. Pour assurer la combustion, le charbon est étendu sur la grille, formée de barres de fer, de fonte ou de terre réfractaire, en couche dont l'épaisseur variera avec chaque espèce de combustible, et le vide laissé par les barreaux doit être suffisant pour le passage de l'air nécessaire. Il ne faut pas que les barreaux soient trop écartés, parce que le menu, c'est-à-dire la partie du combustible qui est en petits morceaux, tomberait au-dessous sans être brûlé et, se mêlant aux cendres, serait perdu. D'autre part, si les barreaux sont trop peu écartés, l'air ne passe pas assez librement et les cendres tombent difficilement dans le cendrier, surtout si, l'allure du feu étant assez vive, la température élevée forme des scories fusibles. Celles-ci viennent alors s'agglomérer, au contact de l'air froid, au-dessus des barreaux et les encrassent; il est dans ce cas difficile de leur livrer passage et la combustion n'a plus lieu régulièrement. En pratique, on admet que le vide laissé par les barreaux doit avoir : pour la houille maigre, une surface égale au quart de la surface de la grille; pour la houille grasse, le tiers, et pour l'anthracite et le coke, la moitié.

Cependant, ces chiffres ne sont pas absolus, et il est préférable de déterminer dans chaque cas particulier, et par une expérience directe, le meilleur écartement à donner.

De même, pour la surface de la grille, le calcul ne peut pas fournir des renseignements bien certains, et le mieux est de s'en rapporter aux chiffres indiqués par la pratique, en comparant les résultats donnés par des appareils reconnus bien établis et par une expérience spéciale. Péclet admet que, pour brûler 1 kilogramme de houille à l'heure, la grille doit avoir 1 décimètre carré; mais beaucoup de constructeurs donnent à leurs grilles une surface de 1 décimètre par $0^{kg},50$ à $0^{kg},75$.

Il est évident que, selon le tirage de la cheminée ou la puissance de la soufflerie, l'affluence de l'air nécessaire à la combustion variera et que, par suite, la surface de la grille devra varier également.

Les cheminées qui produisent cet appel d'air peuvent être calculées suivant certaines données théoriques, et l'on en précise les dimensions au moyen des résultats fournis par la pratique.

Nous avons vu, en parlant de la puissance calorifique des combustibles, quelles étaient les quantités d'air nécessaires pour leur combustion. En pratique, on doit admettre, pour le calcul des cheminées, qu'une grande partie de l'air passe à travers le combustible sans être utilisée et que la quantité qui doit être appelée par une cheminée est le double de celle qui est indiquée par la théorie. L'appel est produit par la différence entre la température de l'air contenu dans la cheminée et celle de l'air extérieur. Lorsqu'on allume du feu au bas de la cheminée, la colonne gazeuze qu'elle contient, froide au début, s'échauffe, se dilate et, par conséquent, devient plus légère et prend un mouvement ascensionnel. Si l'on considère une cheminée ayant un demi-mètre carré de section et 25 mètres de hauteur, la colonne d'air contenue pèse, à 0°, 16 kilogrammes, ét à 100°, 12 kilogrammes en chiffres ronds ; cette différence constitue la pression qui déterminera l'appel d'air extérieur nécessaire à la combustion. Mais ces chiffres théoriques sont modifiés par une foule de circonstances spéciales, et on peut admettre en pratique que la pression qui assure l'écoulement devra être réduite au tiers ou au quart de celle indiquée par la théorie, à cause du frottement le long des parois, des remous produits par les variations de section et des coudes dans les carneaux ; aussi, en réalité, se sert-on plutôt des résultats de l'expérience, tout en prenant comme point de départ les calculs théoriques. Nous ne saurions entrer, pour l'établissement des dimensions des cheminées, dans tous les développements que cette question comporte, et nous sommes obligés de renvoyer aux ouvrages spéciaux. Les cheminées usitées dans l'industrie sont en tôle ou en briques, sauf de rares exceptions. Les premières sont presque toujours circulaires et ne s'emploient que lorsqu'elles ont une faible section ; en général, leur hauteur n'atteint guère que 12 ou 15 mètres. Les cheminées en briques sont carrées, octogones ou circulaires, et leur hauteur varie de 15 à 50 mètres. Quelques cheminées ont été élevées jusqu'à 125 ou 140 mètres ; mais ce sont là des tours de force dont l'utilité ne semble guère démontrée, au point de vue de l'appel d'air. L'épaisseur des grandes cheminées est de $0^m,22$ au sommet ; les petites se terminent quelquefois sous l'épaisseur de $0^m,11$, soit une demi-brique ; mais il est toujours préférable, pour la solidité et la facilité des réparations, de les terminer à la dimension de $0^m,22$. Comme elles sont construites en général de l'intérieur, il faut réserver une ouverture minima de $0^m,45$ pour que l'ouvrier qui fait le travail puisse passer. L'épaisseur de la maçonnerie allant en diminuant au fur et à mesure qu'on s'élève, on donne à l'ouvrage une forme conique à l'extérieur, afin de ne pas tailler les briques ; cette forme se traduit par un fruit de $0^m,025$ à $0^m,035$

par mètre, et à l'intérieur, on ménage des ressauts brusques de $0^m,11$.

La base est toujours prismatique et généralement à section carrée. Au-dessous du sol, elle s'appuie sur un massif en maçonnerie de ciment ou de béton, qui repose lui-même sur le terrain solide. Une chambre de fumée, ou vide où aboutissent les carneaux, est ménagée à la base de la cheminée et, au niveau du sol, on pratique sur un des côtés une ouverture suffisante pour le passage d'un homme. C'est par cette ouverture qu'on fait passer les matériaux pendant la construction; aussitôt après, on la ferme par une murette en briques de $0^m,11$. Plus tard, cette porte servira en cas de réparations intérieures. Au fur et à mesure que la cheminée s'élève, on scelle à l'intérieur des crampons de fer distants de $0^m,25$ à $0^m,30$, de façon à permettre au fumiste de monter comme sur une sorte d'échelle.

Lorsque la cheminée ne peut atteindre une hauteur suffisante, ainsi que cela arrive pour les locomotives, pour certaines chaudières marines, pour les locomobiles, etc., on emploie, pour assurer l'appel d'air nécessaire, un artifice spécial en utilisant la vapeur qui s'échappe du cylindre après avoir produit son travail sur le piston. On la dirige à la base de la cheminée par des conduits d'échappement terminés par un ajutage conique. (Souvent, pour activer le feu, lorsque la machine est au repos, un conduit spécial prend la vapeur directement dans la chaudière pour alimenter *le souffleur*.) Quelquefois, enfin, au lieu d'aspirer l'air à travers le combustible au moyen d'une cheminée ou d'un jet de vapeur, on chasse, au moyen d'une soufflerie, cet air sous la grille, dans le cendrier, qui alors doit être fermé. Dans certains cas, l'air envoyé pour alimenter la combustion est chauffé par la chaleur perdue du foyer avant de pénétrer sous la grille. On peut, de cette manière, obtenir des températures beaucoup plus élevées, comme nous l'avons vu pour les hauts fourneaux.

Ainsi, dans tous les appareils de la deuxième classe, on retrouve constamment ces trois éléments : le foyer, qui produit la flamme ; le point où l'on utilise la chaleur de cette flamme, enfin la cheminée ou la soufflerie qui détermine le mouvement de l'air. Mais dans chaque application les dispositions varient et les formes ainsi que les arrangements de ces trois éléments sont innombrables.

Nous allons passer en revue quelques-uns des principaux dispositifs, à titre d'exemples.

Chaudières à vapeur. — Les chaudières à vapeur sont des appareils dans lesquels on utilise la chaleur dégagée par la combustion en se servant du contact de la flamme et du rayonnement du foyer. Pour arriver au meilleur rendement, il faut d'abord recueillir toute la chaleur rayonnante ; c'est ce que l'on réalise en plaçant le foyer dans l'intérieur même de la chaudière, de telle sorte qu'il soit complètement entouré par les parois

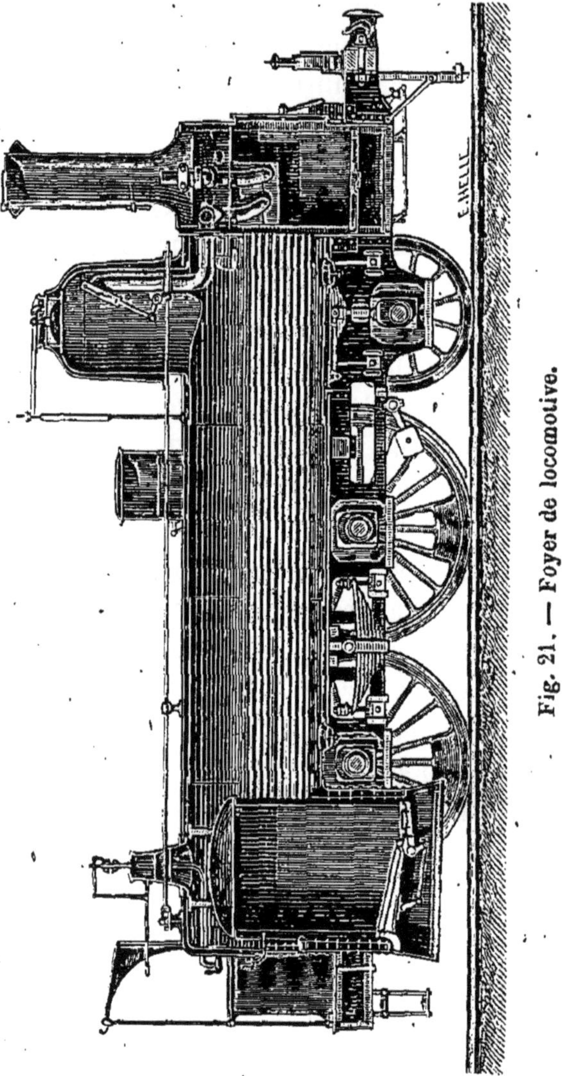

Fig. 21. — Foyer de locomotive.

métalliques en contact avec l'eau. Quant à la flamme, on lui fait lécher les surfaces de la chaudière, de telle manière que les gaz chauds sortent à la plus basse température possible, c'est-à-dire à une température très peu supérieure à celle même de la vapeur

8

produite. Cette condition d'utilisation de la chaleur ne se réalise pas dans la pratique ; mais on cherche à se rapprocher autant que possible de ce desideratum théorique au moyen de dispositifs dans lesquels on doit, bien entendu, tenir compte des exigences spéciales à chaque cas.

Un des types les plus connus de chaudière est celui qu'on trouve dans les locomotives (fig. 21). Le dessin représente une locomotive à grande vitesse, construite au Creusot. Le foyer est placé dans le corps même de la chaudière et les parois exposées au rayonnement en contact avec l'eau mesurent 10 mètres carrés de surface.

La flamme et les produits de la combustion s'échappent du foyer et passent par des tubes au nombre de 180, placés au sein même de la masse d'eau à échauffer ; leur diamètre intérieur est de $0^m,046$ et leur longueur de $4^m,350$, présentant une surface de chauffe de 113 mètres carrés ; c'est donc un total de 123 mètres carrés exposés à la chaleur ; la grille a $2^m,20$ de surface. On réalise ainsi une chaudière ayant $5^m,59$ de surface de chauffe par mètre carré de grille. La cheminée commence au-dessus d'un espace vide situé au bout des tubes du côté opposé au foyer, et appelé boîte à fumée ; une de ses parois est fermée par des portes qui permettent de temps en temps de nettoyer les tubes et de les visiter. La cheminée a $0,^m440$ de diamètre et $2^m,46$ de hauteur au-dessus de la boîte à fumée. Ces dimensions seraient insuffisantes, bien entendu, pour déterminer l'appel d'air nécessaire à la combustion, appel qui doit être très énergique pour pouvoir brûler rapidement le charbon sur la grille, de façon à produire une vaporisation active. Aussi détermine-t-on cet appel artificiellement au moyen d'un jet de vapeur qui, après avoir agi dans les cylindres, s'échappe par une tuyère conique située au bas et dans l'axe de la cheminée. Dans les locomotives, la quantité de charbon brûlé par mètre carré de surface de grille est en moyenne de 300 kilogrammes à l'heure. L'eau vaporisée par kilogramme de combustible est en général de $8^k,5$, et chaque mètre carré de surface de chauffe peut vaporiser 35 hectolitres d'eau. Dans la marine, où l'économie de combustible a une importance considérable, en raison de l'espace qu'il occupe, — espace perdu pour les marchandises à transporter, — on a dû chercher les meilleures conditions pour arriver à réaliser cette économie ; en outre, il faut que les chaudières soient logées dans les flancs du bâtiment en tenant peu de place ; aussi les machines marines sont-elles les mieux disposées pour tirer parti du combustible en augmentant le parcours des flammes. Dans les modèles les plus employés, le foyer est placé dans la chaudière même, la flamme produite, en partant du foyer, fait un retour en avant et parcourt plusieurs rangées de tubes qui sont placés comme dans les chaudières de locomotives, au sein même de la masse d'eau à échauffer ; la chaudière se continue même sous les foyers, de façon à utiliser encore en dessous des grilles le rayonnement du combustible en ignition. Aussi, dans beaucoup de cas, la dépense de houille atteint-elle à peine 1 kilogramme par cheval de force produit et par heure, tandis que pour les machines fixes de petite dimension employées dans l'industrie, on consomme jusqu'à 4 et 5 kilogrammes de houille par cheval et par heure. Les machines marines fonctionnent à une assez faible pression, 2 à 2 atmosphères et demie, à cause de la nature de l'eau de mer qui, avec un chauffage un peu vif comme celui des locomotives, donnerait des incrustations dont l'adhérence et la dureté deviendraient dangereuses pour la sécurité de la chaudière. Aussi ne se sert-on plus de vapeur pour provoquer l'appel de l'air et emploie-t-on le tirage naturel ou des ventilateurs. La consommation de charbon à l'heure varie de 80 à 110 kilogrammes par mètre carré de grille ; en moyenne, cette consommation produit de 75 à 90 chevaux de force.

La nécessité de réduire le volume et le poids des générateurs de vapeur dans la marine a fait adopter depuis quelques années sur un grand nombre de bateaux des chaudières dans lesquelles on ne fait plus passer de tubes à travers la masse d'eau à chauffer, mais où l'on fait circuler cette eau à l'intérieur de tubes placés au milieu des flammes. La circulation s'établit en raison de la différence de densité produite par l'échauffement, comme nous l'avons vu pour le thermo-siphon. En outre, les tubes de fer dont on se sert pour contenir cette eau peuvent, à cause de leur petit diamètre, avoir une faible épaisseur ; la masse d'eau étant très divisée s'échauffe très vite et, par suite, on obtient rapidement la pression de vapeur nécessaire au fonctionnement de la machine ; la quantité d'eau est à peu près la dixième partie de celle que renferment les chaudières ordinaires ; le danger des explosions est beaucoup moins grand et, en général, les ruptures de tubes sont assez rares et ne produisent qu'une extinction des feux ; aussi a-t-on appelé ces chaudières inexplosibles. Un des types les plus connus est la chaudière Belle-ville, que la marine et l'industrie ont souvent employée. Ce type d'appareil, représenté figure 22, se compose d'une série de tubes en fer en forme d'U, raccordés entre eux par des boîtes et des coudes, qui communiquent en haut et en bas par des tubes dits conducteurs. Au bas de la chaudière est une sorte de boîte dite collecteur inférieur où l'eau d'alimentation est prise. Une pièce analogue sert de collecteur supérieur et la vapeur formée s'y rassemble. De là, elle passe à travers les tubes sécheurs placés au-dessus de l'ensemble des tubes producteurs de vapeur ; enfin au sommet de la chaudière est un cylindre sur lequel sont boulonnées la soupape de sûreté et la prise de vapeur. Sur le côté est un tube de communication et de retour d'eau entre le collecteur supérieur et le collecteur inférieur. Sur ce tube est placé un tube de verre indicateur du niveau. Le foyer construit à la partie inférieure des tubes est garni de briques réfractaires. Le combustible brûlé pour une force donnée est à peu près le même que dans les bons types de chaudières.

La légèreté et le peu d'espace qu'il occupe ont fait adopter ce système dans beaucoup de cas ; un générateur Belleville pour machine fixe de 50 chevaux pèse 6000 kilogrammes, et un générateur marin de 200 chevaux pèse 50 tonnes, eau comprise ; la même chaudière du type ordinaire pèserait 80 tonnes. Dans cet ordre

d'idées, on est parvenu à réaliser des tours de force au point de
vue de la légèreté et du peu d'espace occupé. Ainsi les générateurs
du Temple, dont l'organe essentiel est un faisceau de tubes d'acier,
peuvent donner une force considérable, eu égard à leur poids
extrêmement réduit et au petit volume qu'ils occupent ; une chau-

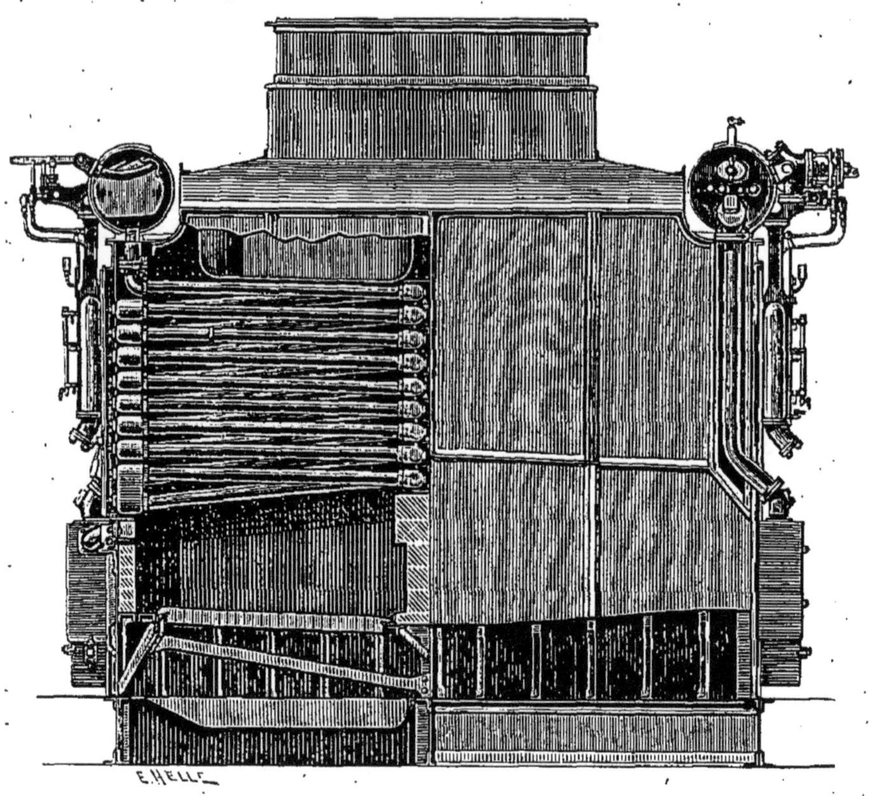

Fig. 22. — Chaudière Belleville.

dière de ce système, susceptible de fournir la vapeur à un moteur de
50 chevaux, mesure 1 mètre de profondeur, 1^m,40 de largeur,
2^m,25 de hauteur et ne pèse que 2200 kilogrammes.

Chaque type de chaudière ayant été établi en vue de nécessités spéciales, la forme varie avec le genre d'application ; mais le
but est toujours le même : vaporiser dans un temps donné la plus
grande quantité d'eau possible avec le minimum de combustible.

Les conditions de poids et de volume dépendent de l'usage auquel la chaudière est destinée. Il n'en est pas de même dans les foyers où la flamme produite est appelée non seulement à élever la température d'une substance à traiter, mais souvent encore à modifier sa constitution en déterminant des réactions chimiques, comme nous l'avons vu pour la production de la fonte dans les hauts fourneaux.

Si nous examinons, par exemple, un fourneau à puddler, également employé dans l'industrie sidérurgique, nous pourrons y constater l'influence de la qualité de la flamme.

Un fourneau à puddler (fig. 23) est un four du type dit à réverbère ; le foyer est placé à une des extrémités du massif. Le charbon, en y brûlant, donne naissance à une flamme qui, appelée par une cheminée plus ou moins haute, traverse le four proprement dit en léchant la surface de la *sole* où sont placées les matières à traiter ; la voûte du fourneau, portée à une haute température, rayonne sur la sole, et cette action vient s'ajouter à celle de la flamme. En introduisant dans cette dernière une plus ou moins grande quantité d'air, on la rend oxydante ou réductrice. Le four à puddler que nous donnons comme exemple de ce genre de fourneaux sert à produire l'affinage de la fonte pour la transformer en fer par la méthode dite anglaise. Dans cette opération, la fonte brute est chauffée à une température élevée par la flamme venant du foyer et appelée par une cheminée de 10 à 15 mètres. Cette

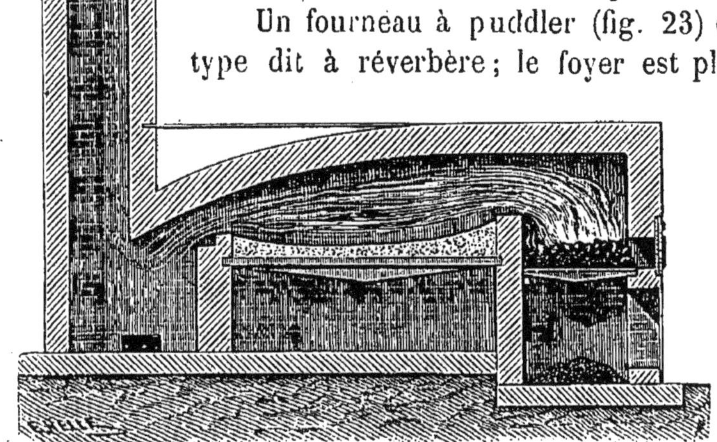

Fig. 23. — Four à puddler.

fonte, rapidement portée au rouge blanc, se ramollit et la flamme, qu'on rend oxydante, brûle le carbone, le phosphore et les autres corps étrangers. On renouvelle les surfaces en brassant la masse de fonte pâteuse; l'oxyde de carbone formé au contact de l'oxygène de l'air entraîné brûle avec une flamme bleuâtre. A mesure que les impuretés s'éliminent, la masse se transforme en fer et devient moins fusible; il se forme des noyaux que l'on rassemble en *balles* et qu'on soumet ensuite au martelage. Le marteau dit à cingler que l'on emploie à cet effet donne de la cohésion au métal en même temps qu'il en élimine les scories. Le fer est ensuite soumis à d'autres opérations d'affinage, telles que le corroyage.

Nous venons de voir ici une opération dans laquelle la flamme, que l'on produit oxydante, permet de réaliser une réaction chimique à haute température. Dans d'autres cas, cette flamme est réductrice, c'est-à-dire contient une quantité d'oxygène insuffisante; elle emprunte alors le complément nécessaire pour la combustion complète aux substances traitées sur la sole du four à réverbère où elles sont chauffées; on peut même, dans certains cas, rendre la flamme oxydante et réductrice alternativement et selon les nécessités du travail à effectuer. Les formes des foyers et les méthodes employées pour produire la chaleur par la combustion de la houille sont évidemment soumises à mille considérations dépendant des résultats que l'industriel veut obtenir. Dans certains cas où il faut une chauffe continue et absolument régulière, on a été conduit à faire des dépenses d'installation extrêmement élevées, parce que la question d'économie du combustible est la condition *sine qua non* du rendement industriel.

Une des industries où il faut réaliser quand même des économies, tout en arrivant à une chauffe énergique et régulière, est la verrerie. Aussi beaucoup de fours ont-ils été essayés successivement; un fabricant hésite rarement à transformer son outillage pour obtenir une économie de charbon, et cependant ces installations sont coûteuses.

Depuis quelques années, les méthodes de chauffage ont fait

de grands progrès avec les générateurs dont nous parlerons plus
loin ; mais, en raison des frais de construction élevés qu'ils entraî-
nent, on a cherché à combiner des appareils mixtes présentant les
avantages des gazogènes, tout en étant moins dispendieux.

Dans l'industrie de la verrerie, dont nous parlions plus haut,
on se sert beaucoup du four Boétius, qui réalise en grande partie

Fig. 24. — Four Boétius.

ces conditions. Nous le donnerons comme exemple de ces fours
mixtes, de même que nous parlerons plus tard du four mixte Lerat
dans l'industrie du gaz.

Le four Boétius (fig. 24) utilise bien le charbon, en procurant
une économie de 30 pour 100 ; la température produite est constante, condition nécessaire à la bonne conservation des creusets
de verrerie, et le chauffage est régulier pour chacun d'eux.

La houille, chargée par deux ouvertures latérales au niveau
du sol, descend sur deux plans inclinés en briques réfractaires où

elle commence à se décomposer; les produits combustibles de cette décomposition se dégagent et vont rejoindre la flamme centrale. Cette houille arrive ensuite sur la grille à l'état de coke incandescent; au contact de l'air qui traverse les barreaux, elle se transforme en acide carbonique qui se réduit en oxyde de carbone, en passant à travers la masse de combustible. Tous les produits de la décomposition s'échappent par une ouverture centrale pratiquée dans la voûte du foyer et correspondant au centre du four de verrerie proprement dit. Au milieu de cette ouverture et par quatre côtés à la fois arrive l'air nécessaire à la combustion complète; cet air a été chauffé préalablement par sa circulation à travers des carnaux pratiqués dans l'épaisseur des parois. Il vient ensuite déboucher à la partie inférieure de la chambre de chauffe et donne naissance à une flamme qui s'élève jusqu'à la voûte et redescend autour des pots ou creusets contenant le verre en fusion.

Les produits de la combustion s'échappent par des ouvertures pratiquées au pied de la voûte, près du fond des creusets et correspondant à des cheminées établies dans les piliers du four.

Voici donc un dispositif dans lequel la flamme ne se produit pas immédiatement au-dessus du combustible. Cependant le foyer est établi dans le même massif que le foyer proprement dit. Dans les appareils dits gazogènes, ou générateurs à gaz, le combustible est décomposé dans un appareil spécial qui remplace le foyer; il fournit des produits gazeux dont la combustion a lieu dans les appareils à chauffer lorsqu'on leur fournit l'air nécessaire.

Ce système de chauffage, qui permet une utilisation bien plus rationnelle des combustibles, a pour origine l'emploi du gaz des hauts fourneaux.

Le premier essai réalisé, d'après un mémoire de Berthier, consistait à appliquer la chaleur perdue au chauffage de l'air envoyé dans les tuyères et à la production de la vapeur des machines motrices; puis, MM. Thomas, Laurens, Sire, etc., s'en servirent pour le chauffage des fours à puddler et à réchauffer. Vinrent ensuite les travaux si remarquables d'Ebelmen, qui apporta la rigueur des méthodes scientifiques à l'étude et à l'analyse des gaz produits par les hauts fourneaux, les fours à coke et les gazogènes.

Un grand nombre d'inventeurs, inspirés par ces travaux, préconisèrent une quantité de systèmes nouveaux plus ou moins bons. Les premiers gazogènes fonctionnaient très irrégulièrement; aussi l'industrie ne commença-t-elle à les appliquer sans hésitation qu'à partir de la création des fours Siemens, munis d'un récupérateur de chaleur. Nous décrirons, à titre d'exemple, un de ces appareils appliqués au réchauffage des paquets de fer sortant du puddlage; la figure 25 en donne une coupe.

Ce modèle, dû à M. Ponsard, se compose tout d'abord du gazogène dans lequel le charbon, chargé par une trémie à bascule, descend dans une chambre où il se décompose en gaz combustibles. Au fur et à mesure qu'il descend le long du plan incliné sur lequel il tombe au-dessous de la trémie de chargement, le charbon, en s'échauffant, laisse dégager les produits volatils, les hydrocarbures et l'eau qu'il contient. Lorsque, par suite de la consommation des couches inférieures, il arrive sur la grille inclinée formée de barreaux plats horizontaux disposés en escalier, il n'est plus qu'à l'état de coke. Sous l'action de l'air atmosphérique qui afflue par l'appel d'une cheminée, il se décompose en formant de l'acide carbonique et brûle ainsi complètement. Mais l'acide carbonique est entraîné au fur et à mesure de sa production à travers la masse de combustible incandescent en excès et se transforme en oxyde de carbone. Celui-ci se mêle avec les premiers produits de décomposition et il est entraîné soit dans les récupérateurs, soit dans le four même où il doit être brûlé. Mais au moment de pénétrer dans le four où leur combustion va s'opérer, les gaz rencontrent de l'air appelé du dehors et qui a traversé un jeu de récupérateurs, de manière à se chauffer avant de venir fournir l'élément comburant aux gaz qui se dégagent dans le four.

Les récupérateurs sont des dispositifs au moyen desquels on peut recouvrer une partie de la chaleur qui, sans leur emploi, aurait

été entraînée par les gaz brûlés. Il en existe de divers systèmes;
ils peuvent tous être ramenés à deux types : dans l'un, les gaz
brûlés sortant du four après leur utilisation traversent des chambres en maçonnerie remplies de briques réfractaires, disposées en
piles qui laissent entre elles des intervalles suffisants pour le pas-

Fig. 25. — Four à réchauffer.

sage des gaz. Ces gaz, brûlés, ayant encore une haute température,
amènent les briques au rouge. Lorsqu'on reconnaît que les briques ont pris une température convenable, on dirige les gaz vers
une seconde chambre disposée de la même manière et dans
laquelle ils échauffent de nouvelles briques; cette manœuvre fait
ouvrir en même temps des carneaux spéciaux par lesquels l'air qui
doit servir à la combustion circule, après avoir traversé le premier
récupérateur, avant de pénétrer jusqu'aux fours où il rencontre les
gaz à brûler.

Dans l'autre type, il n'y a pas de changements de sens dans le
mouvement des gaz : les conduits sont disposés de telle sorte que
l'air appelé du dehors traverse des dispositifs creux en briques,

sorte de tuyaux autour desquels circulent les produits de la combustion marchant en sens inverse du courant d'air. Ce système plus simple présente l'inconvénient d'être difficile à rendre assez étanche pour qu'il n'y ait pas de mélanges des gaz brûlés et de l'air.

On voit à droite de la figure 25, sous le four même, un récupérateur du premier type formé de piles de briques.

Les avantages de ce système sont nombreux : la régularité de la chauffe ne dépend plus de la surveillance constante d'un ouvrier, puisque le gaz combustible se produit en proportion de la consommation ; il suffit d'avoir le gazogène convenablement alimenté à des intervalles de temps assez longs. Un même gazogène peut desservir plusieurs foyers. La flamme produite peut être facilement oxydante ou réductrice, selon les quantités d'air introduites, et elle est exempte de cendres et de poussières entraînées ; ce résultat est fort important dans certaines industries pour la propreté et la conservation des fours, parce que les cendres, étant généralement alcalines, attaquent les briques réfractaires, ce qui n'a pas lieu avec les gaz de gazogènes. Les températures obtenues sont bien plus élevées qu'avec aucun autre système de foyers. Les combustibles inférieurs, tels que les houilles de mauvaise qualité, les menus, la tourbe, etc., qui étaient presque sans emploi, peuvent être brûlés dans les gazogènes et donnent d'aussi bons résultats que les bonnes houilles, si l'on prend certaines précautions et si l'on dispose convenablement les gazogènes en raison de la nature du combustible à brûler. Enfin, l'économie réalisée par ce système de chauffage atteint quelquefois 50 pour 100. Tous ces avantages ont depuis quelque temps fait employer les gazogènes par toutes les industries dont les opérations exigent une chaleur régulière ou des températures élevées. La dépense d'établissement est, il est vrai, plus forte que pour la construction de simples foyers ; mais les frais supplémentaires sont rapidement couverts par l'économie réalisée.

IV

FABRICATION DU GAZ

Historique.

Nous avons vu que la houille ne commença à être employée pratiquement que vers le XVIIe siècle, et seulement comme combustible. A cette époque, elle prit peu à peu de l'importance et attira sur ses propriétés l'attention des chimistes et des industriels. On put bien constater que, dans certains cas, un gaz inflammable s'en dégageait ; mais on ne tira aucune conséquence de ce fait. On remarqua aussi que certaines houillères émettaient des gaz qui donnaient une flamme lorsqu'on en approchait un corps en ignition, et enfin que la houille elle-même, chauffée en vase clos, produisait un gaz inflammable. Shirley, Lowther firent paraître des mémoires à ce sujet. En 1727, Hales publia dans les *Vegetable Statics* ses recherches sur le gaz de charbon ; Clayton, lord Dundonald, Lampadius ont étudié la même question, mais tous ces travaux étaient exécutés à un point de vue scientifique plutôt que dans le but d'en obtenir un résultat industriel. L'idée de l'application à l'éclairage du gaz produit par la décomposition de la houille surgit presque en même temps en France et en Angleterre ; tout d'abord en France avec Lebon et peu après en Angleterre avec Murdoch. Mais les résultats pratiques furent bien différents dans les deux pays, et la France, où l'éclairage au gaz a été découvert, n'en profita que longtemps après que l'Angleterre l'eut adopté.

Philippe Lebon, ingénieur des ponts et chaussées, né à Brachay (Haute-Marne) le 29 mai 1767, étudiait les perfectionnements à apporter à la machine à vapeur, et incidemment les propriétés de la fumée produite dans les foyers. Son esprit, habitué aux déductions scientifiques, le porta à examiner plus à fond le phénomène de la flamme, et c'est ainsi qu'il fut conduit vers 1791 à appliquer les produits de la décomposition des combustibles à l'éclairage. La houille n'était pas encore très connue en France; comme Lebon avait le bois sous la main, il étudia les produits de la décomposition du bois. Fourcroy et Prony encouragèrent ses premiers essais et l'engagèrent à les faire connaître au monde savant. Lebon adressa en l'an VII à l'Institut un mémoire sur ses travaux et, en l'an VIII (le 28 septembre 1799), il prit un brevet pour s'assurer la propriété de ses découvertes.

Il appela *thermo-lampe* l'appareil qui lui servait à décomposer le bois et à produire le gaz d'éclairage. Mais Lebon ne voyait pas seulement le côté scientifique de sa découverte; il en prévoyait toutes les conséquences et les nombreuses applications. Il essaya de tirer parti de ses inventions, et, en 1801, il publiait un Prospectus pour faire connaître qu'il pouvait, avec son appareil, fournir, par la décomposition du combustible, le chauffage, l'éclairage et la force motrice; il annonçait en même temps qu'il en faisait la démonstration rue Saint-Dominique-Saint-Germain, dans sa maison éclairée au gaz de houille. Le public se contenta de regarder ce résultat comme une simple curiosité. Lebon, dont les ressources s'épuisaient, essaya, pour tirer parti de ses découvertes, d'organiser près de Rouen une usine pour distiller les bois. Dans cette application, il avait surtout en vue l'extraction des sous-produits et en particulier du goudron pour la marine. L'entreprise, difficile au début, commençait à produire des résultats, lorsque, appelé à Paris pour le sacre de l'empereur, en sa qualité d'ingénieur en chef des ponts et chaussées, Philippe Lebon fut assassiné aux Champs-Élysées dans la nuit du 2 décembre 1804.

Mme Lebon tenta bien de continuer les travaux de son mari;

mais, volée d'une part, inexpérimentée de l'autre, elle n'en put retirer aucun avantage, et le public continua à rester indifférent, malgré une démonstration publique qu'elle fit en éclairant le passage Montesquieu. Cependant, en 1811, Mme Lebon avait reçu de la Société d'encouragement pour l'industrie nationale un prix de 1200 francs *pour des expériences faites en grand sur les divers produits de la distillation du bois.* Ce prix fut accordé à la suite d'un remarquable rapport de d'Arcet, dont il est curieux de citer un passage : « Nous savons avec quel succès les Anglais ont appliqué chez eux l'heureuse idée qu'a eue M. Lebon de faire servir à l'éclairage le gaz hydrogène qui se dégage pendant la conversion du charbon de terre en coke. Ce procédé si économique est appliqué dans un grand nombre de fabriques anglaises, et il paraît même que l'on commence à en faire usage pour éclairer les rues de Londres et pour l'éclairage des phares et fanaux. Il est donc hors de doute que M. Lebon est l'inventeur de ces nouveaux procédés ; que les mêmes procédés sont aujourd'hui portés en Angleterre au plus haut point de perfection, et que sous ce rapport il ne reste rien à chercher ; qu'il ne faut plus en France, que les appliquer en grand pour en retirer les mêmes bénéfices que les Anglais en retirent. »

Et la question en resta là en France. Mme Lebon reçut de l'État une pension viagère de 1200 francs dont elle ne jouit pas longtemps : elle mourut en 1813.

Pendant qu'en France Lebon luttait contre l'indifférence de ses compatriotes, l'éclairage au gaz était appliqué en Angleterre par William Murdoch. Les écrivains anglais, Samuel Clegg entre autres, font remonter les premiers essais de Murdoch à 1792. Mais aucun renseignement bien authentique ne nous est parvenu prouvant qu'il ait trouvé un moyen pratique avant 1797, année dans laquelle il éclaira au gaz sa propriété d'Old Gunoch (Ayrshire), et ce n'est que vers 1798 qu'il fit une application sérieuse de l'éclairage au gaz.

Il avait inventé une voiture à vapeur, et la légende prétend que James Watt, qui apporta, comme nous l'avons vu, tant de perfectionnements à la machine à vapeur à son usine de Soho, en entendit parler et se mit en route pour l'aller voir. Murdoch, qui désirait connaître les travaux de Watt, partit, de son côté. À moitié chemin, les deux inventeurs se rencontrèrent dans une auberge. La connaissance fut bientôt faite; ils s'entretinrent de leurs inventions et se décidèrent à unir leurs efforts. Quoi qu'il en soit, Murdoch vint à Soho et commença ses essais d'éclairage dans l'usine de Watt; mais, en réalité, les premiers appareils construits étaient imparfaits et ne donnèrent des résultats assez pratiques pour être complètement appliqués à l'éclairage qu'en 1805, année où l'usine de James Watt fut complètement éclairée par le gaz. La même année, Murdoch installait le gaz à la filature de MM. Phillips et Lee à Salford.

C'est pendant ces essais que Samuel Clegg, alors employé à Soho, fit son apprentissage de gazier. L'industrie du gaz lui est redevable de ses principaux perfectionnements : le lavage du gaz pour l'épurer, la condensation, le compteur, etc. Clegg fut chargé de la construction de l'usine à gaz de la filature de Henry Lodge, à Halifax. Le matériel de fabrication était encore très imparfait ; le gaz était impur et répandait des émanations malsaines et infectes dans les locaux où on le brûlait. On ne pensait pas alors à une autre application que celle de l'éclairage des usines.

Vers cette époque, un Allemand, J.-A. Winzler, originaire de la Moravie, traduisit l'ouvrage de Lebon sur le thermo-lampe, et, parcourant diverses villes d'Allemagne, Hambourg, Brême, Vienne, il montrait comme une curiosité cette nouvelle invention. Il vint en Angleterre, où il connut les travaux de Clegg et Murdoch à l'usine de Soho. Comprenant l'avenir de cette industrie, il eut l'idée de créer des entreprises d'éclairage au gaz. Il donna à son nom la forme anglaise et se fit appeler Winsor, nom sous lequel il fut surtout connu. Après avoir organisé des sortes de représentations au théâtre du Lycéum, il prit un brevet en 1805 et chercha à fonder une société par actions. Audacieux, entreprenant et comptant sur l'esprit de spéculation des Anglais, il obtint la souscription

d'un capital de 50 000 livres. Mais, dénué de connaissances techniques, Winsor dépensa ce capital en essais de toutes sortes; puis
il reconstitua une nouvelle société, qui tomba encore. Cependant
il ne se découragea pas et parvint à obtenir du parlement une
charte royale l'autorisant à éclairer la ville de Londres. Malgré une
assez forte opposition et les difficultés pratiques considérables de
la création d'un matériel complètement nouveau, la première usine
d'éclairage public par le gaz fut établie dans Peter Street, grâce
au concours de Samuel Clegg, que la Société eut la bonne inspira-
tion de s'adjoindre.

La paroisse Sainte-Marguerite (Westminster), encouragée par
les premiers résultats, traita avec la Compagnie pour l'établissement des lanternes à gaz, et, peu à peu, le public adopta le nouvel
éclairage, qui progressa rapidement, car dès 1823 il existait déjà
à Londres plusieurs usines à gaz.

Mais une industrie aussi nouvelle dans tous ses détails ne
fut pas établie sans peine. L'histoire des difficultés qui se présentaient et qu'il fallait surmonter chaque jour serait curieuse à écrire
comme exemple de la mise en pratique d'une invention. Les ingénieurs chargés des constructions et des installations durent sans
cesse inventer des appareils et des procédés nouveaux.

Les ressources de fabrication manquaient alors absolument
pour l'établissement de ce matériel qui, pour suffire à une industrie
d'une importance inusitée jusqu'à ce jour, devait avoir des proportions considérables pour l'époque. Ces appareils étaient par suite
très dispendieux à établir, parce que les fabriques n'avaient pas de
moyens de production assez puissants : les cornues en fonte coû-
taient 500 francs la tonne, les tuyaux 300 francs. Les ouvriers
capables de construire et de monter ce matériel faisaient défaut, et
le plus grave empêchement à l'installation provenait du manque
de tuyaux de conduite, car les industriels ne voulaient pas entre-
prendre cette fabrication qui se faisait à la main et dans laquelle
ils ne voyaient pas d'avenir. Aussi employait-on les canons de
fusil (*gun barrels*) comme conduites; les robinets, les becs étaient

d'un prix très élevé, et les consommateurs hésitaient à prendre le gaz en raison des dépenses considérables de l'installation des appareils. Les premières canalisations à peine posées et la consommation augmentant rapidement, les premiers tuyaux devinrent insuffisants ; il fallut les remplacer par d'autres qu'à l'époque on considérait comme énormes : ils mesuraient $0^m,15$ de diamètre ! Cependant il ne suffisait pas de conduire le gaz jusqu'aux maisons, il fallait le distribuer. Le gaz était d'abord vendu à forfait ; les consommateurs payaient leur éclairage d'après le nombre des brûleurs qu'ils établissaient, et ils s'abonnaient pour un nombre d'heures déterminé, d'où le nom, resté depuis, d'*abonnés* au gaz. Mais les usines n'y trouvaient pas leur compte, pas plus que les consommateurs, qui étaient souvent tracassés par la suppression du gaz lorsqu'ils en avaient encore besoin. Clegg inventa alors le compteur, qui permit de faire payer le gaz d'après le volume brûlé. Le premier compteur était fort imparfait ; il fallut des tâtonnements et des essais innombrables avant d'arriver à un appareil fonctionnant régulièrement.

Enfin toutes les difficultés furent vaincues et, comme nous le disions, Londres et les autres villes anglaises adoptèrent rapidement l'éclairage au gaz.

Winsor, encouragé par le succès obtenu en Angleterre, pensa à porter l'industrie du gaz en France. Il y prit un brevet en 1815, mais il rencontra encore plus de résistance qu'en Angleterre.

Malgré tous ses efforts, industriels, savants, hommes de lettres s'opposèrent à l'introduction du nouvel éclairage. Sans se décourager, il emploie la publicité en faisant paraître une traduction du traité d'éclairage au gaz d'Accum qu'il répand partout, puis fait une démonstration *de visu* en éclairant le passage des Panoramas et le Palais-Royal en 1817. Enfin il crée une société pour éclairer le Luxembourg et l'Odéon. Mais Winsor n'était pas administrateur, et la société fit faillite. Malgré cela, beaucoup de personnes furent frappées des avantages du gaz, de sa clarté et de la facilité de son emploi. Plusieurs essais particuliers eurent lieu, qui habituèrent peu à peu à ce nouveau mode d'éclairage. Une usine fut construite en 1818 rue d'Enfer ; l'hôpital Saint-Louis fut éclairé au gaz ; une autre usine plus importante s'établit en haut du faubourg Montmartre.

Mais, dans l'industrie, un progrès n'a jamais lieu sans léser certains fabricants : les lampistes, les marchands d'huile et de chandelles, se voyant ruinés par l'installation du gaz, protestèrent contre lui de toutes leurs forces directement ou indirectement. De même, lorsqu'on établit les premiers chemins de fer, les marchands de chevaux déclarèrent l'élevage perdu en France. Clément Desormes, industriel cependant très distingué, publia une brochure où il montrait tous les inconvénients du gaz : « Si l'on suppose, disait-il, que l'éclairage au gaz ait été le premier connu et en usage partout et qu'un homme de génie nous présente une lampe d'Argand ou une simple bougie allumée, que notre admiration serait grande devant une si étonnante simplification ! Et s'il ajoutait que la lampe si éclatante de lumière est plus économique que l'ancien éclairage au gaz, celui-ci ne serait-il pas abandonné à l'instant. » On aurait pu lui répondre qu'à prix égal la lumière du gaz était trois fois plus économique et qu'il est plus agréable d'avoir simplement à tourner un robinet pour avoir de la lumière que d'avoir à préparer et à allumer une lampe. Ces protestations n'en avaient pas moins beaucoup d'influence sur le public, surtout lorsqu'elles étaient spirituelles, comme certain pamphlet que Charles Nodier fit aussi paraître à cette époque. Mais le progrès se fait jour quand même : le gaz se répandait peu à peu dans l'industrie et chez des particuliers qui en comprenaient les avantages. La municipalité parisienne, voyant que ce nouvel éclairage était plus économique et fonctionnait plus régulièrement tout en éclairant mieux, fit établir en 1819 les premières lanternes publiques au gaz rue de la Paix, rue de Castiglione et au Palais-Royal. Les premières compagnies créées rencontrèrent bien des obstacles ; après la société fondée par Winsor, la société Pauwels fut autorisée ; mais sans pouvoir surmonter les difficultés pratiques. Ce ne fut guère que vers

1825· que la Compagnie française commença à réaliser des bénéfices. D'autres sociétés se fondèrent successivement et établirent leurs usines à Passy, à Vaugirard, à Courcelles, etc. Ces usines éclairaient chacune une partie de Paris. Enfin, en 1855, la Compagnie parisienne réunit toutes ces sociétés en une seule, qui obtint du Conseil municipal le privilège de l'éclairage de Paris moyennant un cahier des charges renouvelé en 1861. Ce monopole prend fin en 1905.

En Allemagne, l'invention de Lebon fut rapidement connue par des traductions et donna lieu à de nombreux essais particuliers. Mais ce fut seulement en 1826 que la ville de Hanovre fut éclairée au gaz par la compagnie anglaise l'*Imperial continental gas Association,* qui avait pour but de porter sur le continent l'industrie du gaz et qui établit en effet un grand nombre d'usines en France, en Belgique, en Hollande, en Autriche ; puis des spécialistes allemands se formèrent, Blochmann, Knoblauch, Schiele, von Tschoffen, qui construisirent successivement des usines à gaz.

Aujourd'hui l'industrie dont nous venons de suivre les débuts en France, en Angleterre et en Allemagne, est répandue dans le monde entier. Les premiers procédés se sont peu à peu perfectionnés ; le gaz est obtenu dans de meilleures conditions de qualité et de prix ; les sous-produits de la fabrication, tels que le coke, le goudron, les eaux ammoniacales ont trouvé non seulement leur emploi, mais encore sont devenus la source de nouvelles industries. Enfin, le gaz a su se plier à de nombreux usages pour l'éclairage, le chauffage et la force motrice.

Depuis peu un nouvel agent, l'électricité, menace de remplacer le gaz pour l'éclairage ainsi que pour la force motrice, et la lutte s'établit sur la question de prix de revient. L'industrie du gaz, un peu endormie, s'est réveillée depuis quelques années en présence de la concurrence ; on a cherché et trouvé une utilisation plus parfaite. De nouveaux bécs donnent un meilleur éclairage et les procédés de fabrication se sont améliorés pour abaisser le prix de vente. Nous voyons le gaz se vendre avec bénéfices, à Londres, au prix de 0 fr. 11 le mètre cube ; il est vrai que les charbons y sont payés très bon marché. A Paris, le gaz est à 0 fr. 30 le mètre cube ; mais il pourrait être livré par la Compagnie parisienne à de meilleures conditions si la ville de Paris ne forçait pas la Compagnie à relever ce prix par un prélèvement considérable de 0 fr. 072 par mètre cube (19 millions en 1881).

Il est probable que ces prix s'abaisseront beaucoup, grâce à de nouvelles méthodes de fabrication, et si l'électricité, qui présente certains avantages pour l'éclairage, remplace le gaz dans nos lampes, le gaz à meilleur marché deviendra l'agent de chauffage par excellence dans nos foyers domestiques et industriels. Enfin, grâce à la possibilité de mieux utiliser les calories disponibles dans le gaz que dans le charbon, la machine à vapeur sera peut-être remplacée par le moteur à gaz,

Théorie de la fabrication du gaz.

Nous avons dit, en parlant de la houille, que lorsqu'on expose une substance combustible en vase clos à l'influence de la chaleur rouge, cette substance se décompose en une série d'éléments, les uns volatils, les autres fixes. Si les produits volatils sont dirigés à la sortie du vase où a lieu la décomposition dans un tube à l'extrémité duquel on présente une allumette enflammée, ces produits donnent une flamme plus ou moins éclairante. Toutes les substances organiques : le bois, la tourbe, les corps gras, etc., sont susceptibles de se décomposer ainsi et de fournir un gaz inflammable. Aussi, dans des cas spéciaux, a-t-on pu fabriquer du gaz avec des matières organiques de toute nature, généralement avec les résidus d'industries ou avec des substances que l'on avait sous la main sans posséder le moyen de les utiliser autrement. Nous n'avons à nous occuper ici que de la houille, qui du reste est la matière la plus employée pour la fabrication du gaz. Nous avons vu dans le tableau de la composition des houilles, présenté au commencement de cet ouvrage, que ces combustibles sont susceptibles de donner à une même température des quantités de gaz très diverses, selon leur provenance. En effet, les rendements varient entre 20 et 35 mètres cubes de gaz par 100 kilogrammes avec les houilles employées dans l'industrie du gaz. En dehors de la quantité de gaz, il faut

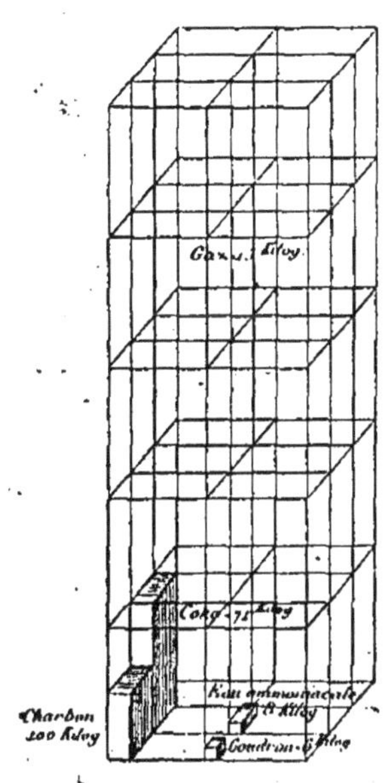

Fig. 26.
Diagramme des produits extraits de la houille.

tenir compte de la nature et de la quantité du coke, du pouvoir éclairant du gaz, des sous-produits obtenus, tels que le goudron et les sels ammoniacaux, dont l'importance est assez grande pour influer sur le choix du charbon.

De la température à laquelle a lieu la décomposition dépendent la quantité et la nature des produits provenant de la distillation. Dans les usines à gaz, cette température de distillation varie entre 1000° et 1100° et correspond au rouge orangé clair. Certaines industries qui se proposent d'obtenir surtout des goudrons maintiennent la température à un degré beaucoup plus bas, vers 400° ou 450°; on obtient alors moins de gaz, et il est peu éclairant; le coke produit se vend difficilement, parce qu'il est trop friable et fumeux. Ce que l'on appelle une distillation est une opération chimique très complexe, et aujourd'hui la théorie en est à peine déterminée exactement. Les produits volatils de la décomposition de la houille subissent à des températures élevées des dissociations et des combinaisons spéciales dont la discussion nous entraînerait trop loin dans ce volume. Nous sommes obligé de renvoyer aux ouvrages techniques de Clegg, Schilling, d'Hurcourt, etc., et à un remarquable mémoire de M. Gueguen, dans lequel ces phénomènes ont été analysés avec soin. Constatons seulement que si l'on soumet une houille à l'analyse élémentaire, on trouve pour moyenne des charbons de notre tableau, page 33 :

                Carbone   79,0
                Hydrogène.   5,0
                Oxygène.   7,0
                Azote   1,5
                Soufre.   0,9
                Eau hygrométrique   3,6
                Cendres   3,0
                                                           ‾‾‾‾‾‾
                                                            100,0

Ces charbons, distillés à la température ordinaire des cornues à gaz, produisent en moyenne, pour 100 kilogrammes :

Coke. 1ʰˡ,7 pesant en moyenne 38ᵏᵍ, soit . . . .   65 à 75 kilogrammes.
Gaz d'éclairage. 27 à 30 mètres cubes. . . . .   15 à 18   —
Goudron . . . .   4 à 6   —
Eau ammoniacale . . . .   6 à 7·   —
Perte et acide carbonique, hydrogène sulfuré et divers
    absorbés par l'épuration. . . . .   4 à 9   —

Nous donnons ci-contre (fig. 26) l'indication des produits extraits de la houille, représentés en volume d'après les chiffres de la Compagnie parisienne. Ces chiffres sont très variables bien entendu dans la pratique ; mais, par un choix judicieux des charbons et avec des appareils bien établis, on obtient en général :

                I. — Coke. . . . .   71 kilogrammes.
                II. — Eaux ammoniacales. . . .   8   —
                III.— Goudron   6   —
                IV. — Gaz   15   —
                                                    ‾‾‾‾
                                                     100   —

Ces quatre éléments de la distillation des charbons sont eux-mêmes complexes et il est intéressant d'étudier leur composition afin d'en extraire, soit par séparation pure et simple au moyen de la distillation, soit en les faisant entrer dans des combinaisons chimiques nouvelles dont la vente peut être avantageuse, des produits utilisables dans l'industrie ; on peut en outre tirer de cette étude des conclusions fort importantes au point de vue même de la fabrication du gaz. Wagner, dans sa chimie, donne la nomenclature suivante des corps qui constituent les éléments de la distillation :

I. — COKE.
- Carbone . . . . 90 à 95
- Sulfure de fer ($Fe^7 S^8$) . . . . } 10 à 5
- Éléments terreux . . . .

$$\overline{} \quad 100$$

II. — EAUX AMMONIACALES

Éléments principaux.
- Carbonate d'ammonium . . $2(Az H^4)^2 CO^3 + CO^2$
- Sulfure d'ammonium . . . $(Az H^4)^2 S$

Éléments accessoires.
- Chlorure d'ammonium . . . $Az H^4 Cl$
- Cyanure d'ammonium . . . $Az H^4 C Az$
- Sulfocyanure d'ammonium. $Az H^4 C Az S$

III. GOUDRONS.

Éléments constituants du brai.
- Anthracène.
- Résine pyrogénée.
- Charbon.

Acides et éthers.
- Phénol (monoxybenzine) . . . . $C^6 H^6 O$
- Crésol . . . . }
- Orthocrésol. . . . . } $C^7 H^8 O$
- Paracrésol. . . . . }
- Métacrésol. . . . . }
- Phlorol. . . . . $C^8 H^{10} O$
- Acide rosolique . . . . $C^{20} H^{16} O^3$
- Acide oxyphénique. . . . . $C^6 H^6 O^2$
- Créosote composée des trois corps homologues. . . . . } $C^7 H^8 O^2$ / $C^8 H^{10} O^2$ / $C^9 H^{12} O^2$

Hydrocarbures

Liquides
- Benzine . . . . $C^6 H^6$
- Toluène . . . . $C^7 H^8$
- Xylène. . . . . $C^8 H^{10}$
- Pseudocumène . . . $C^9 H^{12}$
- Cymène. . . . . $C^{10} H^{14}$
- Propyle . . . . $C^3 H^7$
- Butyle. . . . . $C^4 H^9$
- etc.

Solides
- Naphtaline . . . . . $C^{10} H^8$
- Acétylnaphtaline . . } $C^{12} H^{10}$
- Diphényle . . . . . }
- Fluorène. . . . . . . $C^{13} H^{10}$
- Anthracène. . . . . } $C^{14} H^{10}$
- Phénanthracène. . . }
- Méthylanthracène . . $C^{15} H^{12}$
- Rétine. . . . . $C^{16} H^{12}$
- Chrysène. . . . . . . $C^{18} H^{12}$
- Pyrène. . . . . $C^{16} H^{10}$

III. GOUDRONS. (*Suite.*)	Bases		Pyridine	$C^8 H^5 Az$
			Aniline	$C^6 H^7 Az$
			Picoline	$C^6 H^8 Az$
			Lutidine	$C^7 H^9 Az$
			Collidine	$C^8 H^{11} Az$
			Leucoline	$C^9 H^7 Az$
			Iridoline	$C^{10} H^9 Az$
			Cryptidine	$C^{11} H^{11} Az$
			Acridine	$C^{12} H^9 Az$
			Coridine	$C^{10} H^{15} Az$
			Rubidine	$C^{11} H^{17} Az$
			Viridine	$C^{12} H^{19} Az$
			etc.	
IV. — GAZ D'ÉCLAIRAGE.	Éléments éclairants	Gaz	Acétylène	$C^2 H^2$
			Éthylène	$C^2 H^4$
			Propylène	$C^3 H^6$
			Butylène	$C^4 H^8$
		Vapeurs	Benzine	$C^6 H^6$
			Styrolène	$C^8 H^8$
			Naphtaline	$C^{10} H^8$
			Acétylnaphtaline	$C^{12} H^{10}$
			Fluorène	$C^{13} H^{10}$
			Propyle	$C^3 H^7$
			Butyle	$C^4 H^9$
	Éléments non éclairants		Hydrogène	H^2
			Gaz des marais (méthane)	CH^4
			Oxyde de carbone	CO
	Éléments qui altèrent la pureté du gaz		Acide carbonique	CO^2
			Ammoniaque	$Az H^3$
			Cyanogène	$C Az$
			Sulfocyanogène	$C Az S$
			Hydrogène sulfuré	$S H^2$
			Carbures d'hydrogène sulfurés et sulfure de carbone	$S^2 C$
			Azote	Az

L'examen de ce tableau, au point de vue de la fabrication pratique du gaz, montre de suite que dans le gaz d'éclairage certains éléments sont des vapeurs qui viennent concourir à augmenter son pouvoir éclairant, et que plusieurs de ces vapeurs utiles se retrouvent dans le goudron. Cette simple observation, qui ne pouvait être faite que depuis les études approfondies de ces dernières années sur la constitution du gaz, indique qu'il y a lieu de condenser seulement les parties du goudron qui n'ajouteraient pas au pouvoir éclairant, et que, par conséquent, la condensation doit être faite dans certaines conditions spéciales sur lesquelles nous aurons l'occasion de revenir.

Nous voyons également dans ce tableau que plusieurs éléments non nuisibles ne concourent pas à rendre le gaz plus éclairant; mais y a-t-il intérêt à les enlever pour obtenir un gaz meilleur? La discussion de cette question, qui est une des plus importantes dans la pratique, nous entraînerait à rechercher si le fabricant et même le public ont intérêt à la production de gaz très riches. Au premier abord, le consommateur sera de cet avis; mais alors il devrait payer le gaz plus cher, sinon le fabricant ne pourrait le lui fournir. D'autre part, les gaz très riches traversent au moins aussi facilement que les gaz pauvres les joints défectueux des canalisations, et comme cette perte, malgré les plus grands soins, atteint 5 à 10 pour 100 dans les meilleures conduites, la valeur du gaz perdu serait d'autant plus grande que le gaz serait plus éclairant; par suite, la consommation de gaz trois ou quatre fois plus éclairants étant trois ou quatre fois moins grande, la perte serait considérable pour le fabricant qui se trouverait ainsi obligé de chercher une compensation par la surélévation du prix de vente.

Enfin, en raison de l'emploi de plus en plus répandu du gaz pour la force motrice et pour le chauffage, plusieurs de ces éléments non éclairants, tels que l'hydrogène et l'oxyde de carbone, étant combustibles, il y a lieu de les conserver dans le gaz. Si l'on voulait les séparer pour les faire servir à des usages particuliers, il y aurait à écarter une double difficulté : d'abord l'insuffisance des moyens actuels de fabrication, ensuite l'augmentation du prix de vente résultant de la nécessité d'établir une double canalisation.

Les éléments qui altèrent la pureté du gaz sont évidemment à supprimer autant qu'il est possible de le faire, et l'épuration a justement pour but de les éliminer.

Ainsi nous constatons tout d'abord que les produits de la décomposition de la houille par distillation dans les cornues sont solides, liquides et gazeux. Les uns sont à conserver, les autres doivent être éliminés. Le coke reste dans la cornue et sa pureté, c'est-à-dire la proportion de carbone qu'il contient, est variable ; c'est au fabricant à choisir les charbons donnant les cokes les plus purs ; la distillation n'y peut rien. Les eaux ammoniacales se séparent par refroidissement, et les usines ont tout intérêt à les recueillir, en raison de leur valeur de plus en plus considérable depuis qu'on les emploie comme engrais artificiels en agriculture ; aujourd'hui beaucoup d'usines, même parmi les plus petites, possèdent des dispositifs pour les utiliser.

Les goudrons présentent des éléments solides et d'autres liquides, les premiers toujours en dissolution ou en suspension dans les seconds. Mais, parmi eux, beaucoup sont assez volatils pour rester en suspension à l'état de vapeur dans le gaz ; il est même probable qu'ils ne sont pas seulement en suspension, mais encore à l'état de dissolution, puisque les plus grands froids n'arrivent pas à les séparer. Du reste, la nature et les proportions relatives des divers éléments varient avec les charbons distillés et la température de décomposition. Il y a donc une opération très délicate à réaliser pour le fabricant : condenser les goudrons et en séparer les parties nuisibles avant l'épuration, tout en conservant dans le gaz les principes utiles.

Enfin le gaz séparé des produits condensables physiquement, est épuré, c'est-à-dire qu'on en élimine, par des réactions chimiques, les éléments nuisibles qui le rendraient non seulement peu éclairant, mais encore malsain ou susceptible en brûlant de donner des produits vénéneux ou capables d'abîmer les locaux qu'il doit éclairer ; mais, d'un autre côté, l'épuration ne doit pas en diminuer le pouvoir éclairant. La fabrication du gaz de houille devra donc comprendre : la décomposition de la houille ou distillation dans des appareils appropriés permettant de la soumettre à une haute température ; la condensation des produits liquides de la distillation ; l'épuration ou élimination des éléments nuisibles.

Après cela, le gaz est emmagasiné pour être ensuite distribué aux consommateurs qui l'emploieront soit pour l'éclairage, soit pour le chauffage, soit pour actionner des moteurs. Nous allons passer en revue ces diverses opérations et nous dirons quelques mots des applications diverses du gaz, en indiquant les appareils les plus pratiques pour son emploi.

Fabrication du gaz.

Si l'on entre dans une usine à gaz, on y trouve bien nettement séparés les divers appareils qui servent à réaliser les opérations que nous venons d'énumérer. Nous prendrons le gaz au moment de sa production et nous le suivrons à travers les dispositifs qui lui enlèvent les matières étrangères jusqu'aux gazomètres qui l'emmagasinent.

DISTILLATION. — Comme nous l'avons vu, la distillation est une opération qui a pour but de produire la décomposition de la houille à haute température pour en obtenir du gaz mélangé de produits que l'on en sépare par une série d'opérations ultérieures.

Nous avons dit également que les houilles commencent à dégager des produits volatils vers 100°. et qu'en pratique il n'y a lieu de considérer pour l'industrie du gaz que la distillation au rouge orangé. En effet, à cette température, il se produit peu d'hydrocarbures liquides à points d'ébullition élevés et beaucoup d'hydrocarbures volatils qui, mélangés aux produits gazeux, viennent en augmenter le pouvoir éclairant ; en outre, la quantité de gaz obtenue est beaucoup plus grande. Cependant, il n'y a pas lieu de pousser trop loin la température de distillation, car les hydrocarbures riches se décomposeraient à leur tour et le gaz obtenu ne serait plus assez éclairant. B. Marchand a démontré expérimentalement cette décomposition à haute température en faisant passer du gaz oléifiant à travers un tube chauffé à des températures croissantes et en dosant le carbone contenu dans le gaz qui l'avait traversé ; il a trouvé en poids :

		Pour 100 d'hydrogène.	
Gaz oléifiant.		600 parties de carbone.	
1er essai	Rouge fondant.	580	—
2e —	—	533	—
3e —	—	472	—
4e —	—	367	—
5e —	Rouge blanc.	325	—
6e —	—	307	—
7e —	Gaz des marais.	300	—
8e —	Blanc vif persistant.	7	—

Le carbone qui disparaît se dépose dans le tube sous forme de masses de graphite, que, dans les usines à gaz, on appelle charbon de cornues. Ainsi la distillation devra se produire à une température telle que le maximum de carbures volatils soit obtenu, mais sans atteindre le point où ils commencent à se dissocier.

Lorsque l'on introduit le charbon dans les cornues chauffées au rouge, il est à la température ambiante et n'atteint lui-même le rouge orangé qu'au bout d'un certain temps et tout d'abord aux dépens de la température des parois des cornues. Aussi le gaz obtenu pendant la première période de la distillation, et qui est produit en quelque sorte à basse température, est-il très chargé d'hydrocarbures lourds facilement condensables. Peu à peu, la masse de charbon s'échauffe, la quantité de gaz augmente, et finalement, comme la température des fours est supérieure en pratique au rouge orangé, les gaz obtenus ne sont que peu éclairants vers la fin de l'opération. En outre, certaines houilles se décomposent plus rapidement que d'autres et la durée de la distillation dans les cornues ordinaires, pour une même température et une même masse de charbon, varie depuis trois heures avec le boghead, trois heures et demie avec le cannel, jusqu'à six heures avec certaines houilles très grasses ; les houilles maigres sont celles qui se décomposent le plus rapidement.

Schilling a fait une série d'expériences sur des houilles de diverses provenances, et il a trouvé que la quantité de gaz produite dans des cornues en terre se répartit comme suit pour 100 volumes :

PROVENANCE DES CHARBONS.	QUANTITÉS DE GAZ PRODUITES.				
	1re HEURE.	2e HEURE.	3e HEURE.	4e HEURE.	5e HEURE.
Houille de Westphalie. Hibernia.	30,54	28,91	22,39	13,36	4,80
— Sarrebruck. Dutweil bure Skaley . .	34,58	33,36	27,57	4,49	»
— Zwickau. Bürgergewerkschaft. . . .	30,96	31,34	23,61	13,20	0,89
— Silésie. Bure Wrangel	35,79	28,51	22,75	10,86	2,09
— Saxe. Mine de Plaüen.	39,50	32,59	21,94	5,97	»
— Bohême. Bassin de Pilsen.	35,23	33,93	28,28	7,56	»
— Bavière. De Swaine à Stockheim. . .	26,28	22,16	19,97	23,31	8,28
— Grande-Bretagne, old Pelton Main. .	26,45	20,09	22,68	21,18	9,60
Moyennes.	32,41	28,86	23,65	12,49	3,20

Si l'on recueille les gaz obtenus pendant ces diverses périodes, on trouve, à partir de la première heure, des produits gazeux dont la nature varie constamment jusqu'à la fin, en raison justement de la variation de la température dont nous parlions plus haut. En outre, les conditions dans lesquelles les décompositions se produisent se modifient du commencement à la fin : le gaz qui traverse d'abord des couches de charbon froid rencontre ensuite, lors de sa formation vers la fin de l'opération, des couches de coke incandescent ; les gaz obtenus sont donc sans cesse différents. Voici, d'après les essais d'Erdmann, les densités successives des gaz recueillis :

	1re heure.	2e heure.	3e heure.	4e heure.	5e heure.	6e heure.
Densité	0,60	0,52	0,43	0,37	0,37	0,30

La composition du gaz, d'après les expériences de Berthelot, suit la variation suivante :

	C^2H^4	CH^4	H	CO	Az	Totaux.
1re heure.	13,0	82,0	0,0	3,2	1,8	100,0
2e —	12,0	72,0	8,8	1,9	5,3	»
3e —	12,0	58,0	16,0	12,3	1,7	»
4e —	7.0	56,0	21,3	11,0	4,7	»
5e —	0,0	20,0	60,0	10,0	10,0	»
Moyenne. . .	8,8	57,6	21,2	7,7	4,7	100,0

Les carbures absorbables par le brome diminuent à mesure que la distillation avance, tandis que la proportion d'hydrogène s'accroît ; aussi la puissance calorifique des derniers gaz obtenus est-elle beaucoup plus grande. Cette quantité d'hydrogène explique l'abaissement de la densité du gaz produit à la fin de l'opération et la diminution de son pouvoir éclairant. L'acide carbonique, élément non éclairant et nuisible qu'il convient d'éliminer, se forme à une température relativement basse. D'après Buhe, on en trouve dans le gaz non épuré d'une houille de Westphalie :

1re heure.	2e heure.	3e heure.	4e heure.
2,00 pour 100	0,60 pour 100	0,10 pour 100	0,00 pour 100

Dans des houilles à 4 pour 100 d'oxygène, l'acide carbonique total n'est que de 1,5 pour 100, tandis que dans les houilles de Zwickau à 10 pour 100 d'oxygène, il monte à 3 ou 4 pour 100. L'ammoniaque trouvée dans le gaz brut, moyenne résultant de l'analyse de gaz de houilles diverses, est :

1re heure.	2e heure.	3e heure.
0,41 pour 100	0,91 pour 100	0,76 pour 100

L'hydrogène sulfuré trouvé dans le même gaz est :

1re heure.	2e heure.	3e heure.
0,55	0,52	0,26

En s'appuyant sur les résultats d'expériences de ce genre, le fabricant pourra tirer des conclusions générales sur la manière de diriger la distillation de la houille, et ces conclusions l'amèneront à extraire du charbon employé et étudié avant de l'adopter, des quantités de gaz de qualité et de pureté aussi grandes que possible.

Il est évident, d'après les chiffres cités ci-dessus, que la température moyenne à laquelle le charbon sera soumis devra atteindre, mais ne pas dépasser le rouge orangé. La durée de la distillation sera de trois à cinq heures, selon la nature des charbons. Il faudra donc vérifier tout d'abord, par un essai préalable, la durée la plus convenable à adopter. Dans certains cas, cette durée a une grande importance pratique, en dehors de la qualité du gaz; car si, dans un espace de vingt-quatre heures, on doit fournir un volume déterminé de gaz à la consommation et que la distillation dure cinq heures, il est évident qu'on ne pourra charger les cornues que quatre fois; tandis que si le charbon se décompose en trois heures et demie, les mêmes cornues pourront être rechargées six fois, c'est-à-dire qu'un même matériel aura une puissance de fabrication beaucoup plus grande dans le second cas.

Les produits à éliminer devront être reçus d'une façon continue et régulière dans des appareils spéciaux constamment en état de fonctionner, puisque ces produits sont dégagés pendant toute la durée de la fabrication.

Nous allons examiner maintenant quels sont les appareils de distillation employés pour assurer la puissance et la régularité du chauffage.

Le charbon à distiller est introduit dans des appareils appelés *cornues*. Ce sont des cylindres allongés à section circulaire, elliptique, ou plus généralement aujourd'hui en forme de ⌐.

Les cornues employées primitivement étaient en fonte. En 1820, Crafton proposa les cornues en terre réfractaire, qui, après de nombreux essais et des perfectionnements dans la nature des terres employées, ont fini par être généralement adoptées à l'exclusion des cornues en fonte.

Les premières étaient moins sujettes à se fissurer et conduisaient mieux la chaleur; mais elles étaient coûteuses et ne supportaient pas une température suffisante. Les cornues en terre sont à plus bas prix et résistent à de très hautes températures; mais elles se fendent facilement et en outre, au commencement de leur mise en feu, elles sont très poreuses.

On a remédié à ce grave inconvénient en faisant usage des *extracteurs,* appareils dont nous parlerons plus loin, qui ont pour but d'enlever le gaz au fur et à mesure de sa production et ne maintiennent dans les cornues qu'une pression juste assez grande pour que les gaz du foyer n'en traversent pas les parois. D'un autre côté, le graphite qui se dépose dans les pores de la terre finit par les rendre suffisamment imperméables pour que leur service soit excellent, même sans extracteurs. Certains fabricants, tels que MM. de Lachomette et Cie, ont soin de couvrir leurs cornues d'un enduit spécial qui les rend imperméables dès la mise en feu.

Les praticiens ont pendant longtemps discuté les formes à donner aux cornues. La section circulaire est presque complètement abandonnée. La section elliptique, qui permet de les loger plus facilement en groupes dans un four, leur donne une certaine solidité; elles sont aussi plus faciles à dégraphiter. Les cornues en ⌓ plus ou moins aplati ont l'avantage de se placer plus facilement lors du montage et le charbon, qui ne doit pas être en couche de plus de 12 centimètres d'épaisseur, s'y étale surtout plus régulièrement, ce qui est essentiel pour une bonne distillation. Du reste, cette forme est presque généralement adoptée; aujourd'hui, les techniciens de France, d'Angleterre, d'Allemagne sont d'accord pour ne plus admettre que ce modèle.

Les dimensions des cornues sont très variables; la largeur varie entre 0^m,25 et 0^m,70, la longueur entre 1^m,50 et 3^m,50; leur hauteur ne dépasse que rarement 0^m,40; l'épaisseur des parois varie de 5 à 7 centimètres. A la tête, elles ont toutes un renflement qui permet d'y adapter, au moyen de boulons, une pièce de fonte appelée tête de cornue, sur laquelle existe une tubulure pour la sortie des gaz et à laquelle on applique une porte en tôle ou en fonte pour la fermeture lorsque le charbon est chargé.

Les cornues, quelle que soit leur forme, sont disposées horizontalement dans des fours en briques réfractaires. On a essayé quelquefois de les établir verticales ou inclinées (mais ce sont des cas spéciaux) en vue de faciliter le chargement et le déchargement. Il existe des fours à 1, 2, 3, 4, 5, jusqu'à 11 cornues, selon les besoins et l'importance des usines et le terrain dont on dispose. Les fours les plus courants contiennent 7 cornues.

Quel que soit le nombre des cornues, les fours sont tous établis sur une même ligne, ce qui offre l'avantage d'augmenter leur solidité, tout en ayant moins de déperdition de chaleur par les parois et plus de facilité pour le service. Dans les grandes usines on adosse deux lignes de fours.

Tous les fours sont constitués par une chambre en briques réfractaires composée de pieds-droits réunis par une voûte plus ou moins surbaissée, par un mur de fond contre lequel s'applique le bout des cornues et par un mur de façade à travers lequel passent les têtes. Les cornues sont supportées dans le four par des dispositifs en briques ou des blocs de terre réfractaire de formes spéciales. Chaque constructeur peut varier ces formes; mais, dans tous les cas, on a soin de les disposer de manière à faire circuler les flammes le plus longtemps possible autour des parois et d'égaliser la température sur toute la longueur.

Autrefois on cherchait à resserrer les cornues pour utiliser le mieux possible l'espace dont on disposait et l'on pensait que le chauffage était meilleur. Aujourd'hui, on a une tendance contraire. En effet, on a reconnu que les espaces trop restreints entre les cornues s'encrassaient rapidement, qu'il n'était pas facile de les nettoyer et que la section totale des vides autour des cornues n'était pas suffisante pour le développement des flammes. Il en résultait que des gaz non brûlés étaient entraînés en assez grande quantité en dehors du four et ne servaient qu'à chauffer la cheminée de l'usine, ce qui n'était pas précisément le but à atteindre.

Les cornues disposées dans les fours sont chauffées soit par des foyers placés directement au-dessous d'elles, soit par des générateurs à gaz. Pendant assez longtemps, les gaziers ont été indécis sur l'efficacité des générateurs à gaz; aujourd'hui, presque tous sont d'accord pour les adopter. En effet, les avantages qu'ils présentent sont tellement nombreux qu'il n'y a lieu d'hésiter que dans des cas particuliers.

Il est tout d'abord certain que le chauffage ne peut se faire à la houille avec les gazogènes. Or, quelquefois, l'usinier a plus d'avantage à se servir de ce combustible, s'il peut se le procurer à bon marché et s'il vend son coke à un prix élevé; c'est un compte à faire. Certains fabricants ont voulu transformer des fours chauffés au charbon en fours à générateurs. Ceux-ci consommaient une quantité de coke vendable dont la valeur était beaucoup plus grande que la dépense de charbon nécessitée antérieurement; c'était évidemment une économie mal comprise.

Lorsqu'un four ne fonctionne pas d'une façon continue, comme cela a lieu dans des usines à gaz desservant une industrie isolée, le gazogène, qui doit marcher sans interruption, ne peut pas être employé.

En dehors de ces conditions, le gazogène est avantageux à cause de l'économie qu'il procure au point de vue de la consommation du coke de chauffage et de la diminution de la main-d'œuvre pour l'entretien des fours. En outre, les flammes sont exemptes de cendres et les cornues ne sont pas exposées à être attaquées par elles. Enfin les fours ne s'encrassent plus et la régularité du chauffage est absolue.

Pendant longtemps, la dépense occasionnée par l'établissement des générateurs a fait reculer les industriels; mais aujourd'hui, avec les gazogènes mixtes dont les premiers ont été, croyons-nous, établis par MM. Eichebrenner et Muller, toute usine, si petite qu'elle soit, peut les employer pour le chauffage de ses fours.

Nous décrirons, à titre d'exemple, trois types de fours : à

chauffe directe, à gazogènes pour grandes usines et à chauffage mixte pour usines moyennes et petites.

La figure 27 représente un four à trois cornues, chauffé directement par un foyer ordinaire; la grille est placée sous la cornue du milieu. Les flammes circulent d'avant en arrière dans le vide existant entre les cornues, puis reviennent en avant jusqu'à des cheminées descendantes qui rejoignent un carneau horizontal pratiqué derrière le four, et enfin vont gagner la cheminée de l'usine. La grille est formée de barreaux en fonte reposant par leurs extrémités sur deux pièces également en fonte, appelées sommiers.

On a soin, lors de la construction, de laisser un certain espace à l'extrémité des barreaux pour qu'ils puissent se dilater pendant le chauffage et pour éviter que les cendres, s'accumulant en ces points, ne viennent empêcher la dilatation.

Au-dessous de la grille, on place une caisse en fonte, sorte d'auge que l'on aura soin de maintenir toujours pleine d'eau. La vapeur produite refroidit constamment les barreaux; elle est entraînée avec l'air appelé pour la combustion et vient se décomposer au contact du coke incandescent en produisant de l'hydrogène et de l'oxyde de carbone. Ces gaz brûlent ensuite en présence de l'air en excès et viennent concourir au chauffage. De temps en temps, il faut avoir soin de retirer les cendres et les escarbilles qui tombent dans l'eau de la cuvette en fonte.

Les fours à gaz, fortement chauffés, se disloqueraient rapidement, si l'on n'avait le soin de les maintenir avec des armatures verticales en fer ou en fonte, reliées entre elles par des tirants en fer rond.

L'établissement de tous les fours à chauffe directe, quel que soit le nombre des cornues, repose sur la même idée : faire circuler les produits de la combustion le long des parois des cornues le plus longtemps possible, de façon à bien utiliser leur chaleur. Lorsque le four contient 7 cornues, on en place 5 au-dessus du foyer et une de chaque côté.

Le foyer des fours à gaz est généralement étroit, long et profond ; la surface de la grille est faible et le combustible, surtout si c'est du coke, est en couche épaisse. Les meilleures conditions de

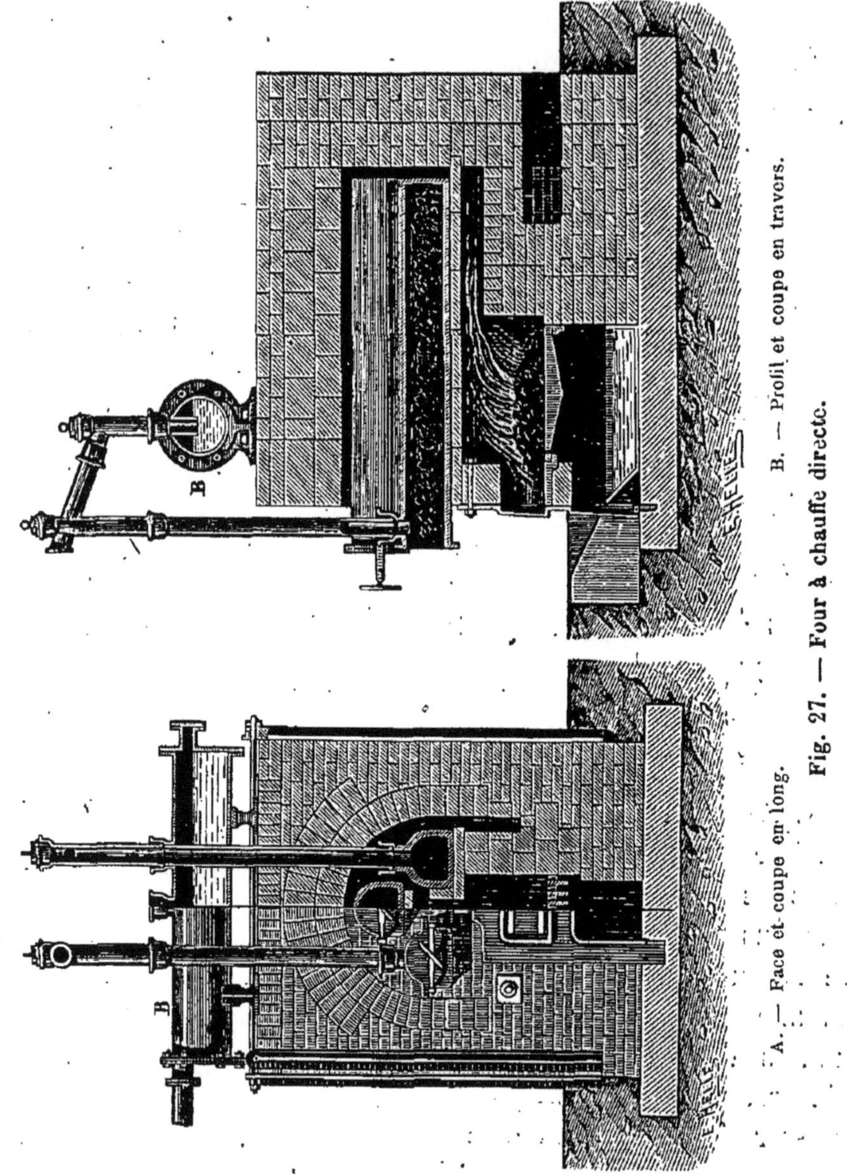

Fig. 27. — Four à chauffe directe.

marche sont celles dans lesquelles la quantité d'air arrivant sous la grille est strictement suffisante pour qu'il ne se forme à la surface du coke que de l'oxyde de carbone. Ce gaz brûle, au-dessus de la couche de coke, en se transformant en acide carbonique sous les cornues, grâce à une arrivée d'air chauffé préalablement par la chaleur perdue du four dans des carneaux convenablement disposés. C'est l'idée primitive de l'application des gazogènes.

Si l'on examine les dimensions des grilles en usage, on constate des écarts considérables pour les surfaces adoptées. En général, on admet des grilles de 20 à 30 centimètres de large et 60 à 90 centimètres de long, selon la nature du combustible brûlé et l'intensité du tirage. Des moyennes relevées par nous sur un grand nombre de fours nous ont donné : pour les fours à 3 cornues, $0^{m2},12$; pour les fours à 5 cornues, $0^{m2},22$, et pour les fours à 7 cornues, $0^{m2},30$.

La quantité de coke brûlé par vingt-quatre heures est également très variable; elle peut aller de 20 à 40 pour 100 du poids du charbon distillé. Schilling indique comme approximatives les consommations suivantes par vingt-quatre heures :

1000 à 1200 kilogrammes de coke pour un four à 7 cornues.
 900 à 1100   —   —   6 —
 700 à 900   —   —   5 —
 600 à 700   —   —   3 —
 490 à 600   —   —   2 —

Cette importante question de la quantité de coke brûlé pour le chauffage est une de celles qui ont fait adopter depuis quelques années les gazogènes. Ces derniers donnent, non seulement des réductions considérables sur le poids de coke consommé, mais encore ils fournissent une chauffe régulière en même temps qu'une économie de main-d'œuvre. En outre, les cornues qui ne sont pas soumises à des refroidissements brusques causés par l'ouverture de la porte du foyer, soit pour y mettre du combustible, soit pour décrasser la grille, sont moins exposées à être fendues. Le four et les carneaux ne s'encrassent plus par les cendres entraînées par la flamme et les cornues elles-mêmes qui étaient rongées par les alcalis contenus dans ces cendres, lesquelles formaient des silicates fusibles, ont une plus grande durée. Enfin la distillation est beaucoup plus régulière, la chauffe n'éprouvant plus de variations par suite de la négligence des chauffeurs.

La figure 28 représente un four à gaz avec générateur Siemens et

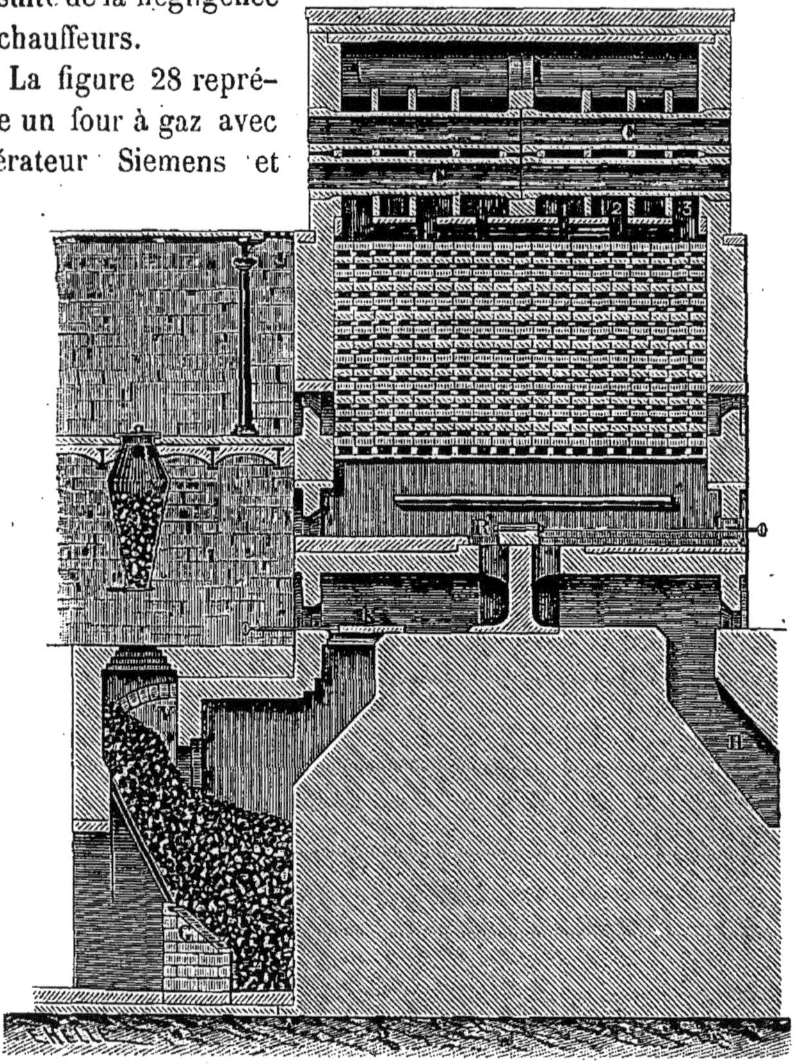

Fig. 28. — Four à gaz avec générateur Siemens et récupérateur de chaleur.

récupérateur de chaleur. Le coke versé dans le générateur V s'accumule en talus ayant plus de 1 mètre de hauteur sur la grille G, formée de barreaux en escalier à travers lesquels passe l'air nécessaire. Le coke incandescent, au contact de l'air qui traverse les barreaux, forme avec l'oxygène de l'air de l'acide carbonique qui se transforme ensuite en oxyde de carbone en traversant la couche supérieure de coke. Cet oxyde de carbone s'élève avec une vitesse réglée par les registres K et R, se mélange avec de l'air atmosphérique amené par des conduits spéciaux et vient s'enflammer sous les cornues C, en passant par les ouvertures 1-2-3, après avoir chauffé les cornues. Les gaz brûlés redescendent ensuite par les récupérateurs et sortent par H, vers la conduite générale qui va à la cheminée de l'usine.

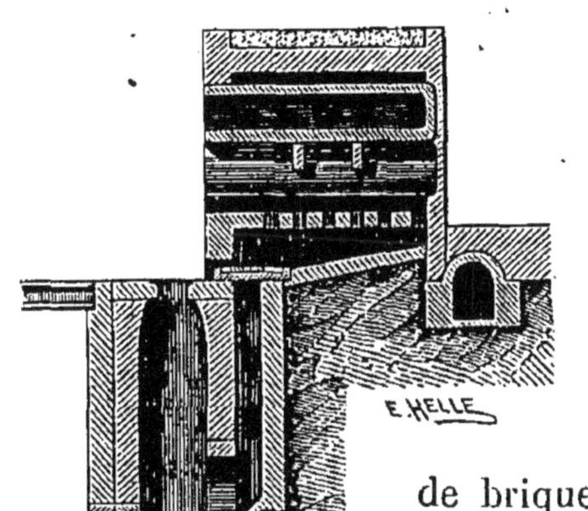

Fig. 29. — Four à gazogène et récupérateur, système Lerat.

En D est un récupérateur de chaleur composé d'un entassement régulier de briques réfractaires laissant entre elles des vides par où passent les gaz qui, en les traversant, abandonnent la plus grande partie de la chaleur qu'ils possèdent encore. Ces récupérateurs sont disposés par paires, de telle sorte que le premier ayant été chauffé pendant une heure par les gaz brûlés, on dirige au bout de ce temps ces gaz sur le second ; le premier, qui a ainsi atteint une haute température, est alors traversé par l'air froid qui vient se mêler à l'oxyde de carbone servant à la combustion, pendant que le second récupérateur s'échauffant servira une heure après, par un renversement de sens des courants gazeux, à chauffer l'air nécessaire. Ces renversements de sens des courants sont produits par des registres convenablement disposés. Le four représenté figure 28 est établi à l'usine de Saint-Mandé par la Compagnie parisienne. On y remarquera les cornues, au nombre de 16, opposées bout à bout. Le foyer étant supprimé, on a profité de l'espace laissé libre pour y placer une cornue de plus.

Ce modèle de four, créé par Siemens, est un des premiers et des plus répandus. Mais, depuis quelques années, un grand nombre de constructeurs ont cherché à simplifier la construction de ces fours dont le prix est assez élevé et à réduire au minimum la quantité de coke consommé. D'après un remarquable mémoire de M. Drory, présenté au congrès de la Société technique du gaz en 1886, les fours à gazogène du système OEchelhauser, Liegel, Munich, Didier, Vacherot arrivent à ne dépenser que de 11 à 15 kilogrammes de coke par 100 kilogrammes de houille distillée, en donnant ainsi une économie de 9 à 25 kilogrammes sur le chauffage par foyers ordinaires, sans parler des autres avantages énumérés plus haut.

Presque tous les constructeurs ont cherché à éviter le reproche de l'élévation du prix de revient, afin que ce système de chauffage puisse être appliqué même aux petites usines. Nous donnons comme exemple d'un dispositif très simple, pouvant être appliqué aux fours existants, que l'on peut ainsi transformer sans grande dépense, le four à gazogène et récupérateur du système Lerat (fig. 29). Nous l'appelons four mixte, parce que n'exigeant pas la construction de fours spéciaux (les anciens peuvent être transformés), mais simplement l'adjonction d'un gazogène très simple, il procure les avantages d'un appareil gazogène complet. Nous avons vu dans le four à grille Siemens le foyer formé d'une chambre à parois inclinées. Dans le système Lerat, on établit, devant la porte du four, le gazogène en forme de cuve en briques réfractaires ; une grille formée de barreaux en escaliers est installée au bas de cette cuve et permet ainsi l'entrée de l'air nécessaire à la combustion. L'oxyde de carbone produit s'élève jusqu'à la partie inférieure du four où il rencontre un peu au-dessous des cornues l'air chauffé par les gaz brûlés au moyen de carneaux convenablement disposés sans qu'il soit besoin de renversement de direction des courants gazeux.

Chauffage au goudron. — Dans certains cas, les usines à gaz ont été embarrassées de leur goudron, et, pour en tirer parti, on a souvent été obligé de les employer pour le chauffage des cornues. Bien des dispositifs ont été proposés : les uns brûlent le goudron lancé à l'état de brouillard au moyen d'un pulvérisateur à jet de vapeur ; les autres emploient des grilles formées de barreaux inclinés portant une rigole du côté du four. Un des moyens les plus simples consiste à faire couler le goudron en filet sur le coke du foyer ou simplement sur une dalle de terre réfractaire qui remplace la grille. La figure 30 représente, d'après Horn, un modèle de foyer employé à Brême pour le chauffage au goudron.

Le foyer est complètement clos par la porte qui est traversée par un tuyau qui amène le goudron ; celui-ci tombe sur un fer plat où il s'enflamme. La grille est remplacée par un dallage en briques réfractaires, et l'air né-

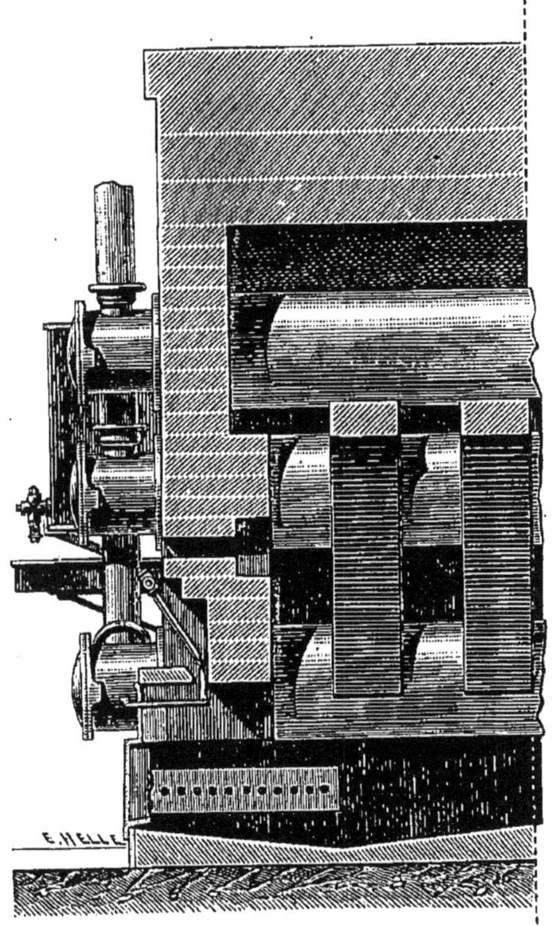

Fig. 30. — Four Horn.

cessaire à la combustion arrive par des orifices placés sur les côtés du foyer.

D'après les indications de Horn, 100 kilogrammes de goudron équivalent à 200 kilogrammes de coke.

Quel que soit le système de chauffage employé, la condition

essentielle est de maintenir les cornues à une température constante. Nous venons de voir les moyens qui permettent d'arriver à ce résultat d'une façon économique; maintenant suivons le gaz depuis sa production.

Têtes de cornue. — Les cornues en terre portent du côté extérieur des pièces en fonte appelées têtes de cornue, sur lesquelles sont (venues de fonte généralement) des tubulures par lesquelles le gaz se dégage.

Fig. 31. — Tête de cornue.

Ces têtes de cornue sont fixées au moyen de boulons ancrés dans le renflement dont nous avons parlé, et l'étanchéité de la jonction est assurée au moyen d'un mastic composé de limaille de fer, de ciment réfractaire, de soufre et de sel ammoniac. Ce mastic, appliqué à l'état de pâte fraîchement préparée, durcit rapidement et empêche toute fuite.

Lorsque le charbon est chargé, les têtes de cornue sont fermées au moyen de portes ou de tampons en fonte ou en tôle. La figure 32 représente une tête de cornue munie de sa porte en fonte; celle-ci est assujettie au moyen d'une vis à filet carré passant dans une traverse appelée fléau, dont les extrémités s'engagent dans des pièces spéciales clavetées sur la tête de la cornue. On applique sur le tampon, avant de le placer, un lut formé de chaux éteinte en pâte ou d'argile.

Fig. 32. — Tête de cornue avec fermeture à excentrique.

La figure 32 représente un modèle plus nouveau de tampon mobile autour d'une charnière; la fermeture se fait au moyen d'un mouvement d'excentrique. On n'emploie pas de lut; les surfaces de la tête de cornue et du tampon sont assez bien dressées pour que les pièces s'appliquent exactement pour empêcher le passage du gaz.

Le charbon à distiller peut être chargé à la main; on le jette à la pelle dans les cornues et on l'égalise ensuite au moyen d'un râble; cela demande une certaine habileté de main de la part des ouvriers qui, du reste, y arrivent très rapidement. On peut encore charger au moyen d'une cuiller en tôle, sorte de long conduit à section demi-circulaire contenant la quantité voulue de charbon. On l'engage jusqu'au fond de la cornue, puis on la retourne et on la retire rapidement; le charbon ainsi versé est ensuite égalisé. Les cornues étant à la température voulue, le gaz se produit de suite; on pose le tampon et la distillation commence.

Généralement, les charges se font successivement, c'est-à-dire que les cornues sont déchargées et rechargées l'une après l'autre; quelquefois on espace les charges. En tout cas, il y a avantage à ne pas les charger toutes à la fois, afin d'obtenir un gaz moyen, puisque, la qualité variant du commencement à la fin de la distillation, on mélange ainsi, dès la sortie des cornues, le gaz de la fin de la distillation qui est de qualité médiocre, avec celui que le charbon dégage au commencement et qui est bien plus éclairant.

Lorsque la distillation est terminée, on enlève le charbon des cornues. Cette opération s'appelle *délutage*, parce qu'on détruit, en l'exécutant, le lut des cornues.

Il faut avoir soin de ne pas enlever brusquement les tampons. En effet, la cornue étant pleine de gaz, il pourrait se former avec l'air, au moment de l'ouverture, un mélange détonant qui, en s'enflammant, projetterait le tampon au loin. On desserre la vis de serrage sans retirer la traverse, de manière à laisser sortir un filet de gaz que l'on allume; puis on desserre progressivement la vis et on enlève la traverse et le tampon. On procède ensuite au déchargement du coke au moyen de crochets en fer, et on le fait tomber dans une brouette en tôle disposée pour pouvoir être basculée au moyen d'une tringle de tirage. Le coke incandescent est emporté hors de la salle des fours et éteint avec de l'eau. On procède ensuite au rechargement.

Le gaz produit par la décomposition du charbon sort de la cornue par la tubulure de la tête de cornue et s'engage ensuite dans un tuyau vertical appelé *colonne montante* qui l'élève au-dessus du four, puis dans un tuyau incliné vers le fond du four appelé *pipe,* enfin dans le *plongeur,* qui l'amène au *barillet* où commence la condensation.

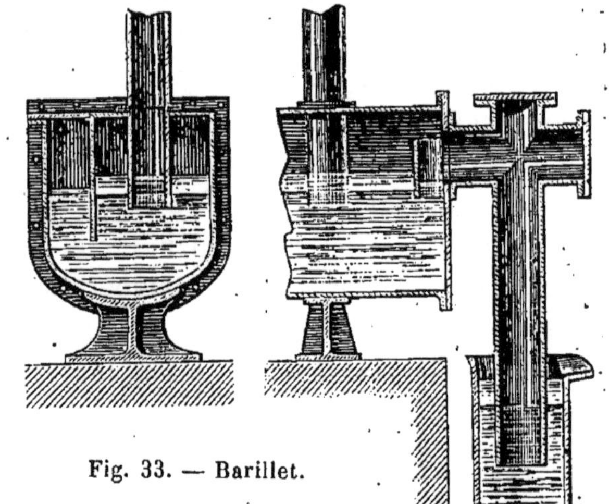

Fig. 33. — Barillet.

CONDENSATION. — Le *barillet* sert de collecteur général du gaz dégagé avec les produits volatils condensables.

Comme il doit recevoir les produits de distillation de toutes les cornues, il faut que chacune d'elles soit séparée des autres par le tuyau qui amène le gaz; sans cela, lorsqu'on ouvre une des cornues pour la charger, le gaz du gazomètre reviendrait au dehors par cette ouverture. Le dispositif très simple imaginé par Clegg s'est toujours conservé dans les usines. On maintient constant dans le barillet le niveau du liquide qu'il contient au moyen d'un tube d'écoulement plongeant d'une certaine profondeur dans un pot plein d'eau (fig. 33). Le tuyau plongeur amenant le gaz de la cornue descend de quelques centimètres dans le liquide du barillet et forme ainsi une fermeture hydraulique qui laisse passer le gaz venant de la cornue, mais l'empêche d'aller du barillet dans la cornue; car le gaz du gazomètre, exerçant toujours une certaine pression sur le liquide, tend à le faire remonter dans le plongeur et pour qu'il suive une marche inverse, qui est la marche normale, il faut que la pression dans la cornue soit plus grande que dans le gazomètre.

Le barillet a pour but non seulement de fermer automatiquement la communication entre les cornues et les autres appareils de l'usine, mais aussi de recevoir les premiers produits condensables qui se dégagent du charbon : ce sont le goudron et l'eau ammoniacale. Par conséquent, le barillet sera toujours plein de ces liquides jusqu'au niveau du tube d'écoulement. Le goudron, étant plus lourd que l'eau ammoniacale, reste au fond et on le fait écouler le premier au moyen du petit tube intérieur. Les goudrons lourds peuvent, avec ce modèle d'appareil, être enlevés sans interrompre la fabrication, grâce à la cloison qui, partant du haut, descend à une certaine profondeur dans le liquide. La partie mobile du dessus étant enlevée, on peut retirer les goudrons lourds avec une spatule.

Extracteurs. — Lorsque l'on commença à employer les cornues en terre, on constata des rendements inférieurs de gaz; on attribua à la nature même des cornues cette différence ainsi que le pouvoir éclairant plus faible; mais à la suite d'expériences nombreuses, Grafton, leur inventeur, démontra que, pour le rendement, cette infériorité provenait des fuites à travers la cornue par suite de l'excès de pression intérieure; il prouva en même temps que le pouvoir éclairant diminuait pour cette même raison et un peu aussi parce que la température de distillation était plus élevée. Aussi chercha-t-on plusieurs moyens de remédier à cet excès de pression qui atteignait quelquefois $0^m,25$ d'eau à la cornue. On ne fit plus pénétrer les plongeurs dans le liquide du barillet que de 15 à 20 millimètres et on évita dans les appareils d'épuration toutes les causes qui pouvaient entraver la circulation du gaz.

Enfin, Grafton, pour faire absolument disparaître toutes les possibilités de pertes de gaz à travers les fissures ou les pores de ses cornues en terre, imagina l'*extracteur* destiné à enlever le gaz des cornues au fur et à mesure de sa production et à le refouler dans le gazomètre à travers tous les appareils de condensation et d'épuration. L'appareil qu'il avait inventé pour cet objet était à proprement parler un compteur à gaz renversé, c'est-à-dire que cet instrument, au lieu d'être mis en mouvement par le passage du gaz sous pression, mettait au contraire le gaz en mouvement au moyen de la rotation de ses aubes produite par un moteur extérieur. Son appareil exigeait une force motrice considérable. Le premier extracteur pratique fut celui que Pauwels et Dubochet installèrent en 1850 pour la Compagnie parisienne à l'usine d'Ivry. Il est composé de trois cloches plongeant dans l'eau et animées d'un mouvement vertical alternatif au moyen d'un arbre unique portant trois manivelles, qui transmettent leur mouvement aux trois cloches au moyen de bielles. Leur mouvement successif de montée et de descente dans l'eau aspire le gaz des cornues et le refoule vers le gazomètre. Les cloches sont munies de clapets qui empêchent le gaz de revenir du gazomètre vers les cornues. On a construit quelquefois des extracteurs à deux cloches, mais ils fonctionnent moins régulièrement que celui de Pauwels et Dubochet. Ce genre d'extracteur a été abandonné à peu près complètement dans les usines à gaz; comme extracteur à cloche, on ne peut guère citer aujourd'hui que le système très simple de Girardet qui convient particulièrement aux petites usines à gaz.

Un grand nombre d'appareils ont été imaginés pour faire circuler le gaz dans les appareils de fabrication. En dehors du système à cloches dont nous venons de parler, tous les modèles employés rentrent dans l'une des trois classes suivantes :

1° *Extracteurs rotatifs.* — Le plus connu est celui de Beale (fig. 34). Il est formé d'un cylindre en fonte fixe portant des tubulures pour l'entrée et la sortie du gaz. A l'intérieur, tourne un arbre traversant un des fonds du cylindre et portant des poulies de commande. Sur cet arbre est claveté excentriquement un tambour dont les extrémités glissent à frottement doux sur les fonds du cylindre. Deux plaques en métal traversent le tambour excentré suivant son diamètre et sont disposées de telle sorte que lorsqu'on donne à l'arbre son mouvement de rotation, elles glissent sur la paroi intérieure du cylindre fixe de manière à le diviser toujours en deux parties; des rainures pratiquées dans le fond du cylindre guident les plaques dans leur mouvement. Les deux parties du cylindre, séparées par ces plaques, n'ont aucune communication entre elles, grâce à l'exactitude du mouvement de glissement qui

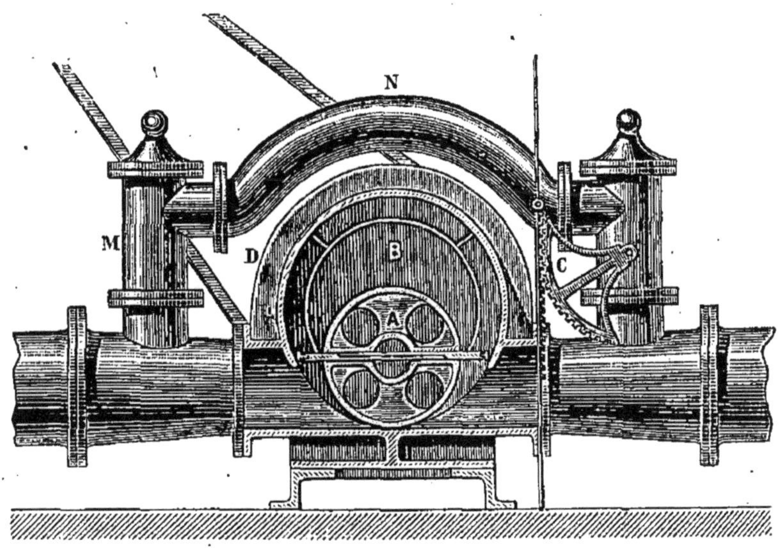

Fig. 34. — Extracteur rotatif de Beale.

assure l'étanchéité de cette sorte de joint mobile. Il en résulte que le gaz est refoulé d'une façon continue vers la tubulure de sortie en même temps qu'il est aspiré du côté de la tubulure d'entrée. Ces appareils, lorsqu'ils sont bien construits et bien entretenus, ont un rendement de 70 à 80 pour 100 à la vitesse de 70 à 100 tours à la minute. Un extracteur de $1^m,20$ de diamètre aspire et refoule environ 5000 mètres à l'heure dans de bonnes conditions. Parmi les autres systèmes moins connus, nous pouvons citer les extracteurs de Jones, de Roots et de Schiele. Les extracteurs rotatifs exigent environ 1 cheval de force par 250 mètres à l'heure. Un modèle d'extracteur Beale, modifié par Gwynne, fournissant 30 000 mètres par vingt-quatre heures, exige 6 chevaux de force.

2° *Extracteurs à piston.* — Les extracteurs à piston sont absolument analogues aux machines soufflantes employées en métallurgie. Un des premiers extracteurs à piston employé dans l'industrie du gaz est celui d'Anderson qui était vertical et actionné par une machine indépendante. Aujourd'hui, beaucoup de grandes usines se servent des systèmes Arson ou Schmidt dans lesquels les mouvements sont très simplifiés et la marche absolument régulière. Généralement le cylindre à vapeur et le cylindre d'extraction sont montés sur un même bâti et le piston à vapeur actionne directement le piston de l'extracteur.

3° *Extracteurs à jet de vapeur.* — Ils peuvent être employés dans toutes les usines, même les plus petites, à condition d'avoir un générateur de vapeur qui, généralement, est chauffé par la chaleur perdue des fours; ils exigent par suite peu de surveillance.

Leur principe est le même que celui des injecteurs inventés par Giffard et employés pour l'alimentation des chaudières à vapeur. Un jet de vapeur lancé par un orifice étroit dans un tuyau conique entraîne avec lui le gaz sur lequel il produit une véritable aspiration et le refoule dans les appareils placés au delà.

Bien que l'idée de l'emploi de ces appareils pour l'aspiration du gaz soit ancienne et remonte à une trentaine d'années (brevets Bourdon et Arson), ils ne se sont généralisés que depuis peu. Les systèmes les plus connus sont ceux de Kœrting et de Bourdon. Nous donnons ci-contre le modèle Nicolas et Chamon. La figure 35 représente l'ensemble des appareils qui accompagnent un extracteur du système Bourdon. En E est l'extracteur, R est un régulateur à cloche qui a pour but de régler l'introduction de la vapeur d'après la quantité de gaz produit dans les cornues, *r* est le régulateur de retour dont la fonction est de laisser revenir du gaz derrière l'extracteur lorsque l'aspiration est trop énergique par rapport au volume du gaz produit; C est un condenseur de vapeur. Le gaz entraîné par la vapeur traverse des tubes verticaux refroidis par un courant d'eau froide, il s'y dépouille de la vapeur d'eau amenée par

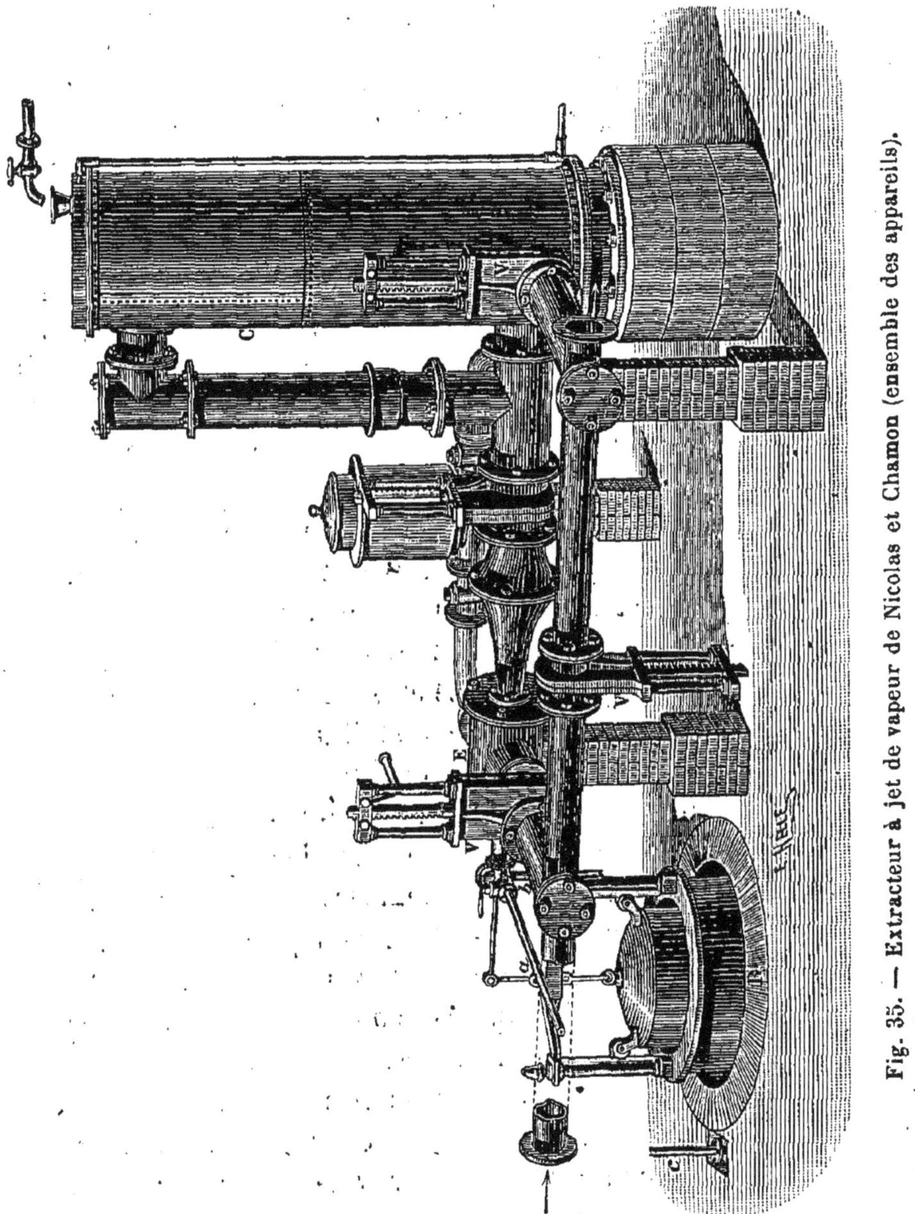

Fig. 35. — Extracteur à jet de vapeur de Nicolas et Chamon (ensemble des appareils).

l'extracteur. V V V sont des vannes qui permettent d'isoler l'extracteur de la conduite de gaz et de laisser passer directement ce dernier

en cas de réparation. La vapeur arrive à l'extracteur par un tuyau *a* communiquant avec la chaudière, *b* est un purgeur. Enfin le gaz pénètre sous la cloche de régulation R par un tuyau C qui est branché sur la conduite d'aspiration. Cette cloche monte ou descend suivant la pression qui existe dans cette conduite et ce mouvement fait ouvrir ou fermer l'admission de vapeur. La manière dont cette régulation se produit est des plus ingénieuses et donne une grande sensibilité à l'appareil. Le règlement du jet de vapeur a lieu au moyen d'une aiguille qui ferme plus ou moins l'orifice à l'entrée même de la vapeur dans l'extracteur. Dans l'extracteur de Kœrting, cette régulation est produite par un papillon qui est moins sen-

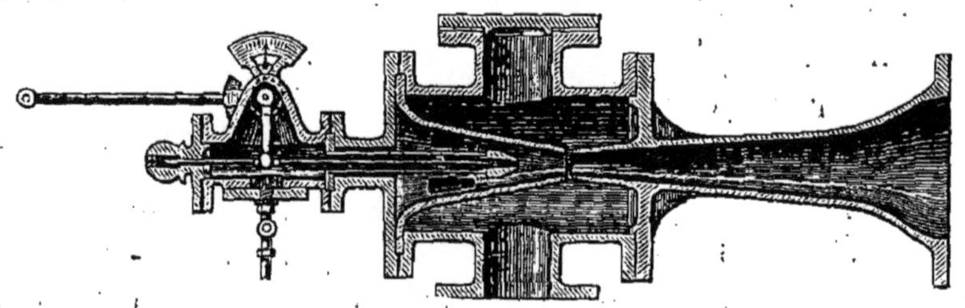

Fig. 36. — Extracteur à jet de vapeur (coupe).

sible que l'aiguille conique de M. Bourdon. La figure 36 représente une coupe de l'extracteur lui-même dans laquelle on peut voir l'aiguille régulatrice placée dans le cône d'entrée de vapeur.

Ces appareils exigent de la vapeur à une pression d'au moins 5 atmosphères; l'utilisation de la vapeur croissant proportionnellement à la pression, il y a un intérêt évident à augmenter autant que possible cette dernière. On peut admettre en pratique que ce genre d'appareils consomme 8 kilogrammes de vapeur à 5 atmosphères par centimètre de contre-pression et par 1000 mètres cubes de gaz extraits. Le condenseur doit avoir une surface de refroidissement de 4 mètres carrés par 1000 mètres cubes de gaz. Les eaux provenant du condenseur doivent être recueillies, bien qu'elles ne marquent que 1 degré à 1 degré et demi; leur contenance moyenne en ammoniaque correspond à 7 ou 10 kilogrammes de sulfate par mètre cube.

Nous avons vu dans la description de l'extracteur à jet de vapeur un appareil dont la fonction est de proportionner l'introduction de vapeur aux quantités de gaz à aspirer ; c'est le régulateur R. Tous les systèmes d'extracteurs doivent être munis d'un appareil de ce genre.

En effet, la production du gaz est sujette à des variations continuelles et par conséquent, dans tous les appareils actuels, on ne peut déterminer d'avance la vitesse à donner aux extracteurs. On fixe seulement la valeur que la pression devra avoir en marche normale dans les cornues et le régulateur a pour but de maintenir cette pression constante.

L'organe essentiel du régulateur est une cloche équilibrée de telle façon qu'elle descende si la pression intérieure diminue et qu'au contraire elle s'élève si cette pression augmente. Ce mouvement vertical est utilisé pour agir soit sur le robinet d'admission de vapeur ou sur l'aiguille de l'extracteur à jet de vapeur, ce qui modifie la vitesse d'aspiration des extracteurs, soit sur une valve de secours qui permet au gaz aspiré de revenir en arrière. Cette dernière disposition ne doit être considérée que comme secours pour le cas où la marche de l'extracteur serait subitement arrêtée. Dans les grandes usines, on a soin d'avoir un double jeu d'extracteurs pour le cas de réparations à exécuter à l'un d'eux.

Nous avons parlé des extracteurs avant de parler de la condensation parce que, après avoir vu les inconvénients de l'excès de pression dans les cornues, nous avons voulu indiquer de suite les moyens d'y remédier ; mais certaines considérations les font généralement disposer autrement.

Il est bon de placer l'extracteur aussi près que possible du barillet ; car s'il est plus loin, il se trouve exposé à produire des aspirations d'air dans les joints hydrauliques des appareils de condensation et, en outre, si la pression est trop faible, cette condensation se fait trop bien par suite de la précipitation des hydrocarbures légers qui concourent à donner au gaz son pouvoir éclairant. Mais, d'un autre côté, les extracteurs fonctionnent mal, lorsque le gaz contient trop de goudrons. On devra donc, en pratique, les placer entre les appareils servant à la condensation et ceux qui épurent le gaz.

Condensation du gaz.

Nous avons vu que le gaz abandonne dans le barillet une partie du goudron et de l'eau ammoniacale qu'il contient. La température de la cornue étant au-dessus de 1000 dégrés, celle du gaz s'abaisse brusquement à 300 à la sortie, puis à 60 environ dans le barillet; cette différence suffit pour que les vapeurs en suspension dans le gaz prennent l'état liquide, car les points d'ébullition de la plupart des carbures contenus dans le gaz d'éclairage sont supérieurs à 60 degrés. Théoriquement il devrait y avoir condensation complète par le refroidissement. Aussi pendant longtemps les constructeurs d'usines à gaz ont-ils cherché simplement à abaisser la température des produits de la distillation, mais on s'est aperçu peu à peu que les condensations étaient imparfaites et que beaucoup de substances qui sembleraient devoir se déposer sont entraînées par le gaz vers les appareils d'épuration. Les travaux remarquables de MM. Guéguen, Coze, Chevalet, etc., ont montré que les matières volatiles qui s'échappent des cornues et qu'il faut condenser se composent de gaz permanents, de vapeur d'eau, de vapeurs de carbures généralement solubles les uns dans les autres et à points d'ébullition très rapprochés, mais insolubles dans l'eau, enfin de très fines particules de carbone à un état globuleux spécial dans lequel chaque gouttelette est formée de noir de fumée agglutiné par des carbures et constituant le goudron. Aussi les carbures réellement à l'état de vapeur se condensent-ils bien par abaissement de température; mais les globules de goudron, ainsi que les fines particules de carbures condensables en cristaux très ténus tels que la naphtaline, sont entraînées par le courant des gaz permanents comme de la poussière par un courant d'air.

D'un autre côté, on a observé que, si l'on refroidit trop brusquement le gaz, on lui enlève des carbures volatils éclairants qui se dissolvent dans les huiles lourdes condensées. On a par suite conclu de nombreuses expériences que, s'il fallait refroidir, il fallait le faire progressivement et enlever les goudrons lourds, au fur et à mesure que la température s'abaissait, de manière à ne pas les laisser en contact avec les carbures volatils lorsque le gaz arrivait à la température ambiante. Enfin on a constaté qu'il était possible de diminuer les dépenses de l'épuration proprement dite en arrêtant, au moyen du lavage pendant la condensation, une partie de l'hydrogène sulfuré libre et la presque totalité de l'ammoniaque. Aussi, aujourd'hui les appareils de condensation ressemblent-ils peu à ceux qui étaient encore employés il y a quelques années. Et nous-même avons eu l'occasion d'appliquer avec succès depuis une dizaine d'années ces nouveaux principes de condensation dans la construction d'usines à gaz et de réaliser ainsi un notable progrès sur la qualité et le rendement du gaz en même temps que nous en séparions complètement les sous-produits.

En résumé : 1° la condensation devra se faire en séparant dès le barillet le gaz chaud du goudron lourd; pour cela les plongeurs devront toujours laisser barboter le gaz, au-dessus du goudron, dans l'eau ammoniacale seule.

2° Le refroidissement du gaz devra avoir lieu méthodiquement et non brusquement avec une élimination continue des goudrons. Ce refroidissement devra se produire, non pas dans des tuyaux longs et à faible section, mais au contraire dans des cylindres de grand diamètre qu'il traversera avec la plus faible vitesse possible, de manière à laisser déposer par leur propre poids les particules solides en suspension dans le courant gazeux. La température du gaz à la sortie de ces condenseurs devra être telle que les carbures volatils solubles dans les huiles lourdes soient encore à l'état de vapeur, le gaz ne devra plus contenir de goudrons lourds.

3° Pour terminer la condensation, le gaz devra être divisé, laminé en quelque sorte et passé aux *scrubbers* (mot anglais qui signifie ratissoire) dans lesquels chaque molécule sera en quelque sorte frottée soit contre un corps solide, soit contre des gouttes

Fig. 37. — Condenseur de l'usine de Salfort (Manchester).

d'eau pour en enlever les dernières particules de goudron. Les appareils qui servent à réaliser ces opérations sont souvent confondus. Nous allons les décrire méthodiquement suivant les principes que nous venons d'exposer. Ce sont : 1° d'abord le barillet dont nous avons parlé ; 2° les *réfrigérants* ; 3° les condenseurs proprement dits. Les réfrigérants se composent d'une série de tuyaux en fonte placés verticalement les uns à côté des autres ; la partie inférieure de ces tuyaux est boulonnée sur une ou plusieurs caisses en fonte où les produits condensés se déposent pour s'écouler ensuite au moyen de siphons. Les caisses sont divisées par des cloisons verticales qui obligent le gaz à parcourir toute la longueur des tuyaux. Ce dispositif appelé *jeu d'orgue* avait l'inconvénient de maintenir le gaz à une grande vitesse, les particules de goudron n'avaient pas le temps de se déposer et étaient entraînées jusqu'aux épurateurs. En outre, ces tuyaux s'obstruaient facilement ; on les nettoyait au moyen de tringles en fer ou mieux par des jets de vapeur. Quelquefois ils étaient disposés horizontalement ; les produits des condensations s'écoulaient alors difficilement ; enfin on les entourait quelquefois d'une enveloppe en tôle où circulait un courant d'eau froide.

Aujourd'hui on substitue peu à peu au jeu d'orgue à petits tuyaux très longs des condenseurs à grande section dans lequel le gaz possède une faible vitesse et où la condensation se produit plus rationnellement. On a même été quelquefois jusqu'à employer de vastes chambres de condensation ou des condenseurs chauffés. Les premières sont coûteuses à établir pour de grandes usines, et nous croyons qu'il suffit, quand on emploie des appareils à grande section, de les placer à l'abri pour que le refroidissement ne soit pas trop brusque ; nous donnons ci-contre (fig. 37) l'aspect du système de condensation de l'usine de Salfort (Manchester) comprenant des condenseurs annulaires à grande section et des scrubbers ; ces derniers contiennent un dispositif extrêmement efficace, mais un peu coûteux. Ce sont des planchettes en forme de grillage à travers les fentes desquelles le gaz, passant forcément à l'état très divisé, rencontre une pluie d'eau qui condense l'ammoniaque. Lorsque le gaz a traversé les condenseurs réfrigérants, il est conduit aux scrubbers où il finit de se séparer des produits condensables. Le refroidissement et la diminution de vitesse ne suffisent pas en effet pour le débarrasser des dernières particules de goudron. On emploie alors des appareils dans lesquels le gaz divisé en bulles rencontre des obstacles contre lesquels il se frotte en quelque sorte, est brossé, ratissé et perd les dernières traces de goudron. Certaines usines lavent le gaz après la condensation. Les premiers condenseurs sans lavage étaient surtout des colonnes à coke, sorte de cylindres verticaux dans lesquels on entassait du coke, des cailloux ou des copeaux. Ces matières étaient vite encrassées et la colonne à coke s'obstruait ou ne fonctionnait plus efficacement; on y a presque généralement renoncé et on les a remplacées par des condenseurs à choc. Le plus simple de ces appareils consiste en une série de plaques de tôle percées et disposées de telle sorte que les ouvertures d'une plaque se trouvent en face des espaces pleins existant entre les trous de celle qui la suit. Le gaz traversant ces petits trous est divisé en une multitude de jets qui viennent s'écraser sur une surface pleine en déposant du goudron. M. Servier a construit un système de condenseur à choc très simple composé d'une sorte de vanne à vis dans laquelle la plaque de fermeture est remplacée par un peigne composé d'une série de tiges rondes placées sur plusieurs rangs. Le gaz, laminé par son passage à travers les fentes, dépose les particules de goudron sur les tiges placées directement en face du courant gazeux, et ce goudron tombe à la partie inférieure de la caisse du condenseur d'où il s'écoule par un siphon. On fait monter ou descendre la grille dans le goudron qui reste toujours à une certaine hauteur, de manière à régler le passage que l'on veut donner au gaz proportionnellement à la quantité de gaz fabriqué.

Le condenseur de MM. Pelouze et Audouin (fig. 38) a pour organe essentiel une cloche mobile à section octogonale, formée de deux lames de tôle percées de trous circulaires de 1 millimètre 5. Cette cloche flotte dans une chambre en fonte où elle est soutenue par une tige suspendue elle-même à la partie supérieure d'une

seconde cloche pleine, formant fermeture hydraulique et équilibrée
par un système de contrepoids.

Le gaz arrive sous la cloche intérieure percée de trous qu'il
traverse, il va frapper les parties pleines de la cloche extérieure

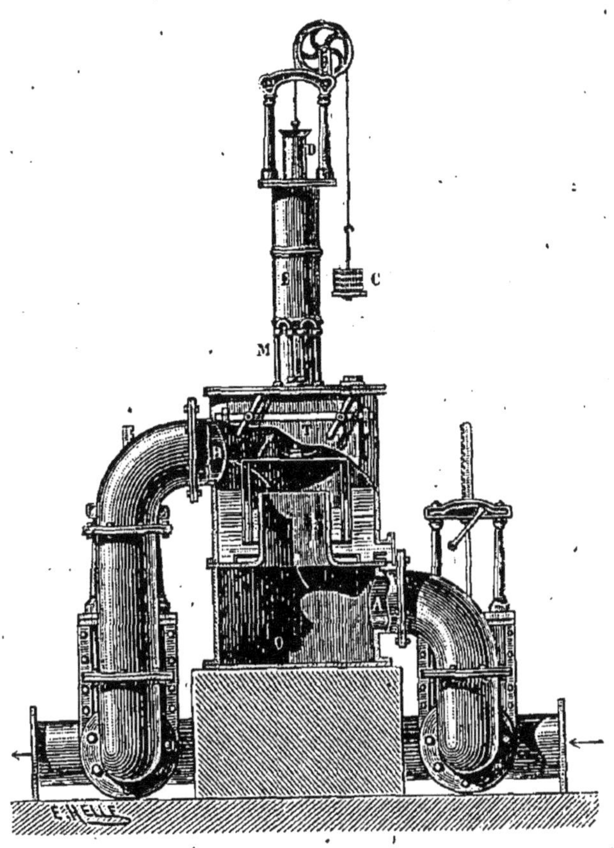

Fig. 38. — Condenseur Pelouze et Audouin.

contre lesquelles les vésicules de goudron viennent s'arrêter pour
couler ensuite dans la gorge où se meut la cloche et enfin il sort
du condenseur par une tubulure latérale. L'appareil est muni d'un
sytème de *by-pass* qui permet de l'isoler ou de laisser passer le gaz
directement dans le cas où un engorgement se produirait. Il faut
éviter avec le condenseur Pelouze et Audouin que la température

du gaz introduit descende au-dessous de 30° parce que les goudrons seraient trop épais.

Le nettoyage de la cloche se fait en la plongeant dans l'eau chaude ou mieux dans de l'huile légère de goudron.

En somme, les condenseurs à choc de Servier ou de Pelouze et Audouin remplissent les fonctions des anciennes colonnes à coke lorsqu'elles étaient nouvellement remplies de matières propres, mais ils présentent un avantage qui les rend précieux dans la pratique ; leur nettoyage est très facile et le goudron se sépare vite des surfaces sur lesquelles il se dépose.

On a constaté également l'efficacité du frottement des particules de gaz contre des gouttelettes d'eau ; en outre, ce procédé a l'avantage d'enlever au gaz presque tous, et même, par un lavage méthodique, tous les éléments solubles dans l'eau. Le gaz hydrogène sulfuré, les combinaisons sulfurées de l'ammoniaque et ses sels solubles, tels que le carbonate, sont arrêtés. Aussi, depuis longtemps, l'industrie du gaz a-t-elle employé les laveurs ; dans ces dernières années on a construit les laveurs de manière à condenser en même temps les dernières particules de goudron. Les premiers étaient des caisses contenant un liquide dans lequel le gaz barbotait ; ils avaient surtout pour but de produire l'épuration. Clegg faisait passer le gaz dans un lait de chaux maintenu en mouvement par un agitateur ; Croll remplaçait la chaux par de l'acide

Fig. 39. — Colonne à coke.

sulfurique et Maillet faisait usage de solutions de chlorure de manganèse ou de sulfate de fer en vue d'absorber l'ammoniaque. A l'inconvénient de ne pas être très efficaces, ces appareils joignaient
celui d'absorber beaucoup de pression. Aussi, ont-ils été remplacés
par des scrubbers ou mieux des laveurs condenseurs. Le plus
simple des scrubbers est la colonne à coke lavé (fig. 39). C'est un
cylindre vertical en fonte formé de plusieurs anneaux superposés ;
entre chaque anneau se trouve une grille supportant du coke. En
haut de l'appareil l'eau tombe divisée, soit à travers une pomme
d'arrosoir, soit par un tourniquet hydraulique à réaction. Le gaz
pénètre par le bas de l'appareil et, traversant les diverses couches
de coke mouillé, se partage en une infinité de filets gazeux qui
abandonnent l'ammoniaque, une partie de l'hydrogène sulfuré et
de l'acide carbonique qu'ils contiennent. Le gaz sort par une tubulure latérale boulonnée sous le couvercle de l'appareil. Des ouvertures pratiquées dans chaque anneau au-dessus de la grille permettent l'enlèvement du coke lorsqu'il est encrassé. On remplace
quelquefois le coke par des cailloux, des copeaux ou, comme nous
l'avons vu en parlant des scrubbers de l'usine de Salfort, par des
grilles en bois. Ce dernier dispositif est assez coûteux, mais il
est très efficace. Quelquefois aussi, on dispose dans la colonne du
scrubber une série de plateaux horizontaux qui reçoivent l'eau et la
maintiennent en lame mince à leur surface ; le gaz parcourt toutes
ces surfaces et abandonne également son ammoniaque. Toutefois
l'eau, étant moins divisée, agit moins bien qu'avec les appareils
indiqués ci-dessus.

Partant de ce principe que, pour obtenir un bon lavage, il faut
faire passer le gaz d'abord sur de l'eau ammoniacale, qui absorbe
l'hydrogène sulfuré et l'acide carbonique, et terminer par de l'eau
pure, tout en maintenant les liquides dans un grand état de division, M. Chevalet a combiné un excellent laveur condenseur.
(fig. 40). Cet appareil se compose habituellement de trois plaques de tôle perforées de trous de 2 à 3 millimètres de diamètre,
montées horizontalement les unes au-dessus des autres dans des

cases rectangulaires en fonte. Chaque plaque est mobile et glisse
sur une portée qui règne tout autour de la case; à chaque case il
existe un tuyau de trop-plein qui plonge dans une cuvette; ces
tuyaux de trop-plein, ainsi que la cuvette, sont indépendants des
plaques perforées; il en résulte que celles-ci sont mobiles et
qu'elles peuvent être sorties à volonté du laveur par une ouverture

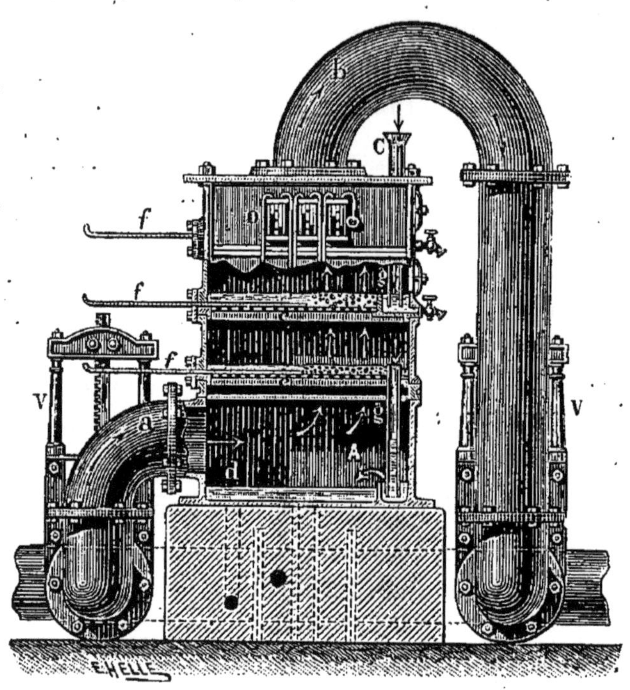

Fig. 40. — Laveur condenseur de Chevalet.

latérale qui règne au niveau de chaque case. Sur chaque plaque
perforée coulisse une plaque pleine en tôle serrée par une garniture
de caoutchouc et que maintient une plaque métallique. Cette
plaque pleine a pour but essentiel de découvrir un plus ou moins
grand nombre de trous de la plaque perforée, et cela suivant la
quantité de gaz qui passe dans le laveur; il suffit, à cet effet, de
tirer plus ou moins cette plaque. Par un entonnoir placé au-
dessus de l'appareil, un filet d'eau ordinaire coule sur le premier
plateau supérieur; cette eau se répand sur le plateau, et le gaz

arrivant de bas en haut, elle est soutenue par le courant gazeux ; arrivée au niveau du tuyau de trop-plein, l'eau coule dans ce tuyau, remplit la cuvette immédiatement inférieure, couvre le second plateau comme le premier, puis passe dans le trop-plein de ce plateau pour se répandre ensuite sur le troisième plateau inférieur ; enfin elle coule, par le trop-plein, au fond du laveur et finalement en sort par un siphon pour se rendre dans la citerne à eau ammoniacale.

En face de chaque plateau se trouve un manomètre différentiel, avec une prise de gaz en dessus et en dessous de chacun des plateaux ; le manomètre a pour but d'indiquer quelle est la pression absorbée par chaque plateau ; si l'on voit qu'il n'y a pas assez de pression, c'est qu'il y a trop de trous découverts pour le volume de gaz qui passe : on pousse alors la plaque pleine jusqu'à ce que le manomètre indique une pression de 10 à 12 millimètres ; si au contraire on voit que le manomètre indique trop de pression, c'est qu'il n'y a pas assez de trous découverts ; on retire alors la plaque pleine pour découvrir un plus grand nombre de trous. On répète cette manœuvre pour tous les plateaux. Un robinet ou un tampon existe au bas de chaque cuvette de trop-plein pour pouvoir dégorger le goudron ou les impuretés qui auraient pu s'accumuler dans les cuvettes et empêcher les trop-pleins de fonctionner. L'eau de lavage s'écoulant de ce laveur est plus ou moins chargée d'eau ammoniacale et de goudron ; cela dépend de l'endroit où l'on dispose ce laveur et de la quantité d'eau que l'on y fait passer. Habituellement, il se place après les réfrigérants ordinaires et avant les cuves d'épuration. Si l'usine à gaz possède déjà des scrubbers, il est tout à fait inutile d'arroser ceux-ci avec de l'eau ammoniacale ; il suffit de les employer comme chambres de condensation dans lesquelles, ainsi que nous l'avons expliqué plus haut, le gaz, se refroidissant lentement, se débarrasse des vésicules de goudron en suspension et des poussières de suie par simple dépôt et en raison de la faible vitesse qu'il possède.

On a essayé encore d'autres systèmes de laveurs, mais tous

reposent sur la mise en contact avec l'eau aussi divisée que possible. Un des éléments importants pour obtenir un bon lavage est le temps pendant lequel le gaz reste en contact avec l'eau ; aussi a-t-on quelquefois employé des appareils dans lesquels le gaz, divisé en filets par un grillage, traverse l'eau bulle à bulle, sous des plaques cannelées plongées dans l'eau et presque horizontales. Ces bulles de gaz roulent, en quelque sorte, dans les cannelures et restent assez longtemps en contact avec l'eau pour se débarrasser des produits solubles et du goudron.

En tout cas, quel que soit le système de laveur employé, il faut se servir d'eau aussi froide que l'on peut se la procurer, parce qu'elle retient plus d'ammoniaque en dissolution ; il faut de plus qu'elle soit aussi pure que possible, sinon les sels de chaux en dissolution sont précipités par l'ammoniaque et viennent se déposer sous forme de tartre solide sur les parois des laveurs.

Tous les produits liquides de condensation du gaz sont réunis dans une ou plusieurs citernes d'où on les reprend ensuite, selon les nécessités de vente ou d'emploi.

Ces citernes sont construites en matériaux choisis convenablement pour assurer leur étanchéité. Cette condition d'étanchéité est absolument indispensable pour une usine à gaz, car non seulement elle s'exposerait à des pertes de matières, mais encore elle pourrait infecter les eaux des environs par suite des infiltrations de liquides ammoniacaux ou de goudrons.

Il faut, en outre, construire ces citernes de façon à pouvoir les fermer exactement ; car l'eau contenant de l'ammoniaque, non seulement en combinaison, mais à l'état de simple dissolution, cette ammoniaque se volatiliserait très rapidement.

La figure 41 donne une coupe de citerne à goudron qui est à recommander en raison de sa construction rationnelle.

Le goudron et l'eau ammoniacale arrivent par un conduit en fonte dans une cuvette à trop-plein, d'où ils se déversent dans le premier compartiment de la citerne par une ouverture conique strictement suffisante pour leur écoulement et qui peut être enlevée, dans le cas où il serait utile de la nettoyer. Le goudron, étant plus lourd, se sépare de l'eau et se rend au fond de la citerne; où la pression de la colonne d'eau qui le surmonte le refoule peu à peu dans le second compartiment. On enlève le goudron et l'eau ammoniacale au moyen de pompes dont les tuyaux traversent la voûte de la citerne et dont nous avons seulement figuré l'extrémité inférieure. Des ouvertures, fermées au moyen de couvercles s'ajustant bien, permettent de pénétrer dans la citerne pour l'enlèvement de boues ou de goudrons très lourds qui finissent par s'accumuler au fond.

Fig. 41. — Citerne à goudron.

Ces produits sont vendus en nature ou, ce qui vaut mieux, traités pour être vendus sous forme de produits commerciaux. Nous parlerons de cette question dans le chapitre des sous-produits du gaz. Nous allons continuer notre étude en suivant le gaz à travers les appareils qui servent à l'épurer.

Épuration du gaz.

Après avoir traversé les appareils de condensation, le gaz contient encore un certain nombre de substances qui doivent en être éliminées; ce sont l'acide carbonique, l'hydrogène sulfuré, l'acide sulfureux, le cyanogène, le sulfure de carbone et enfin les dernières traces d'ammoniaque qui ont échappé à la condensation et au lavage.

Nous avons vu qu'une condensation et un lavage bien faits

enlèvent la plus grande partie de l'acide carbonique, de l'hydrogène sulfuré et de l'ammoniaque.

On sait, du reste, que ces corps forment entre eux des combinaisons et des sels solubles dans l'eau froide; il y a donc tout avantage à terminer la condensation par un lavage à une température assez basse pour enlever au gaz toute la partie de ces substances qu'il est possible de faire disparaître ainsi.

Si on laissait subsister dans le gaz les impuretés que l'épuration lui enlève, l'acide carbonique formerait, lors de la combustion, avec le carbone en excès, de l'oxyde de carbone non éclairant et malsain; le soufre, sous les divers états où il se trouve dans le gaz, produirait avec l'oxygène de l'air de l'acide sulfureux qui noircirait les métaux et les peintures des appartements; le cyanogène se décomposerait en acide carbonique et azote; enfin l'ammoniaque donnerait de l'eau et des acides nitreux.

Pour débarrasser le gaz de ces divers corps, plusieurs procédés ont été suivis successivement; mais il n'en est resté que deux ou trois qui soient usités dans la pratique.

Nous avons vu que Clegg avait le premier employé la chaux à l'état de suspension dans l'eau; le gaz, divisé en bulles, traversait le lait de chaux sous une pression de $0^m,30$, pression nécessaire pour que l'épuration fût suffisante. Cette forte pression ayant de grands inconvénients dans la fabrication, on eut l'idée de faire simplement passer le gaz dans la chaux pulvérulente fraîchement éteinte. Ce procédé est resté pendant longtemps le seul pratiqué dans les usines à gaz, et lorsqu'on veut faire une épuration complète, en enlevant l'acide carbonique, il est nécessaire de l'employer. La chaux est éteinte à l'état de farine humide, sans cependant pouvoir s'attacher aux doigts, ou bien on la réduit en pâte et on la laisse sécher pendant vingt-quatre heures. On la dispose ensuite dans les épurateurs en couches bien régulières de 5 à 6 centimètres d'épaisseur. Pour obtenir la meilleure utilisation possible de la chaux, on fait passer le gaz d'abord sur de la chaux ayant déjà servi, puis sur de la chaux neuve. On emploie en moyenne

10 kilogrammes de chaux (mesurée, non éteinte) pour épurer 100 mètres cubes de gaz.

Pour reconnaître si l'épuration est suffisante, on fait passer du gaz sortant des épurateurs dans une éprouvette contenant du papier imprégné d'une solution d'acétate de plomb; si le papier noircit, c'est que le gaz contient encore de l'hydrogène sulfuré. Ce moyen n'indique que la présence de l'hydrogène sulfuré; nous verrons plus loin, en parlant de la vérification du gaz, un meilleur moyen de contrôle par l'analyseur Verdier. La chaux ayant servi à l'épuration contient de l'hydrate de chaux non modifié, du carbonate, du sulfate, de l'hyposulfite, du sulfure, du cyanure et du sulfocyanure de calcium.

Graham donne l'analyse suivante d'une chaux d'épuration desséchée :

Hyposulfite de chaux	12,30
Sulfite de chaux	14,57
Sulfate de chaux	2,80
Carbonate de chaux	14,48
Chaux caustique	17,72
Soufre.	5,14
Sable	0,71
Eau.	32,28
	100,00

L'exposition de la chaux humide à l'air lui permet d'absorber une certaine quantité d'oxygène; le sulfure de calcium se transforme alors en sulfite, puis en sulfate. Aussi peut-on employer pour l'agriculture la chaux d'épuration, mais seulement lorsqu'elle est restée assez longtemps exposée à l'air pour que cette transformation ait lieu. On peut en obtenir de bons résultats pour les trèfles, le sainfoin, la luzerne, les pois, les haricots, la vesce, les navets; employée fraîche, elle aurait une action nuisible.

En lessivant la chaux d'épuration, on lui enlève les sels solubles, tels que les sels ammoniacaux et les cyanures d'ammonium et de calcium, qui peuvent être employés à la fabrication du bleu de Prusse. On peut s'en servir également dans les tanneries pour l'épilage des peaux. Dans les usines mêmes, la chaux, tamisée et mise en pâte, est utilisée pour le lutage des cornues.

Ces moyens de se débarrasser des chaux d'épuration sont insuffisants en raison des grandes quantités produites. Aussi les usines à gaz en étaient-elles rapidement encombrées. En outre, l'odeur très désagréable répandue par les vieilles chaux obligeait à les envoyer loin des villes. Enfin on a reconnu que l'épuration à la chaux n'enlève pas le sulfure de carbone, et en Angleterre, où les cahiers des charges des usines obligent à l'éliminer, on a constaté que, *abstraction faite de l'hydrogène sulfuré*, le gaz contenait après l'épuration plus de soufre qu'avant cette opération. Cette remarque jeta surtout en Angleterre un grand discrédit sur l'épuration à la chaux et on lui substitua peu à peu l'épuration par le fer.

Dès 1835 eurent lieu quelques essais de ce procédé. Croll avait proposé, en 1840, l'épuration par les oxydes métalliques; mais ce ne fut que vers 1847, grâce au procédé de Laming, que l'emploi de l'oxyde de fer se répandit dans les usines.

L'oxyde de fer absorbe parfaitement l'hydrogène sulfuré, mais il n'enlève pas l'acide carbonique, et si l'on veut une épuration complète, il faut employer en même temps un peu de chaux. On néglige, trop souvent, cet acide carbonique, qui cependant fait perdre au gaz une partie de son pouvoir éclairant.

Le grand avantage de l'oxyde de fer, c'est qu'il peut servir très longtemps; en effet, son emploi est basé sur les deux réactions suivantes : le fer, mis en présence de l'hydrogène sulfuré du gaz à l'état de sesquioxyde, se transforme en sesquisulfure.

$$(1) \qquad Fe^2O^3 + 3HS = Fe^2S^3 + 3HO.$$

Si maintenant on expose ce sesquisulfure à l'air, il absorbe de l'oxygène en s'échauffant et le soufre se sépare.

$$(2) \qquad Fe^2S^3 + 3O = Fe^2O^3 + 3S.$$

Le soufre reste à l'état de poudre inerte dans le mélange et finit par s'y accumuler; souvent les vieilles matières d'épuration contiennent jusqu'à 50 pour 100 de soufre.

On prépare l'oxyde de fer pour l'épuration, suivant le procédé de Laming, en faisant dissoudre 100 kilogrammes de sulfate de fer dans de l'eau bouillante ; la dissolution est versée sur 3 hectolitres de sciure de bois blanc, étendue en couche de $0^m,25$, sur un sol imperméable ; on remue la sciure jusqu'à ce qu'elle soit bien imprégnée, puis on étale sur elle 1 hectolitre de chaux éteinte et on brasse fortement le mélange en le retournant ; la masse, verdâtre d'abord, devient peu à peu rouge brun ; elle est alors prête pour l'épuration.

La matière d'épuration est disposée dans les épurateurs, en couches de $0^m,40$ à $0^m,50$ d'épaisseur, sur des claies en osier serré ou sur des grillages en bois. On peut admettre qu'un mètre cube de matière peut épurer 300 à 400 mètres cubes de gaz par jour pendant un an, et on compte qu'un mètre carré de surface de grille d'épurateur suffit pour épurer 250 mètres cubes par vingt-quatre heures.

Pour revivifier le mélange, suivant la formule (2), on le soumet à l'action de l'oxygène de l'air, soit en le retirant des épurateurs et l'exposant à l'air en couches de 8 à 10 centimètres d'épaisseur, soit dans les épurateurs eux-mêmes en faisant traverser la couche de matière par un courant d'air rapide (sinon la masse s'échaufferait trop). Ce courant d'air est lancé par un ventilateur ou un jet de vapeur, ou bien appelé par une cheminée spéciale.

Lorsque la matière de Laming est épuisée, elle contient du soufre, du sulfocyanure d'ammonium, du ferrocyanure d'ammonium.

Buhe a trouvé, après huit revivifications :

Sulfate d'ammoniaque	0,77
Ferrocyanure et cyanure d'ammonium	4,40
Sulfocyanure d'ammonium	14,08
Hydrates d'oxyde de fer	16,82
Bleu de Prusse	11,12
Soufre	33,50
Sciure de bois, goudron, etc.	19,34
	100,00

En théorie, l'oxyde de fer devrait pouvoir être revivifié indé-
finiment; mais, en pratique, des particules de goudron échappées à
la condensation finissent par l'encrasser. Le soufre s'y accumule à la
longue et finit par former une partie importante de la masse, et
enfin, à la suite d'un grand nombre d'expositions à l'air, la masse
subit une décomposition spéciale et les composés cyanurés du fer
transforment l'oxyde à tel point qu'il n'y a plus qu'une partie qui
puisse se revivifier.

Les appareils dans lesquels a lieu l'épuration sont appelés

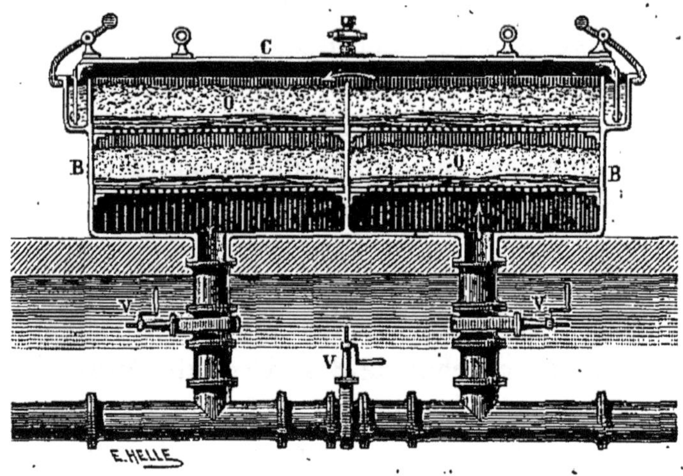

Fig. 42. — Épurateur chimique.

épurateurs; ce sont des caisses en tôle, en briques ou plus souvent en fonte, de forme ronde, carrée, ou rectangulaire (fig. 42)
et dans lesquelles on met sur une ou plusieurs claies ou grilles,
les matières d'épuration, chaux, mélange de Laming, etc. En
haut de la caisse existe une rigole pleine d'eau dans laquelle
plonge un couvercle en tôle, fixé par des traverses ou des crochets en fer. Le gaz est amené par des tuyaux en fonte soit au-
dessus, soit en dessous de la matière d'épuration, et il la traverse
de bas en haut ou de haut en bas; quelquefois, dans un même
épurateur, le gaz, amené par le bas, est obligé de traverser jusqu'au

couvercle et de redescendre vers le tuyau de sortie, en contournant une cloison établie au milieu de la caisse.

Toute usine à gaz doit avoir au moins deux épurateurs pouvant être mis en service successivement dans un sens ou dans l'autre ou fonctionnant isolément. La marche du gaz est déterminée par des appareils appelés *distributeurs* ou par des vannes. Les distributeurs sont des cuves cylindriques, contenant de l'eau [1], dans

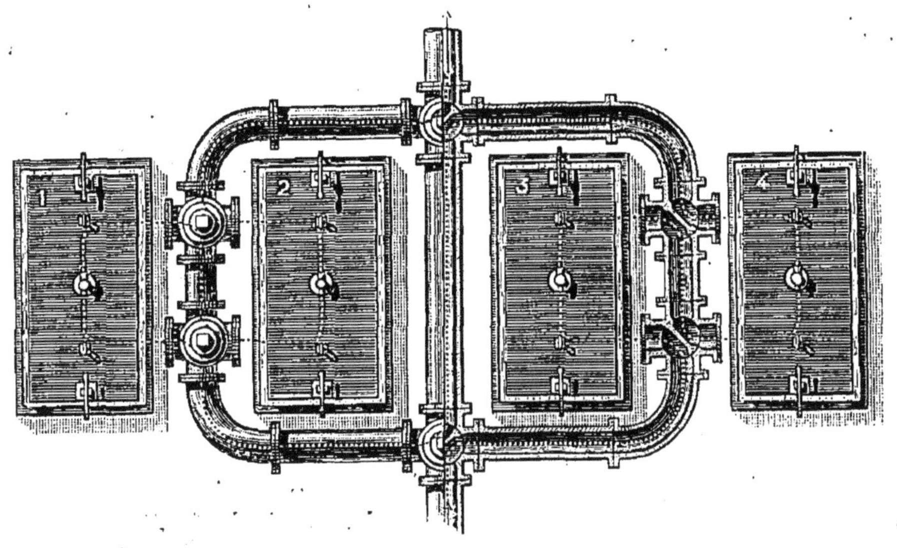

Fig. 43. — Distributeur Nicolas et Chamon.

lesquelles aboutissent, en pénétrant par le bas et dépassant la surface de l'eau, les tuyaux d'entrée et de sortie du gaz ainsi que les tuyaux communiquant avec les épurateurs. Une cloche mobile, portant intérieurement des cloisons qui forment des sortes de compartiments où les tuyaux se trouvent groupés par deux, permet d'envoyer le gaz dans les diverses directions nécessaires.

Un dispositif très commode pour la distribution du gaz dans les épurateurs est celui qui est représenté figure 43. Ce dispositif de Nicolas et Chamon est établi pour quatre épurateurs; la figure ci-contre en montre le fonctionnement.

_____

1. On a construit également des distributeurs secs remplissant les mêmes fonctions.

D'autres procédés d'épuration ont été proposés, mais ils n'ont pas été l'objet d'une application aussi générale que la chaux et l'oxyde de fer de Laming.

On a essayé le plâtre, les oxydes de manganèse, de zinc, de cuivre. Mallet avait proposé le chlorure de manganèse, résidu des fabriques de chlorure de chaux, lorsqu'on n'avait pas trouvé le moyen de le revivifier.

Les Allemands emploient beaucoup les oxydes de fer naturels, surtout l'oxyde brun limoneux, mélangé ou non avec de la sciure de bois.

Depuis assez longtemps déjà, on a proposé des méthodes d'épuration qui évitent, au moins en grande partie, l'emploi de matières étrangères; en se servant de l'ammoniaque même du gaz. En effet, si l'on dissocie les sels ammoniacaux, produits pendant la condensation, et que, par une élévation de température, l'on expulse l'acide carbonique et l'hydrogène sulfuré, tout en conservant l'ammoniaque en solution, on peut renvoyer cette solution en présence du gaz qui reforme des carbonates et sulfhydrates d'ammoniaque, lesquels seront décomposés de nouveau. Cette méthode, très élégante, essayée à plusieurs reprises (par Hills-Livesey-Claus), n'a pu encore être adoptée généralement à cause de la complication du matériel et des dépenses assez grandes qu'elle entraîne.

Nous venons de passer en revue les différentes périodes de la production du gaz en indiquant les meilleures conditions de l'épuration. Souvent elles ne pourront pas être toutes réalisées dans la pratique; on devra donc, d'après les circonstances locales et la nature des charbons distillés, les organiser, les équilibrer en quelque sorte, pour obtenir la plus grande quantité possible de gaz de bonne qualité, tout en tenant compte des sous-produits que les usines à gaz ont grand intérêt à recueillir, puisqu'ils concourent à abaisser le prix de revient du gaz.

Gazomètres.

Le gaz obtenu pourrait être envoyé de suite à la consommation; mais, comme la production est continue et la consommation intermittente, puisqu'elle a surtout lieu le soir pour l'éclairage, il faut avoir un moyen de l'emmagasiner en quantités suffisantes pour que l'usine puisse toujours suffire aux demandes des abonnés. En outre, bien que continue, la production n'est pas absolument ré-

Fig. 44. — Coupe d'une cuve de gazomètre en maçonnerie.

gulière et, le débit variant dans les tuyaux de l'usine, la pression varie également. Comme tous les appareils qui servent à brûler le gaz sont établis pour une pression constante, il faut la régulariser.

Les gazomètres permettent d'obtenir un emmagasinage suffisant pour tous les besoins et une pression constante, puisque leur poids reste sensiblement fixe. Le mot gazomètre (mesureur du gaz) est impropre, les Anglais disent plus exactement: *gasholder* (réservoir de gaz).

Tous les gazomètres comportent une cuve circulaire pleine d'eau, dans laquelle monte et descend une cloche en tôle, sous laquelle arrive le gaz, qui est expulsé à son tour par le poids de cette cloche agissant sur lui.

Les cuves sont en maçonnerie, en tôle ou en fonte.

Elles sont le plus souvent en maçonnerie. C'est seulement dans quelques cas exceptionnels que les cuves sont métalliques ; lorsque, par exemple, la nature du sous-sol est tellement mobile qu'on ne peut y établir une maçonnerie sans d'énormes dépenses de fondations.

Suivant que le gaz est admis dans la cloche, par-dessous ou

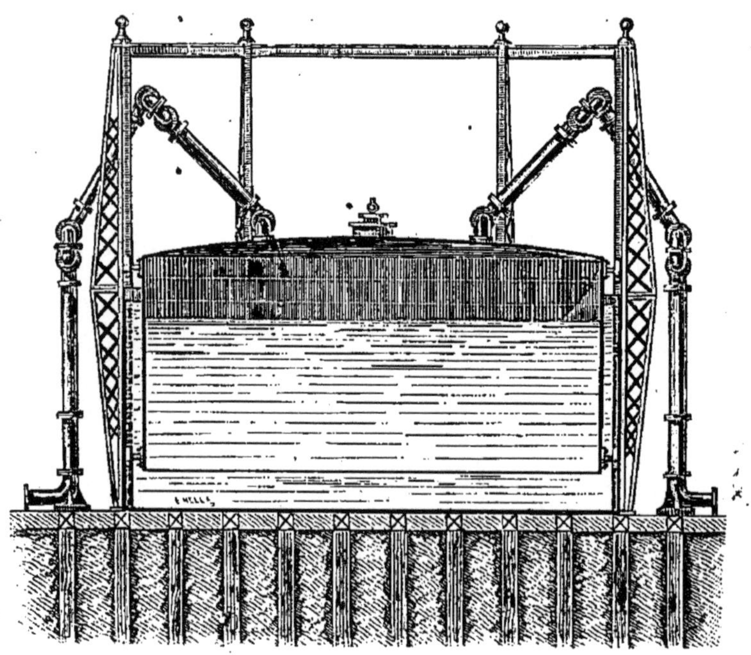

Fig. 45. — Coupe d'une cuve métallique en tôle.

par-dessus, le gazomètre est muni ou n'est pas muni d'un puits. Nous donnons (fig. 44) la coupe d'une cuve de gazomètre en maçonnerie, avec puits.

On peut remarquer la disposition des tuyaux d'entrée et de sortie du gaz qui descendent à un niveau inférieur au fond du gazomètre pour remonter ensuite à l'intérieur de la cuve, au milieu d'un massif de maçonnerie, de telle sorte que leur extrémité supérieure soit dans tous les cas au-dessus de la surface de l'eau. Au point le plus bas des tuyaux d'entrée et de sortie est établie une tubulure qui plonge dans un pot de siphon et reçoit les condensations produites dans ces tuyaux.

Un système de vannage est toujours installé sur les conduites, de façon à pouvoir isoler le gazomètre.

Les constructeurs doivent apporter les plus grands soins à l'établissement des cuves de gazomètre et y employer des matériaux de premier choix afin d'en assurer l'étanchéité. Autant que possible, on se sert de bonne meulière maçonnée avec du mortier de ciment de Portland.

Lorsque des circonstances spéciales obligent à établir une cuve métallique, il faut avoir soin de la construire sur une masse de béton suffisante pour en assurer la stabilité. Nous donnons (fig. 45) la coupe d'une cuve métallique en tôle, avec guidage et disposition d'arrivée et de sortie du gaz par tubes articulés évitant la construction d'un puits. L'hiver, ces cuves sont exposées à la gelée; il est donc indispensable de maintenir l'eau à une certaine température pour éviter les graves inconvénients de la congélation. On établit pour cela un système quelconque de chauffage; du reste, il est toujours avantageux en pratique d'adjoindre un dispositif de ce genre aux cuves en maçonnerie dont la couronne est trop souvent disloquée par la formation d'une couche de glace à la surface de l'eau.

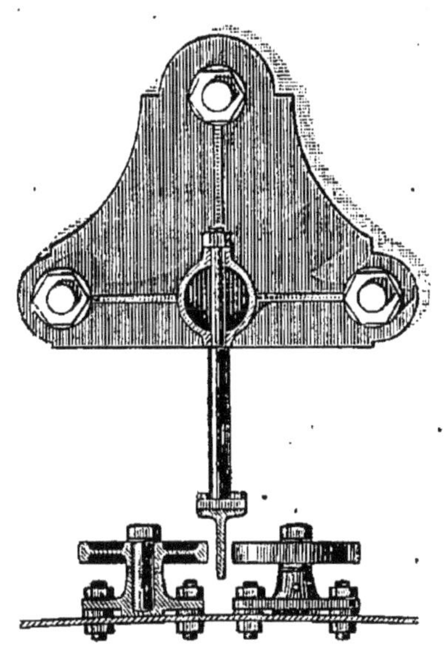

Fig. 46.
Guidage et galets tangentiels.

La même figure 46 montre une cloche ordinaire en tôle dont le mouvement vertical d'ascension est assuré par des guides en fer, le long desquels roulent des galets, fixés à la cloche sur différents points de sa circonférence. Autrefois on les disposait suivant les rayons, ce qui exposait la cloche à des déformations.

Aujourd'hui ces galets sont placés tangentiellement à cette circonférence, comme le représente la figure 45. Elle montre ces galets tangentiels montés deux par deux sur des patins en fonte, qui eux-mêmes sont boulonnés sur la tôle de la cloche. Le guidage, figuré dans ce dessin, est un fer à T maintenu vertical au moyen d'entretoises en fer dont l'extrémité est fixée sur les colonnes de guidage en fonte d'un gazomètre avec cuve en maçonnerie.

La figure 47 donne en élévation une de ces colonnes avec son mode d'attache sur la margelle du gazomètre.

Cette dernière figure représente un dispositif de cloche de gazomètre, dit *télescopique,* employée lorsque l'espace dont on dispose est trop restreint pour donner un grand diamètre aux gazomètres. Ces cloches télescopiques sont formées de plusieurs anneaux cylindriques, s'agrafant les uns aux autres par une gorge hydraulique, construite à la partie inférieure de chacun d'eux, de sorte que, lorsque l'anneau supérieur qui est fermé par une calotte sort de l'eau par la pression du gaz, il accroche l'anneau inférieur et l'enlève à son tour. Les

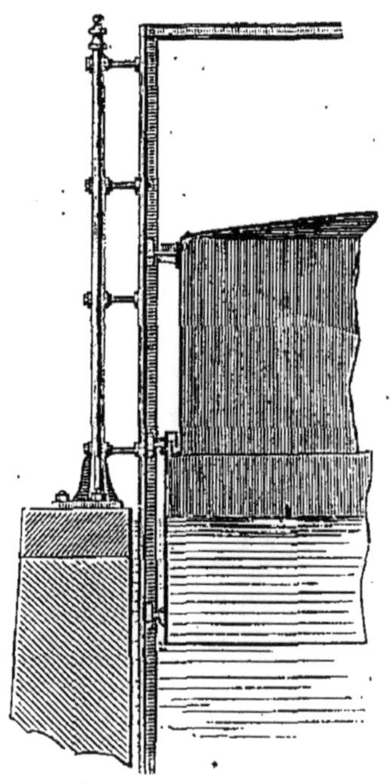

Fig. 47.
Cloche télescopique.

gorges forment joint hydraulique, et une cuve de gazomètre peut ainsi contenir la valeur de plusieurs cloches du système ordinaire. Le cadre de cet ouvrage ne nous permet de fournir que des indications très générales sur la construction des gazomètres; nous ne pouvons que renvoyer aux ouvrages spéciaux pour les détails pratiques de leur installation. On donne ordinairement aux gazomètres une capacité égale aux trois quarts de la consommation journalière maxima; la hauteur de la cuve est égale à celle de la cloche. Les parois de la cloche sont en feuilles de tôle de 2 à 3 millimètres d'épaisseur, très soigneusement rivées entre elles. Les dimensions de ces appareils sont quelquefois considérables. Il existe à Liverpool un gazomètre de 80 mètres de diamètre, contenant 87 000 mètres cubes de gaz; mais une usine doit plutôt répartir le cube de gaz qui lui est nécessaire entre plusieurs appareils, pour les cas de réparations.

La pression exercée sur le gaz par la cloche dépend du rapport du poids de cette cloche à sa section horizontale. On détermine cette pression d'avance, d'après les conditions d'écoulement du gaz dans les canalisations. La pression du gaz à l'extrémité de ces canalisations ne devrait jamais être inférieure à 30 millimètres d'eau.

Les anciens gazomètres étaient établis en tôles plus épaisses que ceux que l'on fait maintenant; aussi fallait-il souvent les équilibrer par des contrepoids; aujourd'hui on évite ce genre d'accessoires en construisant des cloches plus légères et mieux proportionnées.

Ici se termine la fabrication du gaz proprement dite. Nous avons vu comment il était produit, épuré et emmagasiné. Nous allons dire quelques mots des appareils et moyens employés pour le distribuer aux consommateurs et pour l'utiliser. Nous serons obligé d'en donner surtout une description sommaire, car la discussion de leurs conditions d'établissement et de fonctionnement nous entraînerait en dehors des limites que nous devons nous imposer dans cet ouvrage.

Distribution du gaz aux consommateurs.

La distribution du gaz a lieu de deux manières différentes : soit en le portant dans des voitures après l'avoir comprimé, c'est alors du *gaz portatif* [1], soit en l'envoyant aux points où il doit être consommé en le refoulant dans des tuyaux de conduites, au moyen

---

1. Le gaz portatif a sa raison d'être lorsque les dépenses de canalisation sont hors de proportion avec les quantités de gaz à débiter.

de la pression qu'exerce sur lui le gazomètre, c'est du *gaz courant*.

Le gaz portatif est un gaz généralement à titre très élevé, produit de la distillation de certains schistes bitumineux dont le type est le boghead qui provient d'Écosse. Pour un même volume consommé, il a un pouvoir éclairant beaucoup plus considérable, afin qu'on puisse transporter une plus grande valeur de gaz pour un même poids mort du matériel de transport. Ce matériel se compose de voitures contenant des cylindres en tôle dans lesquels le gaz est comprimé à l'usine, à une pression de 10 à 12 atmosphères. On le conduit sous ce volume réduit jusque chez les consommateurs où on le laisse se détendre, soit dans des réservoirs analogues aux cylindres des voitures, soit dans de petits gazomètres. Lorsqu'il est détendu dans des cylindres il se trouve emmagasiné sous une pression de 5 à 6 atmosphères qui serait trop élevée pour qu'on pût le brûler directement; on lui fait alors traverser un appareil appelé *régulateur* qui le laisse sortir à la pression strictement suffisante pour les besoins de l'éclairage.

La fabrication du gaz portatif, qui avait été très perfectionnée par d'Hurcourt et Hugon, s'était pendant quelque temps développée en France et à l'étranger (Bordeaux, Orléans, Tours, Bruxelles, Namur, Barcelone, Gênes, Venise et Moscou); mais ce moyen de transport oblige à vendre le gaz à un prix trop élevé pour que les usines à gaz portatif puissent subsister en présence des usines à gaz courant; son application n'est restée possible que dans des cas absolument exceptionnels.

Le transport par canalisations a lieu dans une série de tuyaux qui atteignent le développement nécessité par les demandes des consommateurs auxquels les usines sont obligées de fournir le gaz en raison des conditions de leurs cahiers des charges. Cette dépense absorbe une grosse partie du capital d'établissement des usines. Aussi les constructeurs ne sauraient-ils apporter trop de soin à l'installation des canalisations pour ne pas avoir à les remanier plus tard. On a essayé pour les conduites de gaz les tuyaux en poterie, en bois, en ciment, même en papier goudronné; mais aujourd'hui on ne se sert plus que de tuyaux en fonte ou en tôle bitumée pour les canalisations, et de tuyaux en plomb ou en fer pour les branchements. En effet, les conditions dans lesquelles sont établies les canalisations exigent qu'elles résistent à l'écrasement et à l'oxydation ; elles doivent cependant conserver une certaine souplesse, pour que les dilatations et les contractions, provenant des différences de température, puissent se produire. Les tuyaux en fonte sont les plus solides et présentent les meilleures garanties de durée, mais leur prix de revient est plus élevé que celui des tuyaux en tôle bitumée.

Pour obtenir de bons tuyaux en fonte, la première condition est relative à la qualité de la fonte qui doit être facilement liquéfiable, dure et étanche. Aujourd'hui on coule généralement les tuyaux debout ; dans l'ancien procédé de coulée horizontale, le noyau fléchissait quelquefois, et les gaz et vapeurs s'échappaient plus difficilement. Les parois des tuyaux doivent être d'égale épaisseur sur toute leur longueur et toute leur circonférence ; ils ne doivent, bien entendu, présenter aucune soufflure ni cassure. On peut s'assurer de leur étanchéité par un essai qui s'exécute en comprimant de l'eau jusqu'à une pression de 10 atmosphères dans l'intérieur des tuyaux fermés aux deux bouts. Les tuyaux en fonte ne diffèrent entre eux que par le mode d'assemblage employé pour les réunir. Parmi un grand nombre de moyens de jonction proposés successivement, les plus employés sont les suivants.

Les tuyaux à *emboîtement* (fig. 48) portent à une extrémité une partie plus large appelée emboîtement dans laquelle on fait entrer le bout du tuyau suivant qui est droit et n'a qu'un simple bourrelet de fonte à cette extrémité. Dans l'espace resté libre entre le tuyau et l'emboîtement, espace un peu plus grand que l'épaisseur du bourrelet de fonte, on fait entrer de la corde ou de l'étoupe goudronnée, en forçant au moyen d'un matoir ; puis, tout autour de l'entrée, on fait un bourrelet en terre glaise, où l'on ménage une ouverture en entonnoir par laquelle on coule du plomb fondu qui remplit le vide entre les deux tuyaux ; comme le plomb se contracte en se refroidissant, on le mate avec soin jusqu'à refus.

Bien que ce joint laisse une certaine latitude à la dilatation et à la contraction que produisent les différences de température, il arrive quelquefois que le plomb s'écrase, surtout par suite de tassements, et que le joint cesse d'être étanche.

Pour remédier à l'inconvénient que présente le plomb, on a pensé à employer comme joint le caoutchouc, et en effet beaucoup de canalisations sont établies

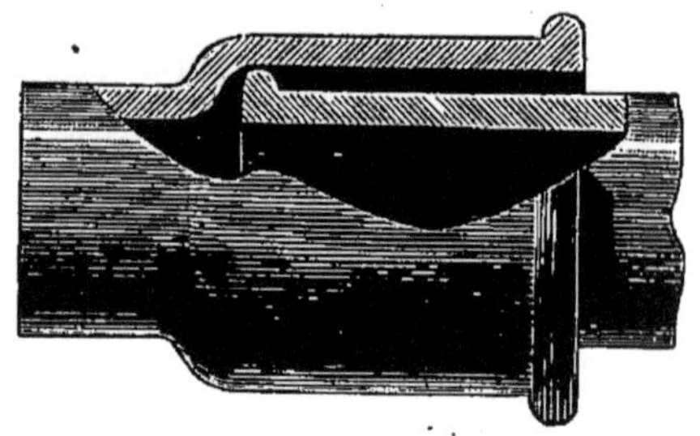

Fig. 48. — Tuyaux à emboîtement.

aujourd'hui avec ce moyen de jonction. Nous citerons, parmi les dispositifs usités, le système Petit très simple et très pratique (fig. 49). Les deux tuyaux sont disposés avec un emboîtement très peu profond et une rondelle en caoutchouc à section carrée est interposée entre les extrémités qui sont munies d'oreilles doubles opposées diamétralement les unes aux autres et venues de fonte avec les tuyaux. La pose est très simple ; voici l'instruction donnée par la société des *Forges de Brousseval* qui fabrique spécialement ces tuyaux.

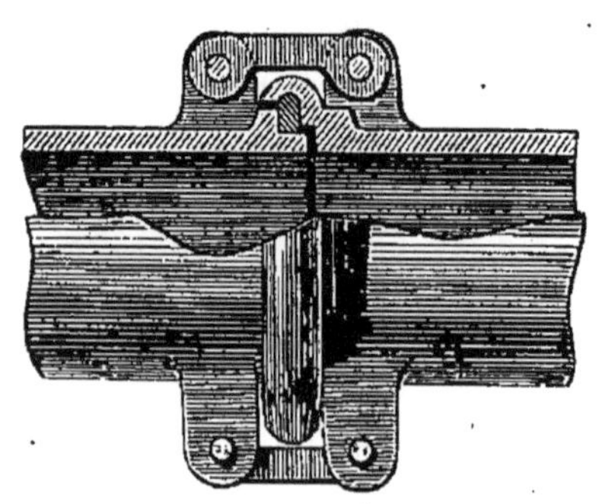

Fig. 49. — Joint Petit.

« On pose les tuyaux de façon que les oreilles soient placées verticalement. Cette opération est facilitée au moyen d'une cale en bois qu'on reporte successivement au-dessous de chaque extrémité mâle.

Ceci terminé, il faut graisser les quatre broches, placer la rondelle de caoutchouc sur le bout mâle du tuyau, présenter le bout femelle en l'inclinant légèrement, fixer la patte supérieure au moyen de deux broches enfoncées à moitié, appuyer fortement sur l'extrémité libre du tuyau à poser, en ayant soin de placer la main au-dessous du joint, pour maintenir la rondelle en place, ramener les tuyaux dans la position horizontale, placer la deuxième patte, enfoncer les broches du dessus et du dessous à fond et l'opération est terminée. »

Il faut que la rondelle de caoutchouc soit comprimée convenablement, le serrage s'effectue avec des broches plus ou moins fortes, au choix de l'ouvrier poseur.

L'emploi du tuyau comme levier est un moyen très simple et très puissant qui permet une pose facile et rapide. Ce système de jonction résiste à des pressions considérables qui ne sont pas nécessaires pour le gaz, il est vrai, mais qui permettent de faire l'épreuve des conduites avec beaucoup de sécurité ; cette épreuve est une garantie sérieuse pour l'avenir.

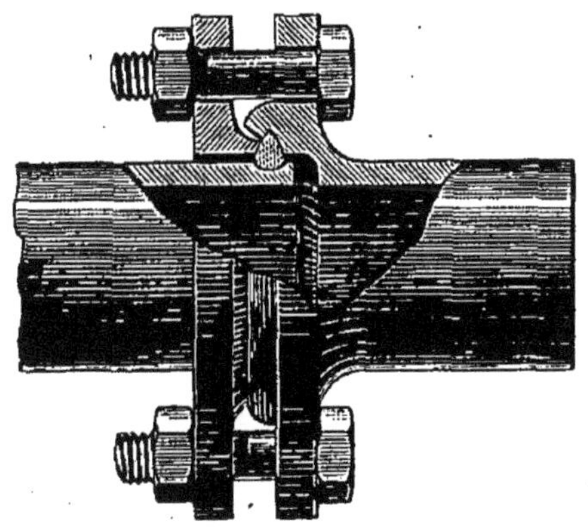

Fig. 50. — Joint Lavril.

Le système Lavril, modification du précédent, est représenté figure 50. Le joint s'effectue, en introduisant l'extrémité du tuyau simple, portant la bague de caoutchouc fixée dans une rainure peu profonde, dans l'emboîtement du tuyau femelle. Le tuyau femelle porte des oreilles fixes et le bout mâle reçoit une bride mobile qui glisse autour du tuyau. On réunit la bride mobile aux oreilles fixes par des boulons, dont le serrage vient comprimer la bague de caoutchouc à la fois autour du bout mâle et au fond de l'emboîtement. Il faut avoir soin, pour que le joint soit étanche, de serrer bien régulièrement les deux boulons qui produisent le serrage de la bride mobile et par suite la compression du caoutchouc.

Nous devons également noter parmi les modes de jonction des tuyaux le dispositif de la figure 50, dit joint Delperdange, remarquable par sa simplicité. Les tuyaux sont simplement terminés par un petit bourrelet circulaire (que l'on peut même quelquefois suppriiner). Une bande de caoutchouc vulcanisé enveloppe le joint qui est assuré et fixé par le serrage d'un collier en fer recouvrant cette bande. Une petite plaque de tôle est placée sous les joints du collier, afin d'éviter que le caoutchouc n'y soit refoulé.

Ces systèmes de tuyaux, en dehors de la flexibilité qu'ils donnent aux canalisations, présentent l'avantage de pouvoir être démontés facilement, sans qu'on soit obligé d'en casser une partie, comme cela arrive avec les joints au plomb. Au bout de peu de temps le caoutchouc est superficiellement attaqué au contact de la fonte à laquelle il se colle et produit une jonction absolument parfaite.

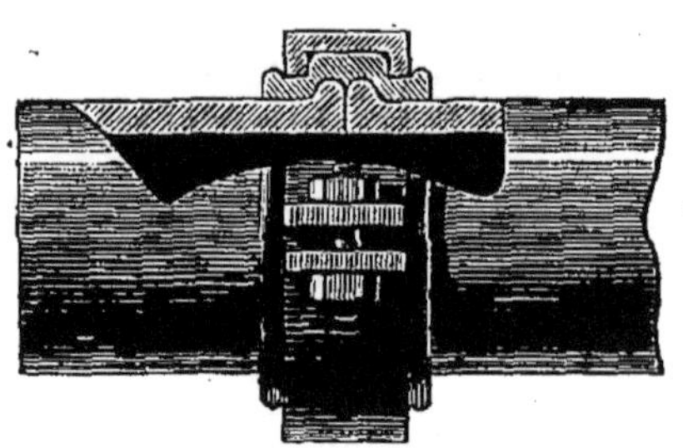

Fig. 51. — Joint Delperdange.

On a essayé en Angleterre et à Hambourg de poser les tuyaux sans aucune substance intermédiaire pour faire joint; la figure 52 représente ce système de tuyaux, dans lesquels le bout mâle tourné entre exactement dans le bout femelle alésé. Au moment de la pose, les bouts doivent être absolument exempts de rouille et de toute matière étrangère adhérente. On les graisse avec un chiffon enduit de peinture à la céruse, puis on enfonce les deux tuyaux l'un dans l'autre avec un maillet en bois. La condition essentielle pour que le joint soit bien étanche est la perfection de l'alésage et du tournage des parties qui s'emboîtent l'une dans l'autre.

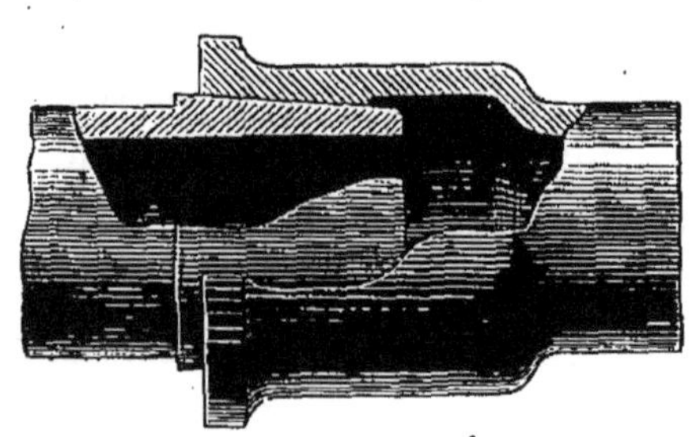

Fig. 52. — Joint anglais.

On a essayé de combiner ce joint avec un joint au plomb en pratiquant deux rainures correspondantes dans chacun des tuyaux. Par un trou supérieur on coule du plomb qui remplit les rainures et forme un anneau tenant à moitié dans chacun des tuyaux.

Au lieu du plomb, si l'on place entre les deux tuyaux une bague de caoutchouc, on obtient un joint (fig. 53) qui, perfectionné par divers inventeurs, a donné d'excellents résultats et présente une grande simplicité, mais moins de solidité que les systèmes Petit ou Lavril.

Un très bon dispositif dans cet ordre d'idées est le joint Somzée représenté figure 54. Le bout mâle est conique et porte à son extrémité deux bourrelets entre lesquels on place un anneau en caout-

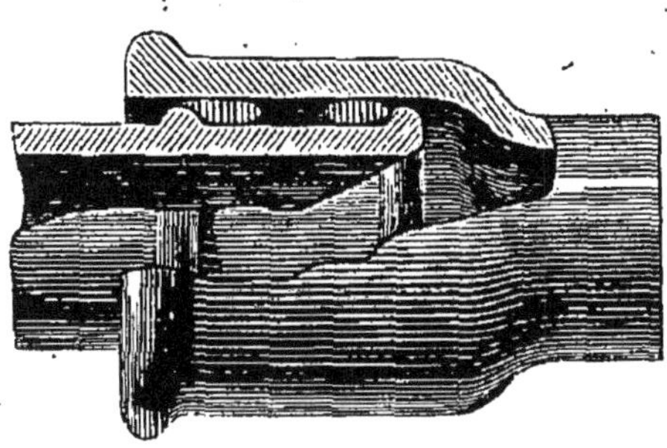

Fig. 53.
Joint avec bague en caoutchouc.

chouc. L'extrémité antérieure de l'emboîtement est taillée en biseau et derrière cette partie inclinée se trouve un cercle plat. Lorsque l'on monte les tuyaux, le caoutchouc se roule autour du bout mâle et finit par remplir complètement le vide de l'emboîtement.

Les tuyaux en fonte étaient chers surtout il y a quelques années; non seulement à cause du prix de la fonte elle-même, mais parce que les fonderies n'étaient pas outillées comme elles le sont à présent pour fabriquer des tuyaux plus légers et à bien meilleur compte; aussi les tuyaux en tôle bitumée inventés par M. Chameroy eurent-ils un succès d'autant plus grand qu'ils donnent de bons résultats lorsqu'ils sont bien posés. Ces tuyaux sont fabriqués avec de la tôle mince de 1 à 2 millimètres d'épaisseur, selon le diamètre. Cette tôle est étamée, enroulée en tuyaux, rivée

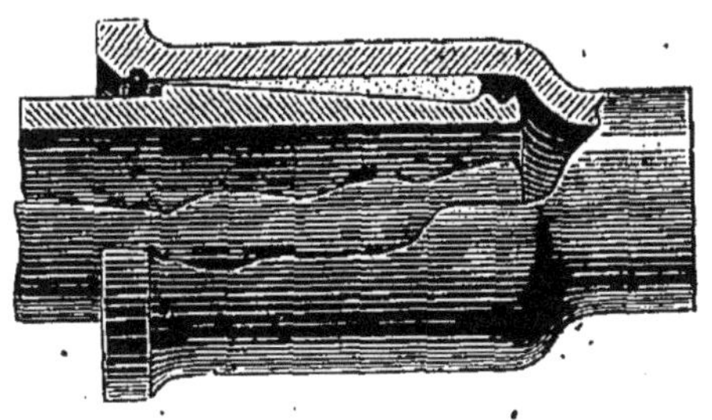

Fig. 54. — Joint Somzée.

et soudée; puis on les entoure avec de la ficelle et on les roule sur une table recouverte d'une couche de bitume mélangé de sable de rivière; le bitume adhère à la ficelle et au tuyau et l'enveloppe ainsi d'une couche préservatrice de 1 à 2 centimètres d'épaisseur selon le diamètre.

L'assemblage de ces tuyaux se faisait primitivement avec un joint à vis. Ce joint, formé d'un manchon adhérent à la tôle, était fileté à une extrémité d'un tuyau et taraudé à l'autre. Les manchons à vis étaient composés d'un alliage de plomb et d'antimoine fondu sur le tuyau lui-même.

Cette jonction donnait trop de rigidité aux canalisations et on lui a substitué le *joint précis* représenté fig. 55. Au lieu de manchons filetés, les extrémités des tuyaux reçoivent des manchons lisses dans lesquels sont seulement pratiquées deux gorges, qui reçoivent de la ficelle cirée ou graissée avec un mélange de plombagine et de saindoux.

Les tuyaux sont emboîtés à coups de marteau ; dès qu'ils sont posés, on a soin de les recouvrir en partie de terre, afin que l'installation des conduites suivantes ne les ébranle pas.

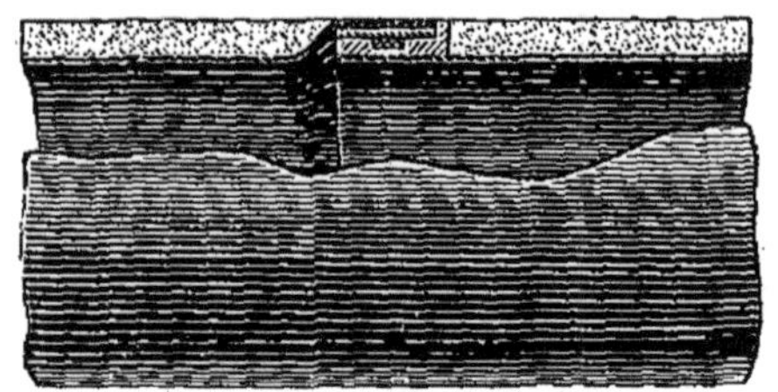

Fig. 55. — Joint précis.

Ces tuyaux résistent bien dans un sol sablonneux et sec, tandis que leur durée est très limitée dans les sols humides. Les prises de gaz doivent être faites très soigneusement et bien soudées sur le tuyau, puis recouvertes exactement de mastic de bitume fondu ; sinon l'altération du tuyau se produit très vite à ces prises.

L'industrie du gaz emploie encore, pour ses canalisations, des tuyaux en fer et des tuyaux en plomb ; mais ils ne peuvent être recommandés que pour les branchements.

La figure 56 donne un spécimen des moyens de jonction employés pour les conduites en fer ; le dessin n'a pas besoin d'explications. Ces tuyaux en fer, aujourd'hui bien établis, sont très faciles à poser en raison de la régularité de leur fabrication. Il y a lieu d'employer le fer de préférence au plomb dans tous les endroits où le plomb pourrait être écrasé ou endommagé d'une façon quelconque.

Les tuyaux en plomb servent surtout pour les installations de gaz dans les maisons. Si l'on emploie le plomb pour un branche-ment sous le sol, il faut le poser sur une planchette goudronnée et il est souvent bon de garantir le dessus avec des voliges ou des tuyaux en poterie. Les tuyaux de plomb ne doivent jamais être scellés avec du ciment qui altère le métal.

Toutes les canalisations sont posées dans des tranchées pratiquées à une certaine profondeur dans le sol des rues où le gaz doit être conduit. Il faut avoir soin de faire ces tranchées assez pro-fondes pour que la circulation des lourdes voitures ne les ébranle pas. On ne devrait jamais poser de tuyaux de gaz à une profondeur inférieure à 0^m,80. La terre enlevée pour la fouille doit être pilonnée avec soin lorsqu'on la remet dans la tranchée.

Quand on a décidé, lors de la construction d'une usine, quel système de tuyaux doit constituer la canalisation, il y a lieu d'en déterminer les dimensions, ou plutôt simplement le diamètre, car les longueurs et les dimensions de détail des tuyaux sont l'affaire du fabricant. Le diamètre des tuyaux dépendra évidemment du volume de gaz à débiter, pendant un temps donné. Or il est assez difficile de déterminer d'avance quelle sera la con-sommation d'une ville où l'on installe une usine. La comparaison avec des usines analogues ne don-nera qu'une approximation momentanée, car on ne peut que difficilement prévoir le développement qu'un pays peut prendre. Il vaut donc mieux compter sur un débit plus élevé que trop réduit et ne tenir que pour très vague l'indication donnée par les engagements d'abonnement. Cependant, d'autre part, on ne peut immobiliser un trop gros capital qui ne donnera un intérêt rémunérateur que dans un temps indéterminé. On devra, tout

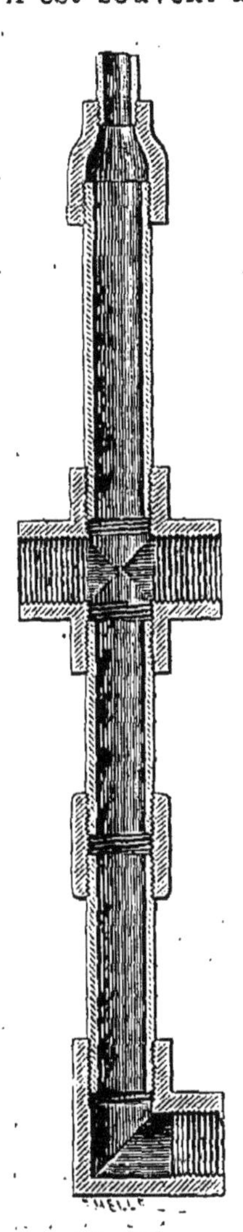

Fig. 56.
Conduite en fer.

d'abord, calculer la consommation des lanternes de ville, puis admettre une consommation moyenne par mille habitants et compter que ce chiffre ne sera guère atteint avant huit ou dix ans. A Paris, pour une population de 2 300 000 habitants la consommation a été en 1885 de 286 millions de mètres cubes, soit environ 12 mètres par habitant; mais ce chiffre est plus élevé que la moyenne obtenue dans des villes moins importantes. En général, on admet que l'accroissement de la consommation peut atteindre 8 pour 100 par an.

Quant à la direction à donner aux conduites principales, elle dépend absolument des circonstances locales; mais en tout cas on a tout avantage à fermer le circuit des conduites, c'est-à-dire à les établir de façon qu'elles forment un réseau fermé dans lequel un tuyau sur lequel a lieu une forte dépense de gaz soit secouru par un autre où elle est moins élevée.

La vitesse avec laquelle le gaz s'écoule dans une conduite d'une section donnée dépend de la pression qu'exerce la cloche sur le gaz, mais cette pression est naturellement limitée en pratique par les conditions de la fabrication et même, en général, on prend comme pression de sortie une pression réduite, au moyen d'un régulateur qui permet de pouvoir forcer le débit, s'il y a lieu, en donnant toute la pression que peut produire la cloche.

Mais le gaz en circulant dans les tuyaux perd de sa vitesse par le frottement le long des parois, par les coudes, les étranglements, etc. Cette réduction de vitesse correspond à une diminution de pression, à une *perte de charge,* qui est proportionnelle à la longueur des tuyaux, en raison inverse de la section et croît très rapidement avec la vitesse du gaz. On n'a pu encore déterminer ces diverses conditions d'écoulement avec une précision suffisante, pour que l'on puisse calculer, d'après la théorie seule, le débit des conduites; aussi se sert-on, en pratique, de formules empiriques ou des tables calculées par M. Arson ou par M. Monnier. Étant donnée une conduite à poser, on en mesure la longueur, la perte de charge, d'après les conditions locales et le débit auquel elle doit suffire, et au moyen de ces tables on détermine le diamètre à lui donner.

Ainsi le gaz emmagasiné à l'usine dans les gazomètres peut être rendu chez un consommateur, soit en le transportant dans des voitures comme gaz portatif, soit en le faisant passer dans des tuyaux comme gaz courant. C'est une question de prix de revient d'après les dépenses d'installation. Il arrive souvent que l'un et l'autre moyen sont trop coûteux et, si l'on veut employer le gaz pour l'éclairage, le chauffage ou la production de force motrice, il est plus avantageux de le fabriquer sur place; c'est un calcul à faire. En Angleterre, où les conditions de fabrication sont meilleures qu'en France, et où le gaz revient meilleur marché par suite du prix moins élevé du charbon, on n'hésite pas dans tous les points où le gaz ne peut pas arriver par les conduites des usines existantes, à établir de petites usines privées, d'un fonctionnement très simple; nous avons été appelé à établir de ces petites usines dans lesquelles le matériel, réduit à sa plus grande simplicité, peut être dirigé par le premier domestique ou ouvrier venu. La figure 57 représente un modèle d'une installation de ce genre construite par nous et qui comprend un ensemble complet de fabrication : fourneau (avec foyer, cornue, barillets), condenseur, laveur, épurateur et gazomètre.

Une telle usine peut être établie pour des fabrications depuis 5 mètres cubes par jour. Le gaz obtenu ainsi revient plutôt moins cher qu'en l'achetant aux usines.

Les appareils accessoires de la canalisation.

Le gaz, fabriqué et distribué dans une ville, est amené au pied des maisons où il doit être consommé. Mais, pour qu'il soit brûlé d'une façon avantageuse, il doit arriver aux brûleurs dans certaines conditions de pression et de régularité que des appareils accessoires spéciaux sont chargés de lui assurer.

Régulateur d'émission. — Commé nous le disions plus haut,

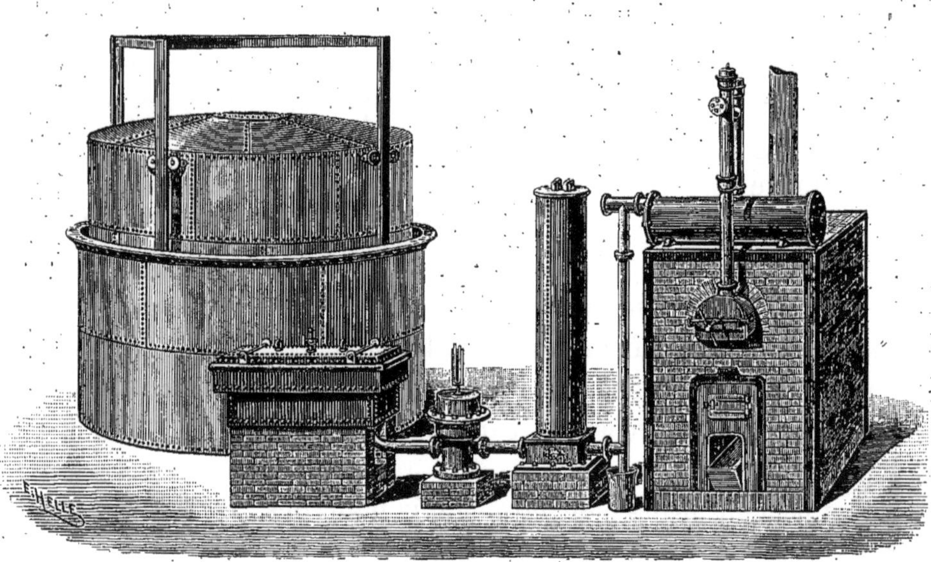

Fig. 57. — Modèle d'une petite usine à gaz particulière.

les appareils qui brûlent le gaz sont établis pour une pression déterminée, qui doit être maintenue aussi régulière que possible dans
les conduites de distribution. Ce résultat est obtenu au moyen du
régulateur d'émission, placé à la sortie de l'usine. C'est encore à
Clegg que l'on doit l'invention de cet appareil, dont le principe
est toujours resté le même malgré
certains perfectionnements de
détail. Le régulateur doit d'abord
maintenir automatiquement la
constance de la pression, quelle
que soit la consommation de gaz
le long de la canalisation. Il doit
ensuite pouvoir maintenir constantes toutes les pressions que
l'on peut juger utile de donner au
gaz dans cette canalisation. La
figure 58 représente le régulateur
établi par MM. Nicolas et Chamon,
d'après le principe de Clegg, et
fait comprendre comment sont
réalisés ces desiderata. Cet appareil se compose essentiellement
d'une cloche cylindrique à flotteur, en équilibre dans une cuve
remplie d'eau, et supportant, à
l'aide d'une tige centrale, un
obturateur, allongé en forme de

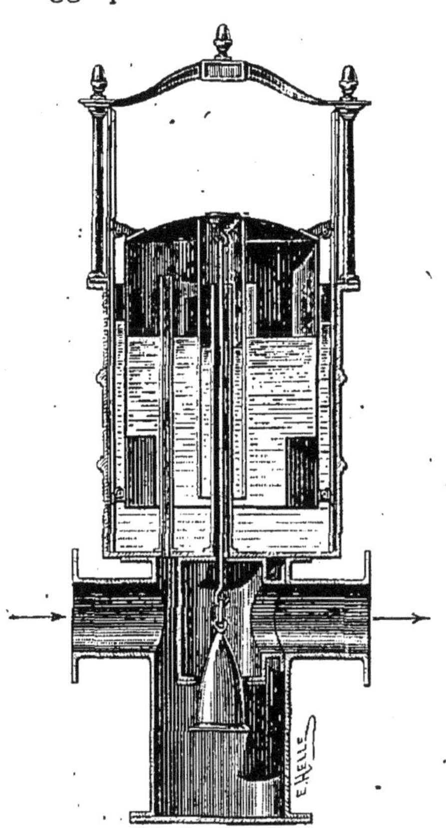

Fig. 58. — Régulateur d'émission.

cône, qui vient s'engager dans un tuyau amenant le gaz du gazomètre. Le gaz passant entre le cône et son siège soulève la cloche
jusqu'à une certaine position d'équilibre, puis vient alimenter la
conduite d'émission. On comprend facilement que, dans ces conditions, le gaz s'écoulera sous une pression constante, quelles
que soient, du reste, les variations de pression avant le cône d'admission ou après.

Pour faire varier la pression, il suffira d'ajouter ou de retrancher du poids à la cloche.

La régularité de son fonctionnement dépend de trois conditions principales :

1º Le cône doit avoir la plus grande course possible ;

2º Il doit avoir la forme parabolique allongée au lieu de la forme conique ;

3º La cloche doit avoir la section maxima.

Les régulateurs doivent être munis d'un by-pass, qui permette de les mettre en dehors du circuit du gaz.

Régulateurs d'abonnés. — Le régulateur de l'usine maintient une pression constante au départ du gaz de l'usine, mais il arrive forcément que si dans une maison un bec continue à brûler, lorsqu'on en éteint une série dans son voisinage, il donne une flamme exagérée jusqu'au moment où le régulateur de l'usine aura rétabli une pression normale, et il faut pour cela un temps assez long ; ou, inversement, un bec, réglé pour un débit déterminé, baissera et la pression extérieure changera par suite d'accroissement de consommation dans les appareils voisins. On remédie à ces inconvénients en plaçant chez les abonnés de petits régulateurs (fig. 59) dont le principe est le même que celui des régulateurs d'usine, mais qui sont enfermés dans une boîte en tôle pour les mettre à l'abri des chocs et de la poussière.

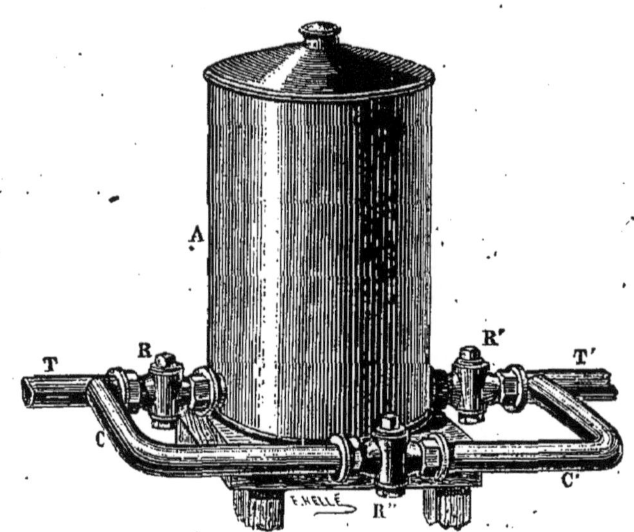

Fig. 59. — Régulateur d'abonné.

Siphons. — Le gaz sortant des gazomètres est toujours chargé d'une plus ou moins grande quantité de vapeurs qui se condensent dans les canalisations, où elles trouvent, surtout l'été, une température inférieure à celle de la cloche. Il faut donc pouvoir enlever les liquides condensés, qui finiraient par obstruer la canalisation. Pour cela, lors de la pose des conduites, on a soin de leur donner une certaine pente, soit en suivant celles des rues où elles sont placées, soit en donnant dans les rues horizontales une plus grande profondeur aux tranchées à une extrémité qu'à une autre. Dans tous les points bas on place un siphon ou pot en fonte qui reçoit les liquides condensés.

Nous donnons (fig. 60) un modèle de siphon complet d'après l'excellent manuel pratique des directeurs d'usines à gaz de M. Coudurier.

Vers le milieu et à gauche, se trouve la conduite du gaz au-dessous de laquelle le branchement du siphon est fixé au moyen d'une bride. Un tube vertical, plongé presque jusqu'au fond du pot, sert à en extraire l'eau au moyen d'une pompe. A la partie supérieure de l'appareil un bouchon de regard, monté sur une tête en fonte, permet la visite du siphon.

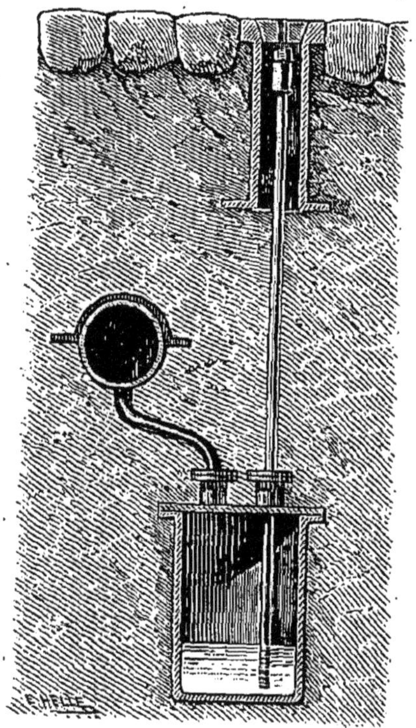

Fig. 60. — Siphon.

Les siphons doivent être visités très régulièrement et vidés avec soin sous peine de voir des conduites interceptées par l'eau. En général, les siphons les plus rapprochés de l'usine sont ceux qui reçoivent le plus d'eau. Un siphon qui se remplit d'une façon anormale indique une rupture dans la canalisation ; en effet, les eaux de pluie pénètrent alors par la fissure produite et viennent s'ajouter aux eaux de condensation.

Vannes. — Enfin il est toujours bon de pouvoir isoler les uns des autres les diverses parties d'une canalisation, afin de pouvoir faire des réparations ou de parer aux accidents; pour cela on pose de distance en distance des vannes manœuvrées du sol avec une clef ou placées dans un regard accessible. La figure 61 représente une vanne Séraphin, qui constitue un des modèles les meilleurs et les plus répandus. Ce genre de vanne est également ment employé dans tous les appareils de fabrication des usines.

Régulateurs de district. — Si nous continuons à suivre les conduites et à examiner les divers accessoires qu'elles comportent dans le but d'assurer la circulation du gaz dans des conditions convenables, nous trouvons encore un appareil de régulation, le régulateur de district. En effet, le gaz dont la pression est déterminée à l'usine et chez les abonnés subit quelquefois ce que l'on appelle des à-coups par suite d'allumage ou d'extinction subits du gaz, dans un grand établissement, par exemple; et pour empêcher que la secousse ne se transmette dans toute la canalisation, on place sur le parcours un régulateur qui a pour but non seulement de préserver les quartiers environnants des irrégularités d'éclairage, mais encore de ramener dans les limites voulues la pression dans le district visé. La figure 62 représente un des meilleurs appareils que l'on puisse employer dans ces conditions, à cause de sa sensibilité; c'est le régulateur de Giroud. Son principe est le même que celui des régulateurs déjà décrits. On devra remarquer dans ce système : les compensateurs qui neutralisent les effets de l'immersion; le guidage qui, se faisant par le centre, permet au flotteur de se mouvoir sans frottement appréciable; enfin la présence de très petites ouvertures, permettant à l'air de pénétrer dans une seconde enveloppe qui entoure la cloche supérieure; l'air

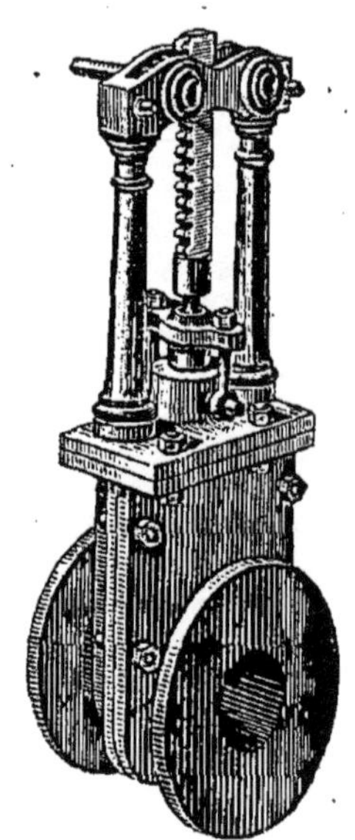

Fig. 61.
Vanne Séraphin.

ne pouvant ainsi pénétrer que très lentement dans cette enveloppe, on évite de cette façon les mouvements brusques du régulateur. Cet appareil sert également bien comme régulateur d'usine ; nous en avons placé ici la description parce que nous estimons que par l'emploi de bons régulateurs de ce genre, judicieusement répartis sur le parcours d'une canalisation (précaution trop souvent négligée), on pourra toujours empêcher les brusques mouvements des flammes de gaz, si désagréables pour les consommateurs ; les lanternes municipales fonctionneraient aussi plus régulièrement et enfin ces appareils remédieraient aux variations de pression qui, dans une ville un peu accidentée, proviennent des différences de niveau des canalisations.

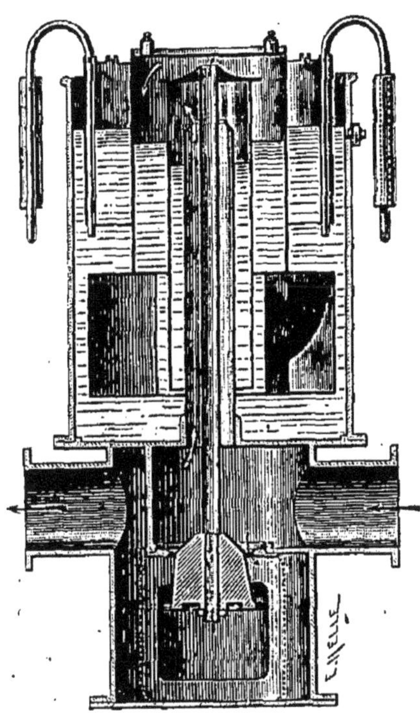

Fig. 62. — Régulateur Giroud.

Branchements. — Ainsi nous voyons le gaz circuler librement dans les canalisations pourvues de siphons et de vannes, avec une pression à peu près constante, grâce aux régulateurs ; il faut maintenant le faire pénétrer chez les consommateurs au moyen de branchements qui viennent le prendre à la conduite principale. Étant déterminé le point où sera placé le compteur chez le consommateur de gaz, on ouvre la chaussée à peu près en face de ce point jusqu'au niveau de la canalisation, en ayant soin d'établir le fond de la tranchée en pente régulière. On déroule ensuite le tuyau de plomb depuis le compteur jusqu'à la conduite, en le posant bien régulièrement sur des planchettes en bois goudronné, et on procède à l'établissement de la prise.

La prise de gaz peut se faire de plusieurs façons selon la nature de la canalisation. Quand cette dernière se compose de tuyaux bitumés, on dégarnit le tuyau de son enveloppe de bitume sur une surface suffisante, on nettoie la tôle avec soin et on en vérifie l'étamage que l'on refait s'il le faut (en employant de la résine ou de la bougie pour décaper la tôle et non de l'acide chlorhydrique). On pratique dans la tôle, avec une mèche spéciale, un trou d'un diamètre égal à celui que présente à l'extérieur le branchement en plomb. On engage légèrement l'extrémité de ce dernier dans la conduite et on fait tout autour une soudure à empâtement. Toute cette petite opération exige une certaine dextérité à cause du gaz qui s'échappe par l'ouverture pratiquée dans la canalisation. Lorsque la soudure est faite, on mastique soigneusement à chaud la partie de conduite qui avait été découverte, ainsi que la soudure, puis on rebouche la tranchée.

Si la canalisation est en fonte, il se présente deux cas : ou bien il existe sur la conduite une tubulure à bride sur laquelle on vient fixer le plomb avec une contre-bride ou bien il n'existe pas de tubulure. Dans ce dernier cas, on perce le tuyau à

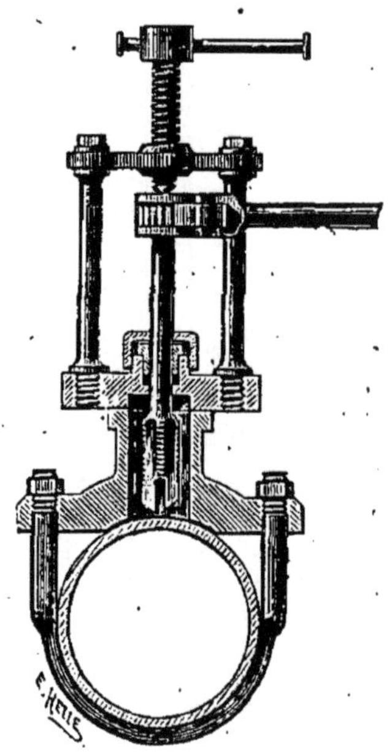

Fig. 63. — Appareil pour percer les conduites.

l'aide d'un bec d'âne ou mieux avec une mèche montée dans un appareil *ad hoc* (fig. 63), qui a l'avantage de faire un trou à bords nets et de la dimension voulue sans perte sensible de gaz. Cet appareil permet en outre de tarauder en même temps le tuyau de fonte, si l'on veut y visser un branchement en fer. Le dessin ne demande pas d'explications et montre suffisamment comment l'appareil est fixé provisoirement sur le tuyau pour procéder au perçage. Lorsque le trou est fait, pour y appliquer un tuyau de plomb, on démonte tout l'appareil en laissant la mèche en place, on prépare l'extrémité du tuyau de plomb en y enfilant d'abord un collier en fer spécial (fig. 64). On soude, à une distance de cette extrémité égale à l'épaisseur de la fonte, un collet en plomb. On applique

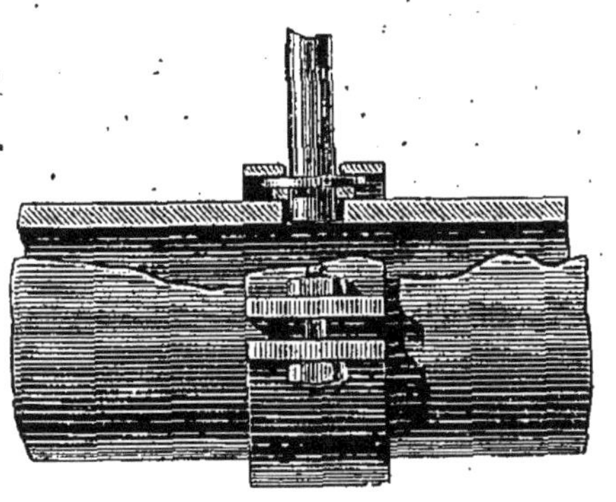

Fig. 64.— Collier en fer.

ensuite sous le collet une rondelle en cuir gras ou du mastic et on vient engager le bout du plomb à la place de la mèche qu'on enlève rapidement. On pose alors la seconde partie du collier en fer et les boulons, et l'on termine la prise en serrant ces derniers à fond ; puis on procède au remblai. Il est évident qu'il faut choisir une dimension de branchement convenable pour la quantité de gaz que l'on suppose devoir être débitée par ce branchement.

Robinet d'arrêt. — Le gaz pris sur la canalisation peut maintenant arriver chez le consommateur, mais entre le compteur et la canalisation on interpose au moins un robinet qui permet d'isoler la maison de la conduite de gaz. Ce robinet principal, représenté figure 65, est appelé *robinet d'arrêt* ; il est en cuivre pour les branchements dont les diamètres s'élèvent jusqu'à 50 ou 60 millimètres. Pour les diamètres supérieurs on emploie des robinets en fonte ou des vannes. Dans beaucoup de localités, on pose un second robinet dit *de sûreté* entre le robinet du compteur et la canalisation. Il est généralement placé à l'extérieur dans les soubassements des maisons ou les devantures des magasins. Il possède une clef spéciale qui est entre les mains des employés de l'usine à gaz, et qui permet d'ar-

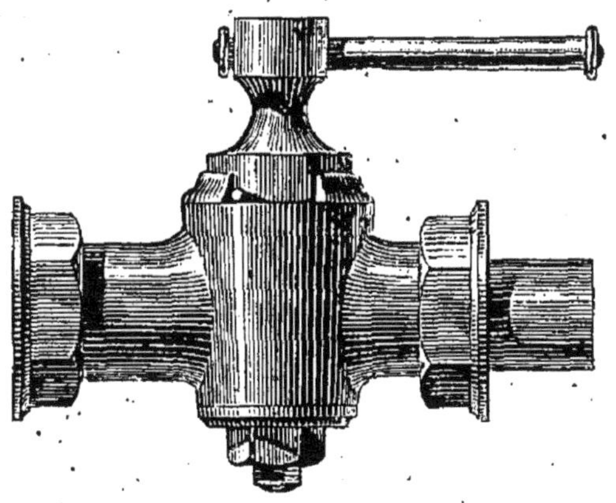

Fig. 65. — Robinet d'arrêt.

rêter à volonté la fourniture du gaz sans être obligé de couper le tuyau.

Manomètre. — Il est souvent utile de vérifier si le gaz arrive au compteur dans de bonnes conditions de pression, car quelque-fois d'anciens branchements sur lesquels on veut prendre du gaz sont obstrués. On s'assure de l'arrivée du gaz au moyen du manomètre dont le nom signifie mesureur de pression. Un manomètre (fig. 66) se compose essentiellement de tubes en verre ajustés dans une monture métallique qui les fait communiquer entre eux par la partie inférieure (ou bien encore d'un seul tube recourbé en U). L'extrémité supérieure de l'un des tubes est ouverte à l'air libre; l'extrémité de l'autre communique avec les conduites de gaz. Les deux branches étant à moitié remplies d'eau, le gaz exerce sa pression sur la surface de l'eau et la fait monter dans un tube pendant qu'elle descend dans l'autre; la mesure de la pression est donnée par la différence de niveau dans les deux branches, comptée en millimètres. Si donc lors de l'établisse-ment d'un branchement, après avoir fait la prise, on fait communiquer un manomètre avec le tuyau contenant le gaz, la pression de ce dernier sur l'eau sera indiquée par la dénivellation des colonnes d'eau.

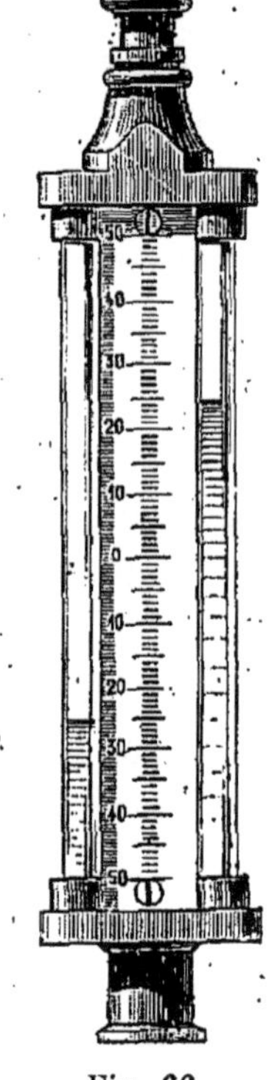

Fig. 66.
Manomètre.

Appareils indiquant les fuites. — Le mano-mètre sert en même temps d'indicateur de fuites. Aussi beaucoup de compagnies de gaz en prescrivent-elles l'emploi lors de l'installation du compteur et des appareils d'éclairage dans une maison. En effet, si tous les tuyaux, appareils d'éclairage et de chauffage, compteur, etc., sont posés régulièrement, si leurs robinets ferment bien, si les joints sont étanches et que l'on ouvre le robinet d'arrêt permettant l'arrivée du gaz dans les appareils jusqu'aux robinets fermés des brûleurs, le manomètre posé sur un point quelconque des tuyaux de la maison indiquera une certaine pression. Que l'on vienne ensuite à fermer le robinet d'arrêt, c'est-à-dire à supprimer la communication des tuyaux de l'installation particulière avec la canalisation où le gaz est toujours en pression, ce gaz renfermé absolument devra maintenir la colonne d'eau à la même hauteur, tandis que, s'il y a la moindre fuite, le gaz s'échappant, la pression diminuera et laissera l'eau prendre le même niveau dans les deux tubes du manomètre. Ce moyen de contrôle très simple devrait être plus fréquemment mis en usage et surtout mieux connu des abonnés qui éviteraient bien des accidents par son emploi.

Le gaz arrive donc jusqu'au point où il doit être consommé. Les usines à gaz livrent le gaz à l'entrée de la maison, les abonnés ont le droit de l'employer comme bon leur semble, pour l'éclairage, le chauffage et la production de force motrice, dans des appareils de leur choix et sous leur responsabilité. Nous allons passer en revue quelques appareils employés pour ces usages, mais auparavant nous devons savoir par quel moyen sera contrôlée la quantité de gaz fournie par l'usine au consommateur.

Compteur à gaz. — Comme nous l'avons vu, le gaz d'éclairage, au début de cette industrie, se vendait à forfait: les consommateurs s'abonnaient pour un certain nombre de becs devant brûler un certain nombre d'heures ; mais il y avait sans cesse des contestations parce que l'abonné pouvait prolonger clandestinement la durée de son éclairage ou bien employer des flammes de plus grandes dimensions qu'il n'était convenu ; aussi Clegg rendit-il à l'industrie du gaz un grand service en inventant le compteur dont la fonction est de mesurer et de compter en même temps le gaz livré aux abonnés. Ce gaz se vend généralement aujourd'hui au volume et se paye d'après le nombre de mètres cubes consommés.

Tout compteur à gaz se compose de deux organes: l'appareil mesureur, de capacité fixe, qui se remplit et se vide alternativement de gaz ; chaque remplissage est indiqué par l'appareil enregistreur. Il existe deux systèmes de compteurs, les compteurs humides employés en France presque exclusivement, et les compteurs secs

presque inconnus en France, mais assez répandus en Angleterre et
en Allemagne.

Compteur humide (fig. 67). — L'organe essentiel est le
volant, organe mesureur formé d'un tambour monté sur un arbre
horizontal et divisé en quatre compartiments par des cloisons planes
obliques sur l'axe. Il est suspendu dans une enveloppe contenant
de l'eau jusqu'à un certain niveau un peu supérieur à l'axe.

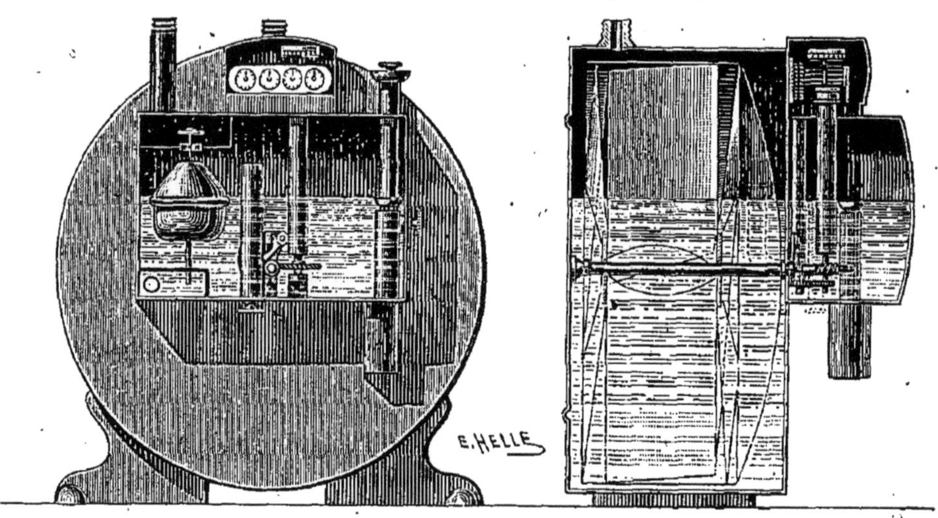

Fig. 67. — Compteur à gaz humide.

Chacun des compartiments porte deux fentes opposées diago-
nalement et pratiquées sur les deux faces du tambour; l'une d'elles
sert à l'entrée, l'autre à la sortie du gaz.

Les quatre fentes d'entrée placées du même côté du volant
sont recouvertes par une calotte métallique soudée tout autour sur
le tambour et portant au centre une ouverture circulaire dont le
bord supérieur est au-dessous du niveau de l'eau. Un tuyau
recourbé pénètre sous cette calotte par l'ouverture centrale et
amène le gaz dans l'espace compris entre la calotte et le tambour.
Dans cet espace le gaz trouve hors de l'eau l'ouverture de l'un des
compartiments, s'y introduit et, pressant sur la cloison, la soulève en

14

communiquant au volant tout entier un mouvement de rotation. Ce mouvement fait découvrir l'ouverture du compartiment suivant qui, commence à se remplir, pendant que le premier achève de s'emplir ; dès qu'il est complètement plein de gaz, l'ouverture d'entrée de ce premier compartiment s'immerge et un peu après, son ouverture de sortie commençant à émerger de l'eau, le gaz s'en échappe dans l'enveloppe extérieure qui est en correspondance avec les appareils d'éclairage. La seconde chambre continuant à se remplir entretient le mouvement et le premier compartiment s'enfonçant dans l'eau, le gaz en est entièrement expulsé pendant que le troisième compartiment se remplit à son tour et ainsi de suite. Le mouvement de rotation s'explique aisément en raison de la différence des pressions d'entrée et de sortie, cette dernière étant forcément plus faible, puisque le gaz trouve des ouvertures pour s'échapper, tandis qu'à l'entrée existe toujours la pression du gaz de la canalisation. Si le gaz ne trouve pas d'écoulement, c'est-à-dire si aucun brûleur n'est ouvert, il n'y a pas de mouvement de rotation et le compteur ne marche pas.

Le volant est fixé à un arbre central qui est entraîné dans le mouvement de rotation. A l'extrémité de cet arbre est disposée une vis sans fin qui engrène avec une roue dont l'arbre porte un pignon commandant à son tour une série d'engrenages. Sur les axes de ceux-ci sont fixées les aiguilles de cadrans dont les circonférences sont divisées de manière à indiquer le nombre de tours du volant et les multiples de ces tours. Quand on connaît la capacité du tambour et le nombre de révolutions indiqués par les aiguilles, il est facile de déterminer le volume de gaz qui a traversé le compteur. Du reste, la série des engrenages est calculée pour traduire le nombre de tours en mètres cubes.

Mais on comprendra d'autre part que la capacité des compartiments dépend du niveau de l'eau puisque la capacité mesurante est celle qui émerge. Si donc le niveau de l'eau montait ou descendait, le volume varierait. Comme le mouvement d'enregistrement n'indique que le nombre des rotations, il faut que la capacité des compartiments resté invariable. En effet, si la capacité mesurante augmentait par suite d'abaissement du niveau de l'eau, l'usine serait lésée puisque les mètres cubes qu'elle vend seraient en quelque sorte plus grands! Si au contraire le niveau de l'eau s'élevait, ce serait l'abonné qui, à son tour, y perdrait. On comprendra donc l'importance de la conservation de ce niveau.

L'eau s'introduit dans le compteur par un trou qui est fermé ordinairement par un bouchon à vis. Lorsque le compteur contient la quantité d'eau voulue, l'excédent s'écoule par une ouverture latérale également fermée par un bouchon à vis. Enfin un troisième bouchon que l'on aperçoit au-devant du compteur sert à vider les condensations qui peuvent se produire dans le tuyau amenant le gaz dans le volant. Pour éviter que le consommateur, connaissant trop bien la construction d'un compteur, essaye de frauder l'usine en augmentant la capacité mesurante par une suppression d'eau, une soupape montée sur un flotteur vient fermer le passage d'entrée du gaz si l'eau descend trop au-dessous du niveau réglementaire; d'autre part, pour que l'eau n'atteigne pas un niveau trop élevé réduisant le volume mesurant du volant, le siphon ou tuyau recourbé par où passe le gaz pour entrer dans le tambour est arrêté à un niveau tel que l'eau y pénètre et le noie, arrêtant le passage du gaz.

Tel qu'il est, le compteur est un mesureur de volume assez exact; l'erreur commise dans l'appréciation des volumes dépasse rarement 5 pour 100. Ce chiffre n'est atteint que dans des cas exceptionnels, surtout lorsque l'instrument n'est pas monté convenablement; en général, les erreurs de mesurage sont au détriment des usines. Il faut avoir soin de placer les compteurs dans un endroit sec, à l'abri de la chaleur et des grands froids. Beaucoup de fabricants se sont ingéniés pour remédier aux erreurs de mesurage qui peuvent se produire surtout par la dénivellation, et aussi pour prévenir les fraudes de consommateurs peu consciencieux qui voudraient essayer de brûler le gaz sans le payer en empêchant le compteur de *marquer*.

Le froid, en produisant la congélation de l'eau, peut arrêter le fonctionnement du compteur ; on pare à cet inconvénient en remplaçant l'eau ordinaire par des dissolutions de glycérine à 30 ou 40 pour 100, par de l'alcool étendu contenant 20 pour 100 d'alcool absolu. On a proposé également des solutions de chlorure de calcium ; le meilleur moyen d'éviter la gelée consiste à choisir convenablement l'emplacement du compteur et à l'entourer d'enveloppes de laine ou de feutre. Suivant les besoins, on fabrique des compteurs de dimensions très variables, depuis ceux qui servent à alimenter 3 becs (ils ne sont plus guère en usage) ou 5 becs, jusqu'à ceux de 500 becs et au delà.

Compteurs d'usines. — Le compteur a été tout d'abord considéré comme le moyen de vendre le gaz d'une façon exacte. On reconnut bientôt qu'il est avantageux pour les usines comme contrôle même de la fabrication, et aujourd'hui toutes les usines possèdent un compteur dit de fabrication, servant à indiquer les quantités de gaz fabriquées et envoyées aux gazomètres. Nous aurions dû rationnellement en parler à la suite des appareils de l'usine ; mais, en raison de l'explication assez délicate de cet appareil, nous avons préféré renvoyer jusqu'ici les quelques mots que nous avions à en dire, parce que le compteur de fabrication ne diffère que très peu du compteur d'abonnés. En effet, son principe et son fonctionnement sont absolument les mêmes que ceux que nous venons d'exposer. En raison de sa destination spéciale, le contrôle de la fabrication, il est pourvu d'organes particuliers qui non seulement lui permettent de l'exercer avec précision, mais encore d'en laisser une trace. La figure 68 représente un de ces compteurs avec son vannage spécial et by-pass permettant de mettre le compteur en dehors de la circulation du gaz s'il lui arrivait un accident. Ce dispositif de vannes à tampon est très avantageux. Sur la face du compteur on peut voir deux gros tubes de niveau en verre, qui permettent de s'assurer d'un coup d'œil s'il contient assez d'eau. Le niveau de l'eau dans ces compteurs s'abaisserait très rapidement en effet, à cause de la grande quantité de gaz qui les traverse, si l'on n'avait le soin de les remplir tous les jours. Enfin le compteur d'usine comporte un appareil spécial appelé *rapporteur de fabrication*. C'est l'appareil qui laisse, comme nous le disions, une trace de contrôle. Ce rapporteur, vulgairement appelé *mouchard*, se compose d'un mouvement qui, agissant sur un crayon ou un tire-ligne, laisse sur le papier des traces ou lignes dont les dimensions sont proportionnelles aux quantités de gaz fabriquées, et comme le papier est mû lui-même d'un mouvement uniforme proportionnel

au temps, on a, minute par minute, le diagramme de la fabrication du gaz dans l'usine. Pour réaliser ces deux mouvements, l'arbre du volant passe dans la paroi de devant du compteur à travers un presse – étoupe ; non seulement il

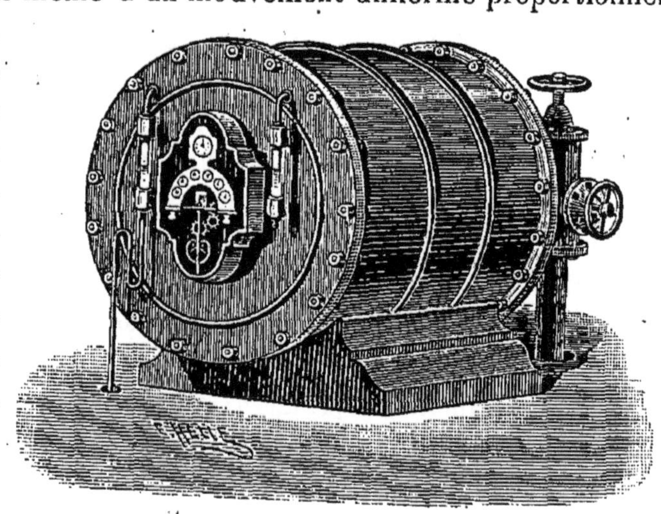

Fig. 68. — Compteur d'usine à gaz.

actionne une série d'engrenages faisant tourner des aiguilles devant plusieurs cadrans, dont les divisions représentent des mètres cubes, mais encore il commande à son extrémité le mouvement circulaire d'un plateau sur lequel on fixe un disque de papier fort. Cette feuille de papier tourne ainsi avec une vitesse proportionnelle à la vitesse de rotation du volant du compteur, par conséquent au volume de gaz qui le traverse. Une horloge est disposée au-dessus du plateau qui porte ce papier, et un crayon mis en mouvement à l'aide d'une bielle actionnée par la grande aiguille de l'horloge trace des courbes sur le disque; la distance entre les points de naissance de ces courbes sur la circonférence indique le volume fabriqué par heure.

Un très ingénieux dispositif du rapporteur est dû à MM. Nicolas et Chamon. Les disques sont remplacés par des bandes de papier enroulées sur un cylindre vertical faisant un tour complet en vingt-quatre heures. Les bandes sont divisées en heures et fractions. Cette feuille porte en outre des divisions verticales représentant des dizaines de mètres cubes. Le crayon ou tireligne. destiné à tracer automatiquement les lignes représentant les volumes écoulés, est actionné par une came spéciale, dite en cœur, qui reçoit son mouvement de la roue des dizaines du cadran. Le tracé de la came étant une spirale d'Archimède dont les rayons vecteurs croissent proportionnellement aux angles décrits, il s'ensuit évidemment qu'elle élève et abaisse verticalement ce crayon proportionnellement au chemin parcouru par l'aiguille des dizaines, et la trace laissée sera l'expression graphique exacte de ce mouvement. Dans le cas d'une marche normale, les courbes produites sont des hélices enroulées sur le cylindre. Si l'on déroule le papier (ce que l'on fait tous les jours en le remplaçant à heure fixe), les hélices se transforment en lignes droites et l'on peut ainsi reconnaître très simplement si la fabrication a été régulière[1].

Ce dispositif présente encore cet avantage que toutes les feuilles peuvent être réunies en album à la suite les unes des autres (ce qui est très facile à cause de leur forme rectangulaire) et présentent ainsi la collection des graphiques exacts de la marche d'une usine. Si nous avons un peu insisté sur ce détail du matériel de l'industrie du gaz, c'est à cause de son importance pour les conclusions que l'on en peut tirer. En effet, le compteur de fabrication vous dira: si la houille employée est de bonne qualité par les rendements enregistrés; si le chauffage des cornues se fait dans de bonnes conditions, puisque, s'il est régulier, la distillation est régulière et par suite les courbes tracées le seront aussi; si les charges se font aux temps voulus; si les canalisations sont en bon

---

1. L'équation de ces droites est $(y = \dfrac{V}{V'}\, x)$, V étant la vitesse du crayon et V' la vitesse de rotation du cylindre.

état; si les compteurs d'abonnés sont maintenus à niveau; si l'éclairage public ne dépasse pas sa consommation normale, puisqu'on a la quantité de gaz fabriqué à l'usine et qu'on peut comparer avec celle qui est payée par les abonnés et le service municipal. C'est, en un mot, l'agent le plus fidèle et le plus sûr que puisse trouver un directeur d'usine pour le contrôle de ses divers services.

Compteurs secs. — Le compteur sec est peu employé en France et n'est pas admis à Paris. Cependant il présente cer-

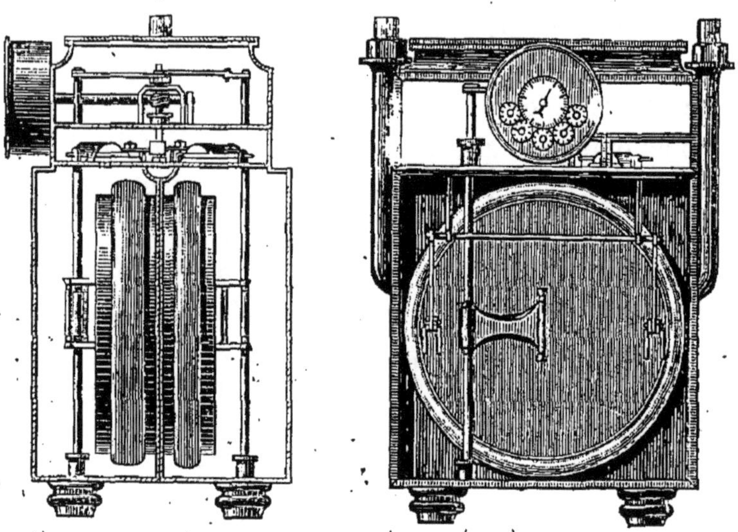

Fig. 69. — Compteur sec.

tains avantages que n'ont pas les compteurs humides. Il n'exige pas une pose rigoureusement d'aplomb, il évite le service du nivellement pour remettre l'eau enlevée pour le passage du gaz; il ne craint pas la gelée. Il n'a ni vis de vidange ni vis de réglage et n'est pas exposé à se noyer. Son aspect extérieur est celui d'une boîte en tôle carrée, à l'extérieur de laquelle on n'aperçoit que les raccords d'entrée et de sortie du gaz. Sa capacité carrée est divisée en deux parties par une cloison verticale, à laquelle on a soudé de chaque côté un anneau en tôle qui est relié d'une manière étanche, par du cuir préparé spécialement, à un disque de tôle de même diamètre pouvant se mouvoir à une certaine distance de la cloison. Les disques mobiles sont guidés dans leur mouvement par des bras horizontaux. Les tuyaux d'entrée et de sortie sont mis alternativement en communication avec chacun des compartiments par des tiroirs horizontaux à coquille établis dans la partie supérieure du compteur (fig. 69).

Le gaz arrivant par le raccord d'entrée trouve libre l'ouverture d'un des compartiments qui vient de se vider, il pénètre à l'intérieur et pousse la cloison mobile jusqu'à l'extrémité de sa course. A ce moment les tiroirs changent la direction du courant de gaz, de telle sorte que le compartiment qui vient de se remplir soit mis en communication avec le tuyau de sortie pendant que le premier compartiment accomplit le mouvement inverse. On reproche à ce système de compteur la construction délicate de ses tiroirs qui s'encrassent rapidement, si le gaz n'est pas propre, et la facilité avec laquelle les membranes souples en cuir s'altèrent, se durcissent, se racornissent en diminuant le volume de la capacité mesurante. La conséquence de cette réduction de volume est un mesurage inexact au détriment de l'abonné.

Enfin nous devons encore parler d'un appareil de mesure — le *compteur de poche* — qui, s'il ne présente pas les caractères spéciaux de précision des compteurs dont nous venons de parler, permet de contrôler facilement, rapidement, la consommation d'un appareil à gaz quelconque et, si l'appareil est bien établi, avec une erreur de 2 à 3 pour 100 seulement. Le compteur de poche, ou *aérorhéomètre*, figure 70 (modèle A. Grenier), se compose d'un tube de verre B dans lequel se meut librement un disque de verre A,

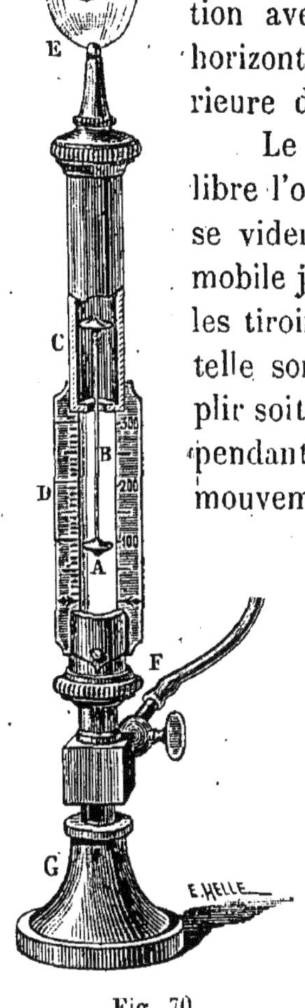

Fig. 70.
Compteur de poche.

percé de petits trous et surmonté d'une tige de verre B, terminée à sa partie supérieure par un disque C un peu plus grand que le premier ; ce dernier glisse dans un tube métallique conique, terminé à la partie supérieure par un bouchon fileté auquel on peut adopter un brûleur E quelconque. Si l'on visse l'appareil sur un raccord où arrive du gaz et si l'on allume le brûleur, il se produit un écoulement de gaz qui soulève les deux petits disques jusqu'à une certaine hauteur correspondant à une graduation placée sur une échelle métallique disposée le long du tube de verre. Cette graduation représente le débit en litres par heure, de l'appareil, et n'est que la traduction de l'équation générale. $D = K \times P$, dans laquelle D est le débit, P la pression produisant l'écoulement du gaz et K un facteur dont la valeur dépend de l'appareil. On détermine expérimentalement la graduation de l'appareil qui porte du reste une seconde graduation des pressions en millimètres d'eau. L'appareil, dans la figure 70, est représenté monté sur un pied en fonte auquel le gaz arrive par un tuyau de caoutchouc.

Canalisations intérieures.

Le gaz parvenu dans le local où il doit être consommé, pour l'éclairage, le chauffage ou la force motrice, à la libre disposition de l'abonné, comme nous l'avons dit, part du compteur par une série de tuyaux de plomb, de fer ou de cuivre. Disons de suite que ces tuyaux sont souvent d'un diamètre trop faible, soit que l'on veuille éviter de grosses saillies le long des murs, soit que l'on cherche à réaliser une économie ; mal comprise du reste, parce que de trop faibles conduites sont toujours la cause d'un éclairage irrégulier. Le diamètre des tuyaux à employer varie nécessairement suivant le nombre des becs à alimenter. A son départ du compteur, le tuyau de plomb doit avoir un diamètre égal à celui du branchement qui amène le gaz de la rue. On le diminue ensuite à mesure que des prises sont faites sur son parcours. Mais il faut également que le compteur soit d'une dimension suffisante pour fournir le gaz qui sera brûlé. Nous donnons ci-dessous, à titre d'indication générale, deux tableaux où sont notés la consommation qu'un compteur peut alimenter avec les diamètres intérieurs des branchements qui leur conviennent et les diamètres à donner aux tuyaux posés dans les maisons selon leur longueur.

Les becs dont il est question dans ces tableaux consomment 135 à 140 litres à l'heure.

COMPTEURS.

NOMBRE DE BECS ALIMENTÉS.	DÉPENSE A L'HEURE.	DIAMÈTRE DES BRANCHEMENTS.
3 becs.	360 litres.	20 millimètres.
5 —	700 —	20 —
10 —	1 400 —	27 —
20 —	2 800 —	35 —
30 —	4 200 —	40 —
40 —	5 600 —	45 —
60 —	8 400 —	50 —
100 —	14 000 —	55 —
150 —	21 000 —	60 —
200 —	28 000 —	80 —

TABLEAU DES DIAMÈTRES
A DONNER AUX TUYAUX DE GAZ DANS LES MAISONS.

DIAMÈTRE des TUYAUX.	LONGUEUR DES TUYAUX DEPUIS LE COMPTEUR JUSQU'AUX BECS.														
	3m	6m	9m	12m	15m	18m	21m	24m	27m	30m	33m	36m	39m	42m	45m
	NOMBRE DE BECS BRULANT 135 LITRES A L'HEURE.														
10	10	7	5	4	3	2	1	»	»	»	»	»	»	»	»
15	25	14	10	8	6	5	4	3	3	2	2	1	»	»	»
20	60	38	26	19	15	12	10	8	7	6	5	4	3	2	1
25	100	64	42	32	25	20	16	13	10	8	7	6	5	4	3
30	150	95	65	48	37	30	25	20	16	13	10	8	7	6	5
40	350	228	156	114	90	70	60	50	40	35	30	25	21	16	13

Nous pensons que ces renseignements seront utiles à beaucoup de consommateurs de gaz, parce que nous avons vu nousmême combien les installations insuffisantes causent d'ennuis.

Appareils d'éclairage au gaz.

Les appareils à gaz sont posés le long des tuyaux qui amènent le gaz dans une maison aux divers points où l'on juge nécessaire d'avoir de la lumière.

Tout appareil à gaz se compose de trois parties : la prise, l'appareil, le brûleur. La prise se fait toujours de la même façon : une plaquette de bois appelée patère est scellée au plafond ou dans le mur. Sur cette plaquette, on fixe, au moyen de vis, une pièce de cuivre circulaire appelée raccord, soudée au centre au tuyau de plomb qui amène le gaz. Une partie cylindrique creuse et filetée extérieurement est établie au milieu du raccord et sur cette partie filetée on vient visser les appareils à gaz. Il n'entre pas dans le cadre de cet ouvrage de décrire les innombrables modèles d'appareils à gaz dont la fabrication est une importante industrie bien parisienne, où l'on retrouve le goût tout particulièrement élégant de nos fabricants. Le troisième organe d'un appareil à gaz est le *brûleur,* supporté par l'appareil proprement dit. Il existe deux classes de brûleurs ou becs à gaz : ceux qui brûlent le gaz à l'air libre et ceux qui le brûlent à l'aide d'une cheminée en verre comme dans les lampes à huile à double courant d'air. Une troisième classe pourrait être établie avec les brûleurs *dits intensifs,* créés depuis quelques années pour tirer meilleur parti du gaz en produisant la combustion à haute température par l'utilisation de la chaleur perdue.

Un brûleur à gaz n'est, par le fait, qu'un foyer dans lequel la combustion est dirigée en vue de donner de la lumière au lieu de produire de la chaleur.

Les mêmes problèmes dont nous avons parlé au sujet du chauffage se présentent ici, et c'est par l'analyse exacte des conditions mêmes du phénomène que l'on peut arriver au meilleur résultat, c'est-à-dire à obtenir le maximum de lumière avec le minimum de gaz brûlé.

La flamme est un gaz à l'état de combustion. Si elle est trop épaisse, la combustion n'a pas lieu au centre; aussi, dans une flamme cylindrique un peu épaisse, comme celle que l'on obtient avec un jet de gaz enflammé, la partie centrale est-elle presque uniquement composée de gaz non brûlé et froid, parce que l'oxygène de l'air nécessaire à la combustion n'y parvient pas. Si au contraire le jet de gaz est trop mince, la flamme n'est plus éclairante, parce que la combustion est trop complète; il y a excès d'air. On admet généralement que, lors de la combustion du gaz d'éclairage, il y a dissociation de ses éléments; une partie est brûlée complètement pour amener à haute température du carbone devenu libre qui est porté à l'incandescence; mais si l'arrivée de l'oxygène est trop rapide, la dissociation ne se produit plus de la même façon; la flamme n'est plus éclairante, mais développe beaucoup de chaleur. La condition essentielle pour un bon éclairage est de proportionner le rapport des volumes du gaz et de l'air qui produit la combustion. La condition essentielle à réaliser exige qu'il y ait assez d'oxygène pour déterminer la combustion en laissant du carbone libre, qui sera porté à l'incandescence par l'élévation de température produite.

En général, les gaz les plus denses sont les plus riches en carbone et les plus éclairants; mais il faut que, lors de la combustion, le brûleur soit disposé pour leur fournir plus d'air.

De la disposition du brûleur dépend donc la bonne utilisation du gaz. Nous allons passer en revue ceux qui sont considérés comme le plus avantageux.

Becs à air libre. — Dans les becs à air libre, la flamme est plate, et cette forme est produite par deux types de brûleurs, les becs papillons et les becs Manchester. Nous ne parlerons que pour mémoire des becs à jet, dans lesquels la flamme est fournie par un jet de gaz sortant d'un orifice circulaire. La combustion s'y produit dans de mauvaises conditions ; aussi ne sont-ils employés que rarement, comme motifs d'illumination par exemple.

Le *bec papillon* est un cylindre creux en fonte, cuivre, porcelaine ou stéatite, terminé par une calotte sphérique, dans laquelle est pratiquée une fente par où le gaz s'échappe en lame mince (fig. 71).

D'après les expériences de MM. Audouin et Bérard, la fente doit avoir une largeur de $0^{mm},6$ pour obtenir le maximum de pouvoir éclairant avec le gaz de Paris.

C'est le bec type employé pour les lanternes publiques ; sa consommation normale est de 140 litres à l'heure avec une flamme de 32 millimètres de hauteur et 66 millimètres de largeur ; il fournit alors une quantité de lumière égale à 1,1 de celle fournie par une lampe Carcel. Si, au lieu de brûler du gaz de Paris dans un bec de ce type, on voulait s'éclairer avec un gaz riche comme le gaz portatif, qui est du gaz de Boghead, la flamme serait fumeuse, rougeâtre et peu éclairante. On emploie pour ce gaz spécial des becs à fente très mince et l'on augmente la pression de sortie du gaz, afin que le volume du gaz très riche en carbone soit moins grand par rapport au volume d'air en contact avec la flamme. Avec le gaz de Paris, les becs papillons à fente de $0^{mm},6$ doivent brûler sous une pression de 2 à 3 millimètres d'eau, tandis que les becs alimentés au gaz riche, avec fente de 1/10, exigent une pression de 20 à 25 millimètres.

Fig. 71.
Bec
papillon.

Fig. 72.
Bec
Manchester.

La flamme plate est également produite à l'air libre par le *bec Manchester*, qui donne à la flamme la forme en queue de poisson. Le bec Manchester (fig. 72) est un cylindre creux en fonte, cuivre, porcelaine ou stéatite comme le précédent ; mais, au lieu d'une calotte sphérique, il se termine par une surface légèrement concave percée de deux trous obliques convergents. Le gaz sort par ces deux trous, sous forme de deux jets qui, en se rencontrant, s'écrasent et forment une nappe telle que, lorsqu'on l'allume, la flamme produite est perpendiculaire au plan déterminé par l'axe de ces trous. Ces becs résistent mieux aux courants d'air, mais exigent une pression plus forte; enfin, lorsqu'on veut augmenter la flamme, elle se déforme, n'éclaire plus et fait entendre un sifflement particulier. Leur consommation est beaucoup plus élevée que celle des becs papillons à égale quantité de lumière obtenue.

Becs à double courant d'air (fig. 73). — Ces becs sont établis sur le principe du bec à huile d'Argand dans lequel l'arrivée de l'air est activée par une cheminée en verre qui entoure la flamme.

Fig. 73. — Bec à double courant d'air.

Ils sont constitués essentiellement par un anneau en cuivre, porcelaine ou stéatite percé d'un certain nombre de petits trous sur une ou plusieurs circonférences de cercle et assez rapprochés pour que les petits jets de flamme se réunissent immédiatement au-dessus des orifices, en donnant naissance à une flamme cylindrique continue. L'anneau est alimenté par un double conduit en cuivre fondu, sur lequel il est masti-qué. Ce double conduit se termine à la partie inférieure, par un tube fileté, servant à le fixer sur l'appareil qui doit le supporter. L'air est appelé dans la flamme et autour d'elle, par une cheminée de verre, et son arrivée est régularisée par un panier en cuivre ou porcelaine, fixé au-dessous de la couronne. La hauteur de la cheminée doit être proportionnée au diamètre et au débit de la couronne, puisque l'arrivée de l'air dépend de cette hauteur. Les trous pratiqués sur la couronne sont en nombre très variable, depuis 10 jusqu'à 100; leur diamètre varie également beaucoup. Ces becs doivent également brûler à basse pression pour être avantageux.

Lanternes de ville. — Les lanternes de ville (fig. 74) ne présentent aucune particularité au point de vue du brûleur ou de l'installation. Le modèle adopté n'a été depuis longtemps en France l'objet d'aucun perfectionnement notable. Il n'y a même que peu de temps que l'on a pensé à le garnir d'un réflecteur, et, cette disposition n'est appliquée que dans un petit nombre de villes. Il y aurait cependant beaucoup à faire pour les rendre plus avantageuses, tant au point de vue de l'éclairage produit que de l'utilisation du gaz consommé.

Becs intensifs. — Lorsque l'éclairage électrique a commencé, il y a quelques années, à devenir pratique par l'invention des machines dynamo et magnéto-électriques, des lampes à incandescence, des bougies Jablochkoff, etc., le premier objectif de ceux qui le proposaient fut la lanterne de ville, parce que la démonstration était plus brillante dans les rues, surtout comparée à la lumière des becs des lanternes de ville. Les gaziers, stimulés, voulurent montrer que le gaz pouvait donner un aussi bon éclairage, et les ingénieurs de la Compagnie parisienne créèrent *les pots à feu* de la rue du Quatre-Septembre en concurrence avec la bougie Jablochkoff de l'avenue de l'Opéra. Ce brûleur se compose de six becs papillons à fente, 6/10 de millimètre, montés en couronne par des porte-becs coudés. Deux coupes en cristal régularisent l'alimentation de l'air. Un bec central, qui s'allume lorsque la cou-

Fig. 74.
Lanterne de ville.

ronne s'éteint, sert à l'éclairage ordinaire après minuit. Un appel d'air énergique, produit par un chapiteau spécial, refroidit les vitres de la lanterne. La consommation normale de ce bec est de 1400 litres à l'heure. Son pouvoir éclairant est égal à celui de 14 carcels, soit 100 litres par carcel. Ces mêmes becs isolés, à fente 6/10, exigent 130 litres environ par carcel. Ce résultat est dû à la température plus élevée de la combustion et à l'alimentation d'air qui est meilleure. Mais cette solution n'est pas suffisante pour obtenir une sérieuse économie. C'est dans l'idée appliquée d'abord par Siemens, dans la *récupération*, qu'il faut chercher la vraie solution d'un éclairage économique par la combustion à haute température.

La figure 75 représente les éléments essentiels du *brûleur intensif de Siemens* : G est la chambre d'arrivée du gaz, R une cheminée centrale intérieure, O la chambre d'air, F la cheminée télescopique couvre-verre, B la cheminée verticale, A la cheminée latérale ou d'appel, P le peigne diviseur inférieur, I un cylindre en porcelaine, V le verre, T les tubes formant brûleurs.

Le gaz traverse le régulateur H et se détend dans la chambre G, puis il s'engage dans les petits tubes brûleurs T. A la sortie de ces tubes, il se mélange avec l'air qui débouche en P, après s'être élevé dans la chambre O et avoir léché les parois des chambres intérieures.

La combustion s'effectue en D et la nappe lumineuse, formée par la juxtaposition des petits jets de gaz, s'élève tout d'abord, puis, se renverse grâce à la cheminée d'appel A, autour d'un cylindre I, en matière réfractaire, dont elle vient déborder l'arête supérieure en rentrant à l'intérieur de la chambre R ; les parois de cette chambre R se trouvent ainsi portées à une haute température par la seule chaleur des produits de la com-

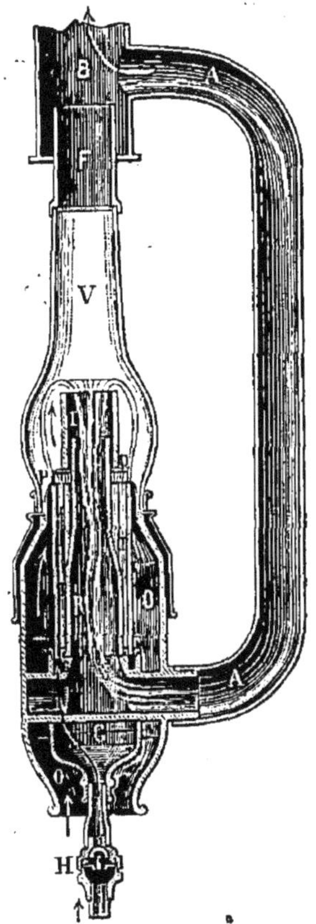

Fig. 75.
Brûleur intensif.

bustion qui s'échappent par la cheminée latérale.

L'air arrivant en sens inverse s'échauffe progressivement au contact de ces parois dans la chambre annulaire O, et atteint une température voisine de 500° lorsqu'il se mélange en P avec le gaz. La combustion a donc lieu à haute température, et les résultats que les fabricants annoncent pour les quatre modèles construits, sont les suivants :

N° du bec.	Consommation en litres à l'heure.	Intensité lumineuse en carcels.	Consommation par carcel-heure.
N° 1	1600	46 à 48	33 à 55
N° 2	800	20 à 22	38 à 40
N° 3	600	13 à 15	40 à 45
N° 4	300	5 à 7	45 à 50

Un grand nombre de dispositifs ont été créés depuis, suivant ce même principe, quand on vit qu'il donnait de bons résultats; la forme du bec Siemens n'étant pas commode pour les installations, les constructeurs qui ont suivi la même idée, ont cherché à rendre l'appareil plus facile à poser en mettant le récupérateur au-dessus. Nous donnons ci-contre la coupe d'un bec très répandu, le *bec Wenham* (fig. 76). AA, sont les entrées d'air; BB, récupérateur; CC, descente d'air chaud; EE, brûleur annulaire; FF, réflecteur émaillé; G, loquet de fermeture; H, charnière; IJK, coupe en cristal; L, évacuation des produits de la combustion; N, fumivore.

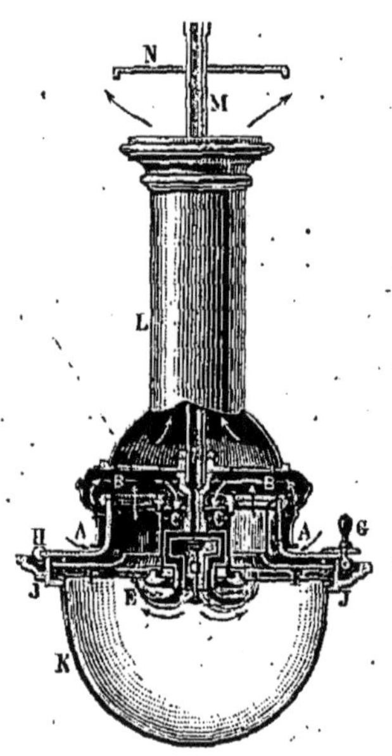

Fig. 76. — Bec Wenham.

On utilise ainsi la chaleur perdue pour amener le gaz et l'air avant leur combinaison à une température beaucoup plus élevée, qui porte au blanc éblouissant les particules de carbone en suspension dans le gaz.

Les résultats annoncés sont :

N°s des appareils.	Gaz dépensé à l'heure.	Intensité lumineuse en carcels.	Consommation par carcel-heure.
N° 1	177 litres.	5 carcels.	35 litres.
N° 2	371 —	12 —	38 —
N° 3	437 —	17 —	25 —

15

D'autres becs[1] basés sur le même principe atteindraient même une dépense inférieure à 20 litres par carcel, ce qui mettrait la lumière du gaz à un prix beaucoup plus bas qu'avec tout autre système d'éclairage; car si l'on compte le mètre cube de gaz au prix de 0 fr. 30, la carcel, à raison de 20 litres par heure, ne coûterait que 0 fr. 006. Comme on le voit, il est donc possible aujourd'hui d'obtenir, pour s'éclairer, des prix beaucoup plus réduits que précédemment. Le progrès ainsi réalisé par le gaz, au point de vue de l'économie, est considérable si on le compare aux anciens procédés d'éclairage. Nous donnons ci-dessous un tableau comparatif du prix de la lumière obtenue par différents moyens. Le chiffre indiqué pour l'électricité est déduit de documents récents; il comprend un élément négligé en général pour le gaz : l'usure du brûleur; ce facteur devient fort important pour les lampes électriques dont la durée est limitée, bien que depuis quelque temps on soit arrivé à la prolonger dans des proportions importantes; le prix indiqué se rapporte à l'éclairage par incandescence, le seul que nous croyons pratique pour l'éclairage particulier, l'emploi des lampes à arc n'étant admissible que pour les grands espaces. Ces chiffres, de même que ceux qui se rapportent au pétrole, sont extraits d'un très intéressant mémoire de M. Ph. Delahaye.

---

1. Nous avons seulement, dans ce volume, parlé du bec Siemens, parce que c'est celui dans lequel a été, pour la première fois, appliquée la récupération. Nous avons dit un mot du bec Wenham, qui est actuellement le plus répandu. Pour traiter la question d'une manière complète, il aurait fallu parler des becs Clamond, Popp, Cromartie, Sugg, Schulke, Brettmayer, Bower, Delmas, etc., etc., qui seront étudiés dans un autre volume relatif à l'éclairage moderne.

PRIX COMPARATIF DES DIVERS ÉCLAIRAGES.

NATURE DE L'ÉCLAIRAGE.	POUVOIR ÉCLAIRANT en bougies (de la lumière obtenue).	POUR LA LUMIÈRE de 1 BOUGIE.		DÉPENSE par mois DE 120 HEURES pour la lumière de	
		Matière brûlée en 1 heure.	Dépense en 1 heure.	1 bougie.	7 bougies valeur de 1 bec de gaz.
	Bougies.		Centimes.	Francs.	Francs.
1° *Bougie* de l'Étoile (un paquet de 485 grammes donnant 47 heures d'éclairage et coûtant 1 fr. 40).	1	10^{gr},32	2,97	3,57	25
2° *Chandelle* (à poids égal donnant la même lumière que la bougie et coûtant 1 fr. 60 le kilogramme).	0,90	10^{gr},32	1,652	2,20	15,40
3° *Huile* à 1 fr. 40 le kilogramme (carcel de 7 bougies brûlant 42 grammes à l'heure)	7,0	6^{gr},00	0,84	1,008	7,05
Modérateur, 28 grammes à l'heure.	5,5	5^{gr},52	0,77	0,924	6,50
Quinquet, 28 grammes à l'heure.	5	6^{gr},5	0,91	1,09	7,63
4° *Pétrole* à 0 fr. 40 le litre, dans une lampe donnant 7 bougies, consommant 45 grammes à l'heure; verre, mèche et entretien compris	7,00	6^{gr},43	0,52	0,624	4,36
5° *Électricité*, lampe à incandescence.	7	»	0,5	0,60	4,20
6° *Gaz de houille*, bec Bengel, à 0 fr. 30 le mètre, 105 litres à l'heure.	7	15^{lit},0	0,45	0,54	3,78
Bec Wenham	35	5^{lit},0	0,15	0,18	1,26

La bougie française de l'Étoile sert de terme de comparaison.

Vérification du pouvoir éclairant.

Pour apprécier la quantité de lumière fournie par un bec de gaz et se rendre ainsi compte de la valeur éclairante du gaz fabriqué, on compare la lumière à examiner à la quantité de lumière fournie par une source lumineuse type.

Les deux sources lumineuses sont disposées pour éclairer également un même objet : à cet effet, l'une d'elles étant fixe, l'autre est rapprochée ou éloignée jusqu'au moment où l'œil estime l'éclairage égal; la valeur relative des lumières est calculée d'après la mesure de ces distances à l'objet éclairé. En effet, l'intensité de l'éclairage varie en raison inverse de la distance pour un point et en raison inverse du carré de cette distance pour une surface; si l'on connaît la distance, on trouve facilement la puissance lumineuse cherchée par rapport à la source type.

Il faut donc choisir une lumière type ou étalon, et un dispositif permettant de mesurer les distances respectives des deux lumières pour un même éclairage.

Cette méthode de mesure s'appelle *photométrie* (mesure de la lumière), et les appareils employés des *photomètres*.

Lumière type. — En France, la lumière type officielle est celle de la lampe Carcel, brûlant 42 grammes d'huile de colza épurée à l'heure.

On se sert souvent en pratique de la bougie de l'Étoile, de 5 au paquet, pesant 100 grammes et brûlant à raison de 10 grammes à l'heure, avec une hauteur de flamme de $52^{mm},5$. La lumière donnée par une telle bougie est à celle de la carcel comme, 1 : 7,4.

La bougie de l'Étoile de 6 au paquet, pesant $83^{gr},3$, donne le rapport 1 : 7,6.

En [Angleterre, on emploie des bougies de spermaceti de 6 à la livre et brûlant $7^{gr},776$ (120 grains) à l'heure ; la carcel vaut 8,3 de ces bougies. En Allemagne, l'unité usitée est la bougie de paraffine, de 6 à la livre et de 20 millimètres de diamètre; elle brûle 7^{gr},5 à l'heure pour une flamme de 50 millimètres, le rapport à la carcel est 1 : 7,5. Enfin à Munich, l'unité est la bougie stéarique conique brûlant 10^{gr},4 à l'heure, avec un rapport de 1 : 6,5.

M. Violle a proposé un étalon moins variable que les sources de lumière précédemment énoncées, c'est la lumière émise normalement par un centimètre carré de platine fondu, à la température de solidification. Cette méthode, d'une exactitude incontestable, n'est malheureusement pas facile à mettre partout en pratique. La valeur de la lumière fournie par cet étalon, plutôt scientifique que pratique, est égale à environ 11 carcels.

L'appareil photométrique, ou photomètre le plus simple est celui de Rumford. Une tige verticale est placée entre les deux lumières à comparer et un écran blanc, les deux lumières produisent deux ombres sur l'écran. On laisse à une distance fixe l'une des deux lumières, et on recule ou avance l'autre, jusqu'à ce que les deux ombres aient une égale intensité. On mesure les distances des lumières à la tige et on en déduit les rapports d'intensité.

A Paris, la méthode suivie par le service du contrôle de l'éclairage est celle qui a été formulée par Dumas et Regnault. D'après le traité de 1861, la Compagnie Parisienne doit fournir un gaz, qui, brûlant dans un bec d'Argand, modèle Bengel, de dimensions réglementaires, sous une pression de 2 à 3 millimètres d'eau, consomme au maximum 27^{lit},5 pour donner une lumière égale à celle que fournit une lampe Carcel (également de dimensions réglementaires) en brûlant pendant le même temps 10 grammes d'huile de colza épurée. Le photomètre employé est celui de Foucault, représenté (fig. 77); il se compose essentiellement d'une boîte divisée en deux compartiments par une cloison verticale mobile, dans laquelle est enchâssée une lame de verre amidonnée C formant écran, que l'on observe par un tube conique T en forme de lunette. En face de l'écran sont placées les deux lumières : le bec de gaz K, dans lequel le gaz est amené du compteur NS par le tuyau de caoutchouc M; et la lampe Carcel G placée à la même distance de l'écran sur le plateau d'une balance Deleuil, construite spécialement. Les deux rayons lumineux viennent éclairer séparément chacune des deux moitiés de l'écran, et si l'on regarde ce dernier par l'ouverture de la lunette, on aperçoit la moindre différence dans l'intensité des deux sources lumineuses.

La lampe étant allumée, on règle la hauteur de la flamme de gaz, jusqu'à ce qu'elle donne une lumière égale à celle de la lampe, puis on ajoute à la tare J, qui équilibre la lampe, un poids

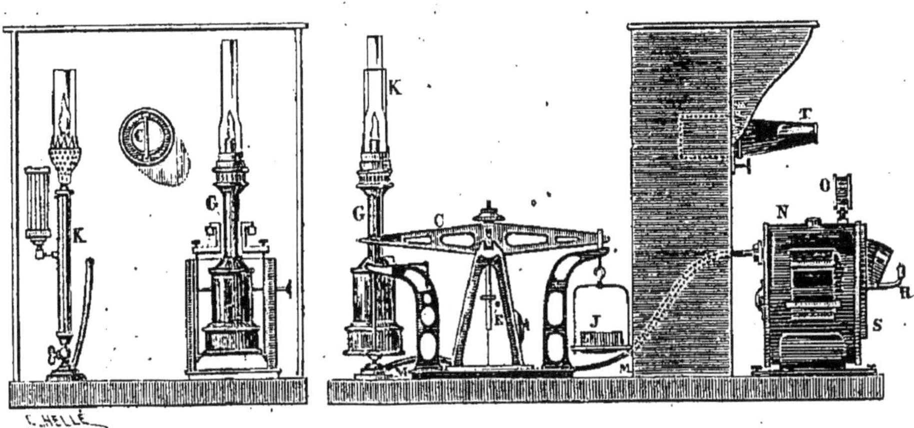

Fig. 77. — Photomètre Foucault.

de 10 grammes qui la maintient à une hauteur déterminée. On met en mouvement à la fois l'aiguille d'un compteur chronométrique O et l'aiguille indicatrice du compteur à gaz (on les avait au préalable ramenées au point zéro). Lorsque 10 grammes d'huile sont brulés dans la lampe, le fléau C de la balance s'incline et vient détacher un petit marteau E qui tombe sur un timbre, dont le son avertit l'observateur que l'expérience est terminée. Il pousse alors un levier qui arrête le mouvement des aiguilles indicatrices et, ouvrant un bec veilleuse R, il lit la quantité de gaz consommé pendant la durée de l'expérience. Cette méthode donne des résultats d'une grande précision, à la condition de maintenir toujours constantes les conditions de l'expérience; c'est-à-dire que les brûleurs doivent toujours être rigoureusement réglés de la même façon (mèche, verre, qualité d'huile de la lampe, bec à gaz et verre à gaz).

Un autre dispositif de photomètre très employé est le photomètre à tache de Bunsen, représenté figure 78. Sur une table sont placés : 1° le bec type ou la bougie type D, dont la lumière arrive au photomètre C par l'ouverture rectangulaire d'un écran *d* ; 2° le

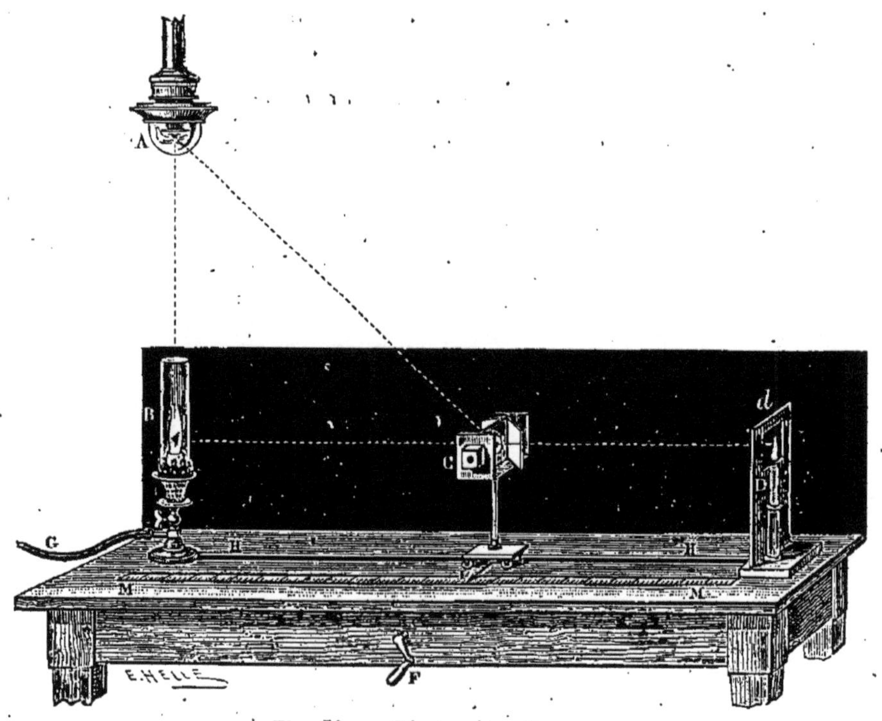

Fig. 78. — Photomètre Bunsen.

photomètre mobile sur un petit chariot, qui peut avancer ou reculer le long d'une rainure H ; au moyen d'un système de fils, passant sur des poulies de renvoi et mus par une manivelle F, on provoque son déplacement dans un sens ou dans l'autre ; 3° le bec B qui fournit la flamme du gaz à examiner et qui est alimenté par le tuyau G amenant le gaz d'un compteur d'expériences. Le photomètre glisse le long d'une règle divisée M fixée sur la table. Un index I, adapté au support de cet instrument, correspond à son axe et indique exactement sa situation sur la règle.

Le photomètre a pour organe essentiel un écran en papier au centre duquel on applique d'un côté une large tache de blanc de baleine que l'on gratte avec un couteau, et que l'on chauffe ensuite légèrement. La tache détermine une certaine transparence dans le papier. Si l'on place de chaque côté, à égale distance, des lumières d'égale intensité, la tache disparaît ; ou, ce qui revient au même, si l'on provoque l'écartement des lumières d'intensités différentes jusqu'à ce que la tache ne soit plus visible, on peut en conclure leurs intensités respectives. Pour faciliter cette observation, on a placé, de chaque côté de l'écran, des miroirs obliques qui renvoient les images de chaque face vers une petite ouverture pratiquée devant le photomètre, et à travers laquelle l'opérateur fait les observations. Enfin l'écran pouvant pivoter autour d'un axe horizontal, on peut mesurer l'intensité d'une lumière placée à hauteur comme A. Derrière l'appareil on place un fond noir E, sur lequel tout l'ensemble des instruments se détache ; ce fond permet d'éviter les reflets.

L'examen journalier du gaz comporte la détermination non seulement de son pouvoir éclairant, mais encore de son état de pureté. On se contente généralement de vérifier s'il contient encore de l'hydrogène sulfuré, en le faisant passer sur une bande de papier imbibée d'une solution d'acétate de plomb suspendue dans une éprouvette. Un petit appareil, représenté fig. 79, appelé analyseur, nous a donné des résultats plus complets. Il se compose d'un flacon à pied, fermé par un bouchon en caoutchouc, traversé par un tuyau en cuivre dans lequel est mastiqué un tube de verre, qui peut amener le gaz presque au fond du flacon. Le tuyau en cuivre est surmonté d'un bec à jet, dont l'ouverture a 1 millimètre de diamètre ; un robinet placé sur une branche latérale permet, soit d'envoyer le gaz vers le fond du flacon d'où il remonte ensuite au bec à jet, soit de l'envoyer directement au bec à jet. Quand l'on veut savoir si le gaz contient de l'acide carbonique, on verse au fond du flacon quelques centimètres cubes d'eau de chaux limpide, et s'il contient de l'acide carbonique, le gaz traversant l'eau de

chaux bulle à bulle détermine la formation de carbonate de
chaux, qui rend l'eau laiteuse ; dans le cas contraire, elle reste limpide. Pour savoir si le gaz contient de l'hydrogène sulfuré ou de
l'ammoniaque, on suspend à un crochet spécial, placé au-dessous
du bouchon, des papiers réactifs dont
le changement de couleur indique la
présence de ces impuretés ; on fait usage
soit de papier imbibé d'acétate de plomb
qui noircit avec l'hydrogène sulfuré,
soit de papier imbibé d'une solution de
teinture de tournesol légèrement rose ;
le gaz contenant de l'ammoniaque libre
ramène au bleu la teinture de tournesol.

Enfin le bec à jet de l'analyseur
peut, dans une usine, servir au contrôle
continu ou intermittent de la qualité du
gaz ; en effet, l'on a constaté que, si
l'on donne à la flamme du gaz de Paris,
débité en forme de jet, par un trou
de 1 millimètre de diamètre environ,
une hauteur de 105 millimètres, la consommation sera de 38 litres à l'heure.
Si le gaz est moins éclairant, il faut
consommer plus de gaz pour maintenir
cette hauteur de flamme. Si donc le vo-

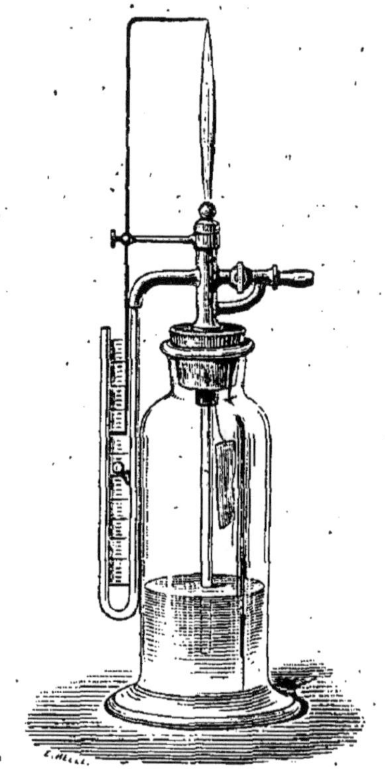

Fig. 79. — Analyseur F. Verdier.

lume de gaz consommé pour obtenir cette flamme d'une manière
continue est déterminé à l'aide d'un compteur d'expériences, on
en déduira le pouvoir éclairant du gaz.

La hauteur de flamme est mesurée par une petite tige cou-
dée que l'on voit sur le côté gauche de la figure ; elle doit être
maintenue à la hauteur voulue par une vis de pression, et cette
hauteur est vérifiée au moyen de l'échelle d'un petit manomètre
placé latéralement. On peut également faire passer le gaz, avant
son arrivée à l'appareil, dans un régulateur de Giroud, par exem-

,ple, qui maintient fixe la dépense de gaz ; dans ce cas, le volume de gaz débité étant constant, la longueur de la flamme variera proportionnellement au pouvoir éclairant. Ce dispositif permet de s'assurer d'une façon continue de la valeur du gaz fabriqué dans une usine.

Appareils de chauffage au gaz.

Nous avons vu, en parlant des origines de la fabrication du gaz, que Philippe Lebon avait bien compris la possibilité d'utiliser le gaz pour le chauffage ; mais ce ne fut que longtemps après son application à l'éclairage qu'il reçut effectivement cet emploi. Malgré quelques tentatives de divers inventeurs, tels que Merle, Hugueny, Bardot, c'est seulement vers 1850 que nous voyons paraître des appareils pratiques. Ils venaient d'Angleterre et généralement brûlaient avec une flamme blanche.

L'invention par Bunsen du brûleur qui porte son nom a permis aux appareils de chauffage au gaz de se répandre.

Ceux dans lesquels le gaz brûlait avec une flamme blanche avaient l'inconvénient de déposer du noir de fumée sous les ustensiles à chauffer. Dans le bec Bunsen, au contraire, la combustion est complète, et le gaz, donnant en outre un chauffage énergique, ne salit pas les objets en contact avec la flamme. Le bec Bunsen (fig. 79) se compose d'un bec à jet, surmonté d'un tube cylindrique vertical, ouvert à ses deux extrémités (à la base sont tout simplement pratiquées des ouvertures latérales à la hauteur du bec à jet). Le gaz, sortant par le bec à jet avec une certaine pression, entraîne avec lui dans le tube une certaine quantité d'air avec lequel il se mélange, et si l'on enflamme ce mélange de gaz et d'air, on obtient une flamme bleuâtre très peu colorée. La quantité d'air entraîné est égale à 4 ou 5 fois le volume du gaz, et comme en haut du tube il y a appel d'une quantité à peu près égale, le gaz se trouve dans la proportion de 1 à 8 volumes d'air.

La température produite est d'environ 800 degrés, et, si l'on peut par un dispositif quelconque augmenter la proportion d'air, on arrive à obtenir des températures beaucoup plus élevées. Le principe de ce brûleur a été appliqué à la plus grande partie des appareils de chauffage employés pour la cuisine ou dans l'industrie.

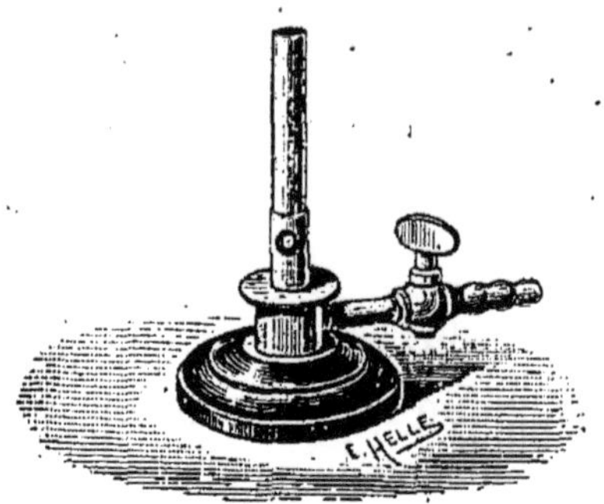

Fig. 80. — Brûleur Bunsen.

Pour que la combustion du gaz soit complète, il faut avoir soin de maintenir aussi constantes que possible les proportions du mélange de gaz et d'air, et c'est pour obtenir ce réglage qu'à la base du tube vertical du brûleur Bunsen, on établit un robinet d'air que l'on peut voir dans la figure 80 ; c'est un petit tube enveloppant le premier sur une certaine hauteur et glissant à frottement libre autour de lui ; il est percé de trous correspondant à ceux du tube enveloppé, de telle sorte que, si on fait tourner d'une certaine quantité ce tube, les espaces pleins qui existent entre les trous recouvrent les ouvertures du tube central. La surface de l'ouverture laissée libre doit être telle qu'elle livre à l'air un passage proportionné à ce volume de gaz débité par le bec à jet ; ce dernier volume est réglé par un robinet ordinaire placé sur le conduit d'arrivée du gaz.

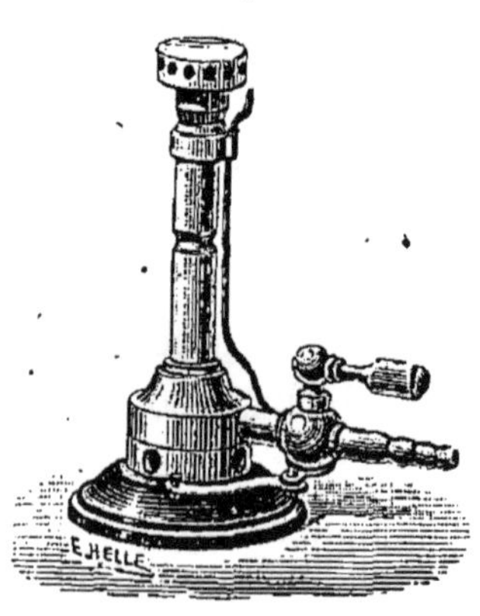

Fig. 81. — Bec Adnet.

Plusieurs constructeurs ont eu l'idée de produire ce réglage automatiquement ; un très ingénieux dispositif est celui de Adnet, représenté figure 81, et dans lequel le robinet qui règle l'arrivée du gaz porte un levier fixé à une petite manivelle placée au-dessous de ce robinet. Lorsqu'on tourne plus ou moins le robinet, le levier, en avançant ou reculant, déplace proportionnellement le tube du robinet d'air et produit ainsi le réglage voulu. Ce modèle est muni d'un petit tuyau arrivant près du sommet du brûleur. Ce petit tuyau appelé *veilleuse,* laisse passer un très faible jet de gaz qui reste toujours allumé et permet le rallumage rapide du brûleur lui-même ; au sommet du

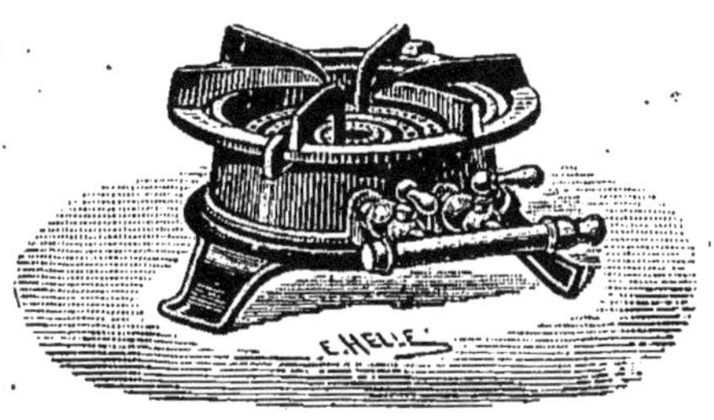

même brûleur, on peut voir une pièce mobile, formée d'un manchon percé de petits trous ronds qui laissent passer le gaz en nombreux jets et donnent une flamme divisée, très commode dans certains cas.

Fig. 82. — Fourneau à gaz, double couronne.

Ces appareils, d'un usage courant dans les laboratoires, ont été appliqués aux usages de la cuisine, d'abord sous la première forme du bec Bunsen, en groupant quelques-uns d'entre eux dans un corps en fonte servant de support aux vases à chauffer. Mais ce dispositif donnait aux fourneaux trop d'élévation ; on eut alors l'idée de disposer le brûleur horizontalement et de le recourber à son extrémité, comme on peut le voir figure 82 ; cette extré-

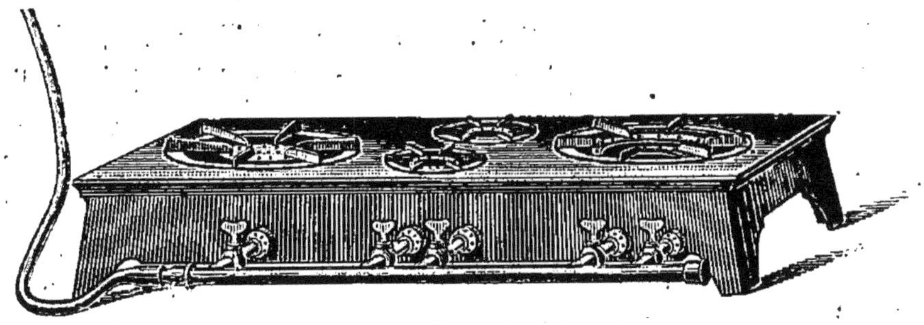

Fig. 83. — Fourneau de cuisine, à gaz.

mité est couverte par un chapeau ou champignon, analogue au manchon percé de la figure précédente, mais d'un diamètre plus ou moins grand selon les dimensions du fourneau. On dispose quelquefois deux, trois de ces brûleurs et même plus sur un même bâti en fonte, de manière à constituer un fourneau qui puisse dans une cuisine, servir à chauffer plusieurs plats à la fois, la figure 83 représente un de ces appareils.

Le gaz s'applique aussi bien à la cuisson des aliments contenus dans des vases avec un liquide qu'au rôtissage et au grillage des viandes ; mais, dans ce dernier cas, on emploie généralement de préférence des appareils dans lesquels le gaz brûle blanc en très petits jets maintenus à distance des pièces à cuire.

La figure 84 représente une rôtissoire Octrue, dans laquelle le gaz arrivant par le robinet figuré pénètre à la base de la rôtissoire dans une rampe en fer ou tube percé d'une vingtaine de petits trous par lesquels il s'échappe en jets assez faibles

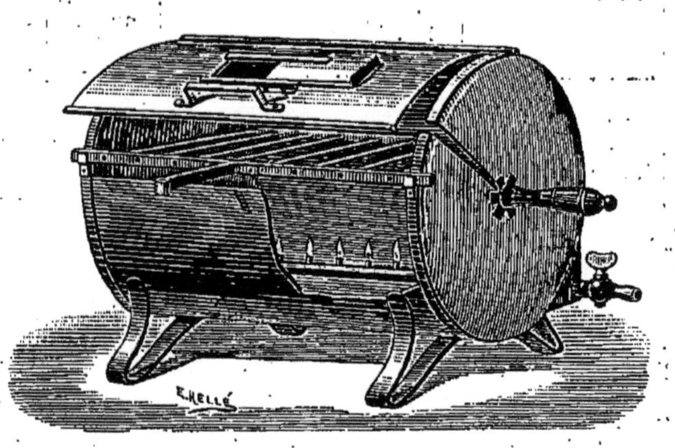

Fig. 84. — Rôtissoire Octrue.

pour donner des flammes n'ayant que 20 à 30 millimètres de longueur. On peut griller des viandes placées sur un gril mobile ou disposées sur une broche que l'on tourne à la main ou que l'on met en mouvement au moyen d'un tourne-broche mécanique. On observe la cuisson par un regard.

Il n'y a que peu d'années que l'emploi du gaz pour la cuisine a commencé à se répandre. Le public hésitait à s'en servir à cause de divers préjugés attachés à ce mode de chauffage. On a prétendu longtemps que les aliments cuits au gaz avaient un goût spécial, et que la dépense était beaucoup plus élevée qu'avec le charbon de bois ou les fourneaux économiques. La pratique a démontré qu'avec des appareils bien construits, la qualité de la cuisine au gaz était aussi bonne que par les autres systèmes. Quant au prix de revient, nous ne pouvons mieux faire que de donner quelques chiffres empruntés à l'ouvrage de M. Germinet, sur le chauffage au gaz. Une dépense plus élevée ne peut provenir que de gaspillage.

NATURE DU COMBUSTIBLE.	QUANTITÉ d'eau élevée de 0 à 100.	TEMPS	QUANTITÉ de combustible consommé par litre.	PRIX		DÉPENSE PAR HEURE	
				unité.	totaux.	du combustible.	coût argent.
Gaz.	5 litres.	32 min.	$39^{lit},39$	0 fr. 30	0 fr. 012	358 litres	0 fr. 107
Id.	3 —	20 —	$40^{lit},16$	par 1000 l.	0 fr. 012	350 —	0 fr. 105
Charbon de bois.	5 —	37 —	$0^{kg},062$	0 fr. 20	0 fr. 012	$0^{kg},469$	0 fr. 094
Id. . . .	3 —	23 —	$0^{kg},074$	0 fr. 20	0 fr. 015	$0^{kg},517$	0 fr. 103

Mais, dans la pratique, il faut tenir compte d'une perte journalière de 20 pour 100 du charbon employé (à cause de l'allumage et des pertes par extinction) qui n'est presque jamais mis immédiatement à l'étouffoir, tandis que le gaz s'allume instantanément, et peut être éteint aussitôt qu'une opération est terminée.

C'est ce que prouve la comparaison suivante, résultant d'expériences, pour élever de 0 à 100° 1 litre d'eau.

Charbon de bois. . . . $0^{kg},068$
Perte, 20 pour 100. . . $0^{kg},013$
    Total. . . . $0^{kg},081$ à 0 fr. 20 le kilogramme. $0^{f},046$
Gaz, $42^{lit},8$ à 0 fr. 30 le mètre cube. . . . . $0^{f},013$
    Bénéfice sur le charbon de bois . . . . $0^{f},003$
       soit net, 21 pour 100.

Le pot-au-feu, le plat populaire par excellence, semble avoir été inventé pour être fait au gaz. Suivant l'expression technique, il doit *mijoter*, ce qui est singulièrement facilité par le réglage exact du gaz, permettant en outre la suppression de toute surveillance. Nous donnons encore, d'après M. Germinet, les prix comparatifs de la cuisson au gaz et au charbon.

POT-AU-FEU AU GAZ

Composition
{ Bœuf. . . . . $1^{kg},000$
Eau, 3 litres. . . . . $3^{kg},000$
Légumes assortis. . . . . . . $0^{kg},130$

Ensemble. . . . . $4^{kg},130$

Bouillon obtenu : 2 litres et demi.

CUISSON.	TEMPS.	DÉPENSE	
		GAZ.	ARGENT.
Écumage à 100°	30 minutes.	139 litres.	0 fr. 041
Entretien du bouillonnement (par livre, 68 litres = 0 fr. 02). . .	5 heures.	340 —	0 fr. 102
Récapitulation	5 h. 30	479 litres.	0 fr. 143.

POT-AU-FEU AU CHARBON DE BOIS

(Même composition que ci-dessus.)

Bouillon obtenu : 2 litres et demi.

TEMPS		DÉPENSES TOTALES DE COMBUSTIBLE.		
ÉCUMAGE.	ENTRETIEN du bouillonnement.	Poids.	Prix du kilogramme.	Coût.
30 minutes.	5 heures.	$0^{kg},870$	0 fr. 20	0 fr. 17

Résidus du charbon : $0^{kg},250$ (comprenant les frais d'allumage).

Nous pourrions multiplier les exemples et nous trouverions toujours que l'avantage est du côté du gaz. Nous n'avons du reste cité ceux qui précèdent que pour répondre à l'objection relative de la dépense. On pourrait également constater une différence assez curieuse à son profit, c'est que les rôtis cuits au gaz perdent moins de leur poids que par tout autre mode de cuisson.

Il est inutile, bien entendu, de parler des nombreuses facilités que donne la cuisine au gaz : rapidité d'allumage et d'extinction, propreté, absence de cendres et de fumée, etc. Peu à peu, du reste, le gaz tend à se répandre pour les usages domestiques. Aujourd'hui on l'emploie pour le chauffage des bains (avec 0 fr. 35 à 0 fr. 60 de gaz, selon la saison, on

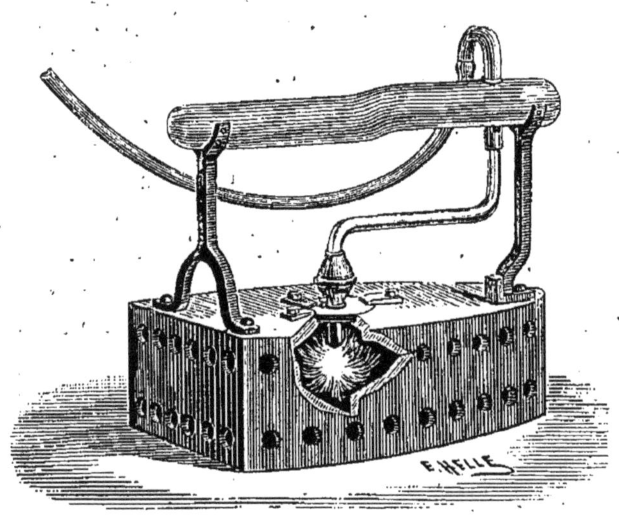

Fig. 85. — Fer à repasser, à gaz.

chauffe un bain dans un laps de temps qui ne dépasse pas 40 minutes), la torréfaction du café ($0^{kg},500$ de café, sont grillés en 18 minutes avec 85 litres de gaz, soit 0 fr. 25), le chauffage des fers à repasser, etc.

Ce chauffage est quelquefois d'un emploi industriel chez les blanchisseuses, les chapeliers et les tailleurs, qui font usage des fers devant être maintenus tout le jour à la même température. Dans ce cas on n'emploie plus le fourneau simple, analogue au fourneau de cuisine et sur lequel il suffit de poser les fers pour les chauffer, il faut que la source de chaleur suive le fer ; on se sert des fers système Pieplu, où le gaz est brûlé dans le fer lui-même par adjonction d'air sous pression, ou même avec un bec

Bunsen placé à l'intérieur comme dans le modèle indiqué figure 85;
mais, dans ce dernier cas, le chauffage revient plus cher.

Le gaz se prête à mille applications dans l'industrie et dans
les laboratoires qui ont besoin d'un chauffage rapide, énergique et
propre. Parmi les nombreux appareils employés, nous ne pouvons
en choisir que quelques-uns comme types caractéristiques, les
limites de cet ouvrage ne nous per-
mettant pas de citer tous les dispositifs dans lesquels le gaz sert de
combustible.

Nous avons vu dans les appareils de cuisine le gaz brûlant avec
l'air mélangé par appel, comme dans
le bec Bunsen, ou brûlant blanc en
petits jets dans la rôtissoire Octrue.
Si la flamme est envoyée dans un
appareil chauffé au rouge et muni
d'une cheminée, même de longueur assez réduite, immédiatement la
température obtenue
peut atteindre un degré
plus élevé. Ainsi le four
à moufle d'Adnet, repré-

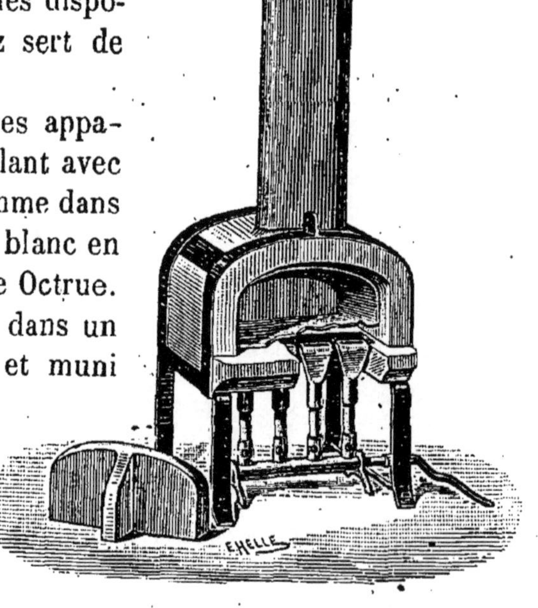

Fig. 86. — Four à moufle Adnet.

senté figure 86, permet non seulement de faire des incinérations
dans son coffre en terre réfractaire, mais encore d'arriver à cou-
peller quand on a une cheminée suffisante. Cet appareil comporte
trois ou quatre becs Bunsen, montés sur un même tube; chacun
d'eux est surmonté d'une tête en fonte qui aplatit la flamme.

La cheminée du four d'Adnet détermine l'appel d'une plus
grande quantité d'air et, en augmentant sa hauteur, on peut obtenir des températures assez élevées pour fondre le cuivre, l'or et
même la fonte.

Nous avons dit que le brûleur Bunsen utilisait un volume

d'air égal à huit fois le volume de gaz; or, pour brûler complètement un volume de gaz, nous savons qu'il faudrait 14 volumes d'air; donc, plus nous nous rapprocherons de cette proportion, plus élevées seront les températures obtenues. C'est ce qu'a réalisé M. Perrot, de Genève, dans son four de fusion, dont nous donnons une coupe (fig. 87), d'après un modèle établi par un de nos plus ingénieux constructeurs de ce genre d'appareils, M. Wiessnegg. Le gaz amené sous le four arrive à un brûleur formé de six becs Bunsen recourbés au sommet et fixés sur une même boîte en fonte; les flammes de ces six brûleurs se réunissent au-dessous du creuset à chauffer. Celui-ci est supporté par une pièce en terre réfractaire et entouré par un fourneau à double enveloppe également en terre réfractaire. Les produits de la combustion s'échappent par une cheminée fixée latéralement et au bas de l'enveloppe extérieure. Cette cheminée, de deux ou trois mètres de hauteur, produit un appel d'air énergique à la base du fourneau et au moment même de l'entrée de la flamme du gaz à cette base. Le mélange, qui se compose d'environ 1 volume de gaz pour 10 à 11 d'air, se forme ainsi au-dessous du creuset, et brûle dans l'espace qui l'entoure; la flamme qui circule dans la double enveloppe concourt encore à élever la température qui atteint 1,200 degrés environ. Cet appareil aujourd'hui très

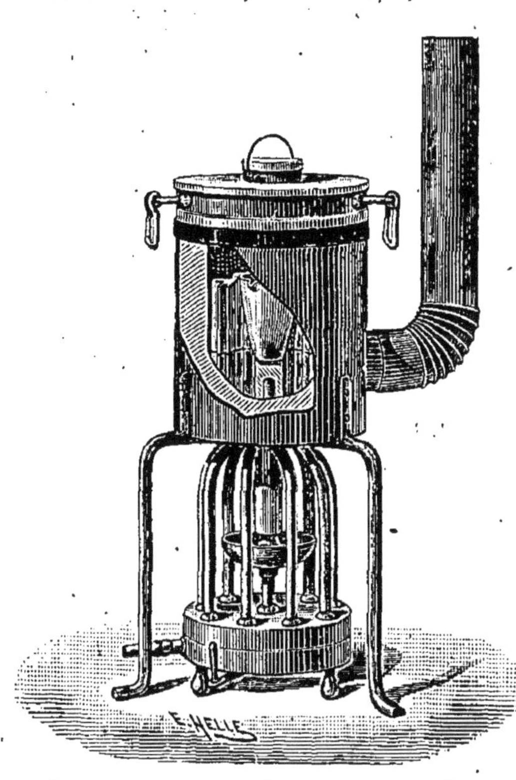

Fig. 87. — Four Perrot.

répandu dans l'industrie, surtout dans l'orfèvrerie et la bijouterie, permet de fondre l'or et l'argent avec très peu de perte et à très bon marché (3 à 4 centimes par kilogramme).

Si nous cherchons encore à introduire plus d'air dans le gaz à brûler, de manière à atteindre le mélange théorique de 1 de gaz pour 14 d'air, en insufflant de l'air au moyen d'une soufflerie quelconque, soufflet, ventilateur ou trompe, nous pouvons alors atteindre les hautes températures nécessaires à la fusion du platine. C'est ce que l'on réalise dans les chalumeaux de laboratoire : le chalumeau de Schlœsing, pour la fonte du platine; le petit fourneau de Forquignon et Leclerc, le four de Krechel, pour l'attaque des silicates.

Ce dernier appareil, d'une grande simplicité, représenté figure 88, est un petit chalumeau de laboratoire au centre duquel un courant d'air énergique vient produire un jet de flamme très chaude. Celle-ci est utilisée pour porter rapidement au rouge un

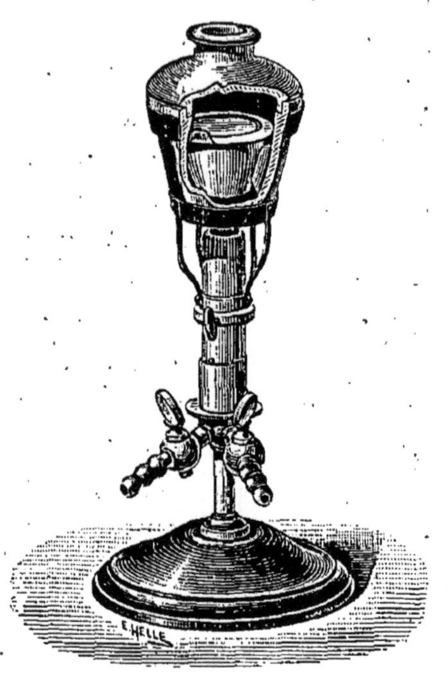

Fig. 88. — Four Kréchel.

creuset placé dans un petit fourneau de terre réfractaire, disposé dans un support qui surmonte l'apppareil; il est disposé également pour donner à volonté la flamme ordinaire du brûleur de Bunsen, sans soufflerie, en tournant le robinet d'air placé à sa base.

D'après les quelques exemples que nous venons de citer, on peut voir à quelles multiples applications le gaz peut se prêter avec avantage en dehors de l'éclairage; dans la grande industrie, comme dans les laboratoires et les usages domestiques, c'est aujourd'hui le combustible par excellence.

Nous allons jeter maintenant un coup d'œil sur son application comme producteur de force motrice.

Moteurs à gaz.

Ainsi que nous l'avons dit, Philippe Lebon avait bien prévu les conséquences de sa découverte au point de vue de ses diverses applications; pour répondre aux revendications allemandes et anglaises relatives à l'invention du moteur à gaz, il suffit de rappeler le certificat ou brevet additionnel pris par Lebon, le 25 août 1801, et qui avait pour objet la construction des machines mues par la force expansive du gaz.

Dans ce document, il donne une description qui pourrait s'appliquer à toutes les machines créées depuis. Le gaz, mélangé en certaines proportions à l'air, est introduit successivement des deux côtés d'un piston; le mélange enflammé produit une force d'expansion qui fait mouvoir le piston. Il a même indiqué l'électricité comme moyen d'inflammation.

En 1807, un ancien officier, M. de Rivaz, prit un brevet pour une voiture à vapeur actionnée par un moteur à gaz. Puis successivement des inventeurs cherchent à perfectionner le moteur à gaz : Samuel Brown (1823), Hazárd (1826), Cristoforis (1841), Hugon (1858), etc.; mais ce ne fut qu'avec la machine créée par Lenoir en 1860 que le moteur à gaz devint applicable industriellement. Ce moteur peut être considéré comme le premier qui ait fonctionné réellement; dès son origine, malgré un rendement assez faible par rapport aux nouveaux moteurs qui lui ont succédé, il montrait la supériorité théorique du moteur à gaz, sur le moteur à vapeur. En effet, dit M. Lefebvre dans sa notice sur le moteur Lenoir, un moteur Lenoir, produisant 1 cheval de force ou 270,000 kilogrammes, consomme 2 mètres cubes de gaz qui produisent en brûlant 12,000 calories; or, d'après la théorie mécanique de la chaleur, chaque calorie correspondant à 430 kilogrammètres, le moteur à gaz devrait produire $430 \times 12,000$

= 5,160,000 kilogrammètres ; en pratique il en donne 270,000, c'est-à-dire 5,23 pour 100. Une machine à vapeur de la force de 1 cheval consomme 5 kilogrammes de charbon représentant 40,000 calories, ce qui correspond à un travail de 17,200,000 kilogrammètres; en pratique, elle donne 1,57 pour 100.

Et ce que disait M. Lefebvre, en 1864 s'est encore accentué aujourd'hui. Une machine à vapeur de 8 chevaux, par exemple, brûle au moins 24 kilogrammes de houille à l'heure, soit 3 kilogrammes par cheval, et n'utilise que 2,61 pour 100. Tandis que les nouveaux moteurs de M. Lenoir, pour produire la même force, consomment 720 litres de gaz à l'heure par cheval, utilisant ainsi 14,5 pour 100, et il est probable que des perfectionnements viendront encore augmenter ces rendements.

La force utilisée dans le moteur à gaz est l'expansion produite par l'explosion résultant de l'inflammation d'un mélange d'air et de gaz. Dans certains moteurs, cette sorte d'expansion est simplement utilisée pour pousser un piston agissant sur une tige, une bielle et la manivelle d'un arbre coudé, comme le fait la vapeur dans la machine à vapeur. C'est ainsi qu'elle agit dans le premier moteur de Lenoir, celui de Hugon et de Kinder et Kinsey. Dans d'autres moteurs, l'explosion, agissant sur un piston libre, sert à créer derrière celui-ci une raréfaction ou vide partiel en vertu duquel la pression atmosphérique agit au retour pour développer le travail effectif. Les machines de Barsanti et Matteuci, d'Otto et Langen et de Gilles rentrent dans cette catégorie.

Quelquefois, comme dans le moteur Bisschop, les deux actions sont utilisées.

Dans les premiers types de moteurs, le mélange de gaz et d'air est admis à la pression atmosphérique et la conserve jusqu'au moment où l'inflammation détermine l'explosion qui se produit instantanément; tandis que dans d'autres moteurs, tels que ceux d'Otto, Clerk, Simon, Funck, etc., le mélange détonnant est comprimé à l'avance, soit par le piston moteur lui-même, soit par une pompe de compression spéciale, et c'est alors que l'explosion est provoquée par un jet de gaz enflammé ou par une étincelle électrique. En outre, l'inflammation est graduelle et produit une explosion progressive.

La discussion de la théorie du moteur à gaz nous entraînerait en dehors des limites de cet ouvrage. Cette théorie, ainsi que la description détaillée des divers types de moteurs à gaz, sera traitée dans un volume spécial. Nous renvoyons pour le moment le lecteur à l'intéressante étude de M. Aimé Witz, et nous nous bornerons à la description de deux types caractéristiques qui donneront au lecteur une idée de ce genre d'appareils.

Moteur Bisschop (fig. 89). — Dans ce moteur, l'explosion d'un mélange de gaz et d'air agit sur un piston qui se meut dans un cylindre vertical, pour l'élever de bas en haut; le piston pousse une tige à laquelle est attelée une bielle renversée qui actionne une manivelle placée sur l'arbre moteur. Lorsque le piston est arrivé au haut de sa course, une raréfaction a lieu sous le piston qui est repoussé au bas de sa course par la pression atmosphérique; une nouvelle explosion se produit alors pour faire remonter le piston. Le mélange explosif est enflammé par un bec de gaz brûlant constamment devant un petit orifice pratiqué à la base du cylindre et dont l'obturation a lieu automatiquement, lors de l'explosion, au moyen d'un simple clapet métallique. Pour éviter que la température ne s'élève trop par suite des explosions répétées, le cylindre porte, autour de sa circonférence, une série d'ailettes venues de fonte, entre lesquelles s'établit un courant d'air qui refroidit rapidement les parois; on évite ainsi le refroidissement par circulation d'eau, nécessaire dans la plupart des moteurs à gaz. Ce moteur, excessivement simple, peut être dirigé par la première personne venue après cinq minutes d'instruction. On ne pourrait que lui reprocher sa consommation de gaz assez élevée (elle atteint 1,000 litres à l'heure pour un demi-cheval de force et 1,850 litres pour un cheval); mais cet appareil a été construit en vue de remplacer la force de l'homme ou du cheval, dont le prix serait bien plus considérable. Ainsi le demi-cheval-vapeur qui consomme

1,000 litres, soit une dépense de 0 fr. 30 à l'heure, donne une

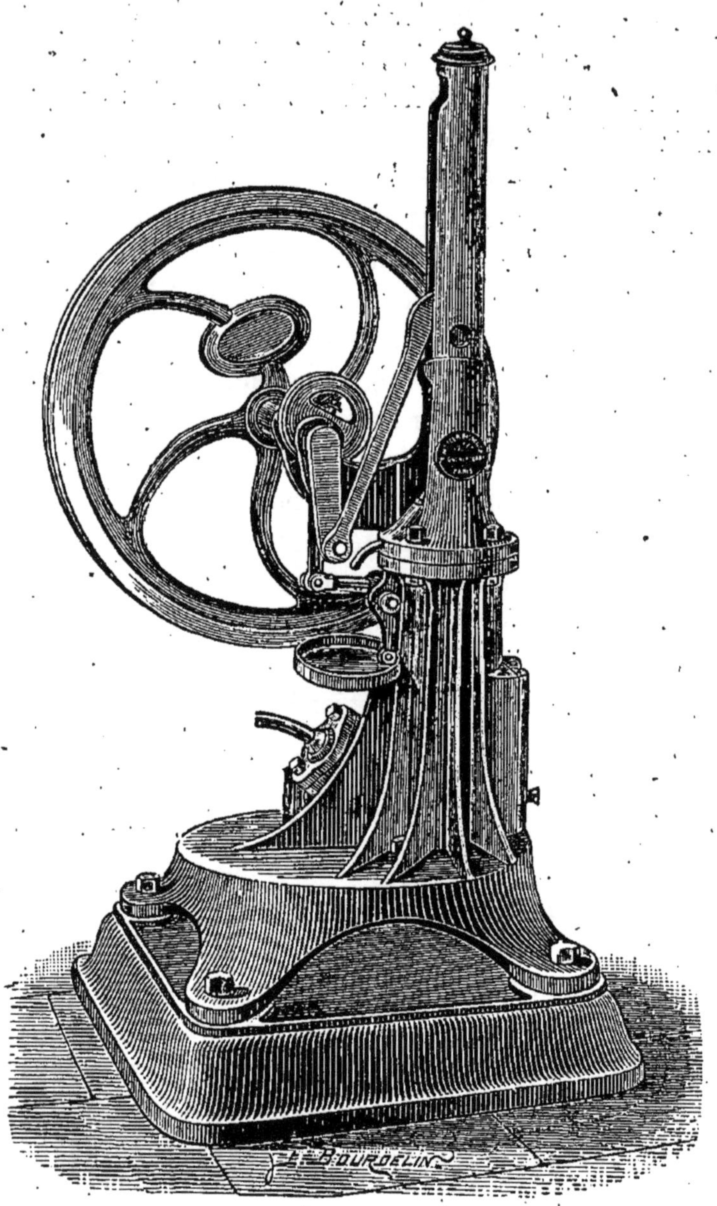

Fig. 89. — Moteur Bisschop.

force égale à celle de six hommes qui, comptés 0 fr. 30 au moins à l'heure, coûteraient 1 fr. 80. Il est assez simple à installer pour pouvoir être rapidement déplacé. La Société d'Encouragement, en accordant à son auteur, en 1880, le prix de 1,000 francs offert pour le meilleur moteur pour *atelier de famille*, a bien compris le rôle auquel il était destiné.

Moteur Lenoir. — Dans le moteur Bisschop, on a cherché avant tout à créer un moteur simple, à la portée de tous, tandis que dans le moteur Lenoir, l'inventeur, qui avait déjà créé le premier moteur à gaz fonctionnant industriellement, a voulu réaliser non seulement un dispositif excellent au point de vue mécanique, mais encore une machine motrice produisant la force au meilleur marché possible en raison de sa faible consommation de gaz.

Le nouveau moteur Lenoir (fig. 90) rentre dans la catégorie des moteurs à explosion, avec compression du mélange explosif. Il se compose d'un cylindre dans lequel se meut un piston actionné par le mélange explosif, sans utilisation de la pression atmosphérique. Le mouvement du piston comporte quatre périodes. La première détermine l'aspiration du gaz d'éclairage et de l'air devant former le mélange explosif par la marche d'arrière en avant du piston. La seconde comprend la compression du mélange pendant la course inverse. La troisième est celle de l'inflammation de de ce mélange comprimé, et enfin la quatrième correspond à l'expulsion des gaz brûlés.

Ce qui distingue ce moteur de ceux qui fonctionnent dans les mêmes conditions de compression, comme le moteur Otto, c'est que le mélange comprimé se rend dans une capacité faisant suite au cylindre même, mais dont les parois sont isolées de ce cylindre par un joint non conducteur de la chaleur. Ce réservoir porte en outre à l'extérieur, ainsi que le cylindre moteur, un certain nombre d'ailettes, les unes transversales, les autres longitudinales, analogues à celles du moteur Bisschop et qui ont pour objet d'offrir au contact de l'air extérieur une plus grande surface refroidissante. Ce réservoir, appelé par l'inventeur le *réchauffeur*, reçoit du mélange enflammé une certaine quantité de chaleur, qui se communique aux parois pour servir à l'échauffement rapide de la masse comprimée suivante, avant son inflammation.

Le résultat de ces deux opérations, la compression d'une part et l'échauffement du gaz de l'autre, est de produire dans le cylindre au moment de l'explosion une pression plus considérable, et qui atteint 12 à 13 atmosphères.

Fig. 90. — Moteur Lenoir.

L'emploi de ces hautes pressions a conduit M. Lenoir à adopter des distributions par soupapes, au lieu des tiroirs si délicats dans ce genre de moteurs. L'inflammation du mélange a lieu, comme dans le premier moteur de M. Lenoir, par l'étincelle électrique. Les moteurs de faible puissance, jusqu'à 4 chevaux, n'exigent pas le refroidissement du cylindre par une circulation d'eau. Enfin un régulateur de vitesse agit sur la soupape d'admission, de manière à interrompre l'introduction du gaz pendant une ou même plusieurs cylindrées, lorsque le moteur tend à augmenter de vitesse.

Des expériences exécutées sous la direction de M. H. Tresca et résumées dans un remarquable Mémoire auquel nous empruntons les renseignements qui précèdent, il ressort que le nouveau moteur Lenoir, pour produire une force de 1 cheval-vapeur, dépense environ 700 litres de gaz à l'heure (des essais exécutés avec un moteur de 2 chevaux donnent même 677 litres).

On peut admettre en pratique courante, comme nous l'avons fait en calculant les rendements, une moyenne de 720 litres de gaz par heure et par cheval. Nous pouvons espérer encore des résultats plus avantageux.

Il est certain que dans une machine motrice on n'atteindra jamais les rendements théoriques, en utilisant toute la chaleur produite par le combustible dépensé, aussi bien dans les machines à vapeur que dans les moteurs à gaz; mais moins on emploiera d'intermédiaires, plus on approchera de l'utilisation théorique. Il est clair qu'on arrivera difficilement à récupérer la chaleur entraînée par la combustion du mélange explosif (cela a été essayé) et que le rayonnement du cylindre sera encore une perte de chaleur. Enfin un organe mécanique quelconque comporte toujours des pertes de travail, par les frottements qu'il est impossible d'empêcher et qu'on ne peut que réduire dans une certaine mesure, par la perfection de la construction.

En résumé tel qu'il existe, le moteur à gaz est le moteur par excellence pour la petite industrie. Il peut être placé partout sans autorisation obtenue à la suite d'enquête de *commodo et incommodo*. L'espace occupé par lui est très restreint, pas de chaudière, pas de cheminée, pas de fumée, pas de chauffeur. Mise en marche et arrêt instantanés. Comparé aux moteurs animés, il réalise une économie considérable et, si l'on met en regard les prix de revient de la force produite par le moteur à gaz et ceux que donne la machine à vapeur, on trouve, en reprenant les chiffres que nous citions au commencement de ce chapitre, qu'une machine à vapeur de 8 chevaux consommera environ 24 kilogrammes de charbon à l'heure, ce qui, à raison de 30 francs la tonne, représente une dépense de 0 fr. 09 par cheval et par heure; tandis que le moteur à gaz Lenoir, qui est le plus économique, consommera 5,800 litres ou 720 litres de gaz par cheval et par heure, qui à 0 fr. 30 le mètre cube, représentent 0 fr. 21 par cheval et par heure. Mais cependant, pour ces petites forces, l'industrie commence à préférer le moteur à gaz, parce qu'il ne comporte pas l'entretien et l'amortissement d'un matériel aussi coûteux, parce qu'il économise l'emplacement, et enfin parce qu'il n'exige pas de chauffeur. Ce dernier élément, représentant au moins 0 fr. 50 par heure, constitue, pour la machine à vapeur de 8 chevaux citée, une dépense de 0 fr. 063 par cheval-heure, qui, ajoutés aux 0 fr. 09, font ressortir la dépense totale à 0 fr. 15. Il reste bien encore 0 fr. 06 de différence contre le moteur à gaz, mais, comme nous le disions, les ennuis qu'il évite le font souvent préferer. Il devient enfin absolument plus avantageux lorsque le gaz coûte moins cher; ainsi avec le même moteur, si le gaz était compté 0 fr. 20 le mètre cube, le cheval-heure ne coûterait plus que 0 fr. 14 et au prix où le gaz est vendu dans certaines villes d'Angleterre, soit 0 fr, 09 le mètre cube, le cheval-heure ne revient plus qu'à 0 fr. 065, c'est-à-dire moins cher qu'avec la machine à vapeur. Aussi voyons-nous déjà certaines usines fabriquer du gaz pour actionner des moteurs à gaz, et s'en bien trouver.

V

PRODUITS DÉRIVÉS

Nous avons vu, au début du chapitre relatif à la fabrication du gaz, qu'en pratique, les produits obtenus par la distillation de la houille dans les usines à gaz se composent de :

Coke.	65 à 75 kilogrammes.
Gaz d'éclairage.	15 à 18	—
Goudron.	4 à 5	—
Eau ammoniacale.	6 à 7	—
Perte et divers absorbés par l'épuration.	1 à 9	—

Nous avons suivi le gaz d'éclairage pendant les opérations successives de condensation et d'épuration, qui ont pour but de le purifier et d'en séparer les diverses substances nuisibles ou inutiles à son pouvoir éclairant.

Nous allons maintenant étudier le parti que l'industrie a su tirer de ces matières qui, au début de l'application du gaz à l'éclairage, étaient encombrantes, et qui aujourd'hui sont la source de produits précieux et l'origine d'importantes industries.

Au commencement de cet ouvrage, nous avons parlé du *coke ;* nous n'avons pas à y revenir. Nous nous occuperons seulement des trois autres résidus de la fabrication : l'eau ammoniacale, les vieilles matières d'épuration et le goudron.

L'eau ammoniacale.

L'ammoniaque sous forme de sel ammoniac, semble avoir été connue de toute antiquité ; ce sel venait d'Asie et d'Égypte ; il était extrait de la suie produite par la combustion de la fiente des chameaux. Cette suie était sublimée et le sel ammoniac se déposait dans la partie supérieure des vases où avait lieu la sublimation. Geber, célèbre alchimiste arabe (dont le vrai nom est Abou Moussah-Djafar) qui vivait au VIII\ siècle, trouva le moyen d'extraire le sel ammoniac des urines putréfiées, et les fabriques qui s'établirent vers le XII\ siècle, en Allemagne et en France, employèrent sa méthode.

Ce n'est guère que vers le milieu du XII\ siècle que l'on trouva le moyen d'extraire le gaz ammoniac. Le sel ammoniac n'est aujourd'hui qu'un produit de fabrication et ne sert plus de matière première pour l'extraction de l'ammoniaque et la fabrication des sels ammoniacaux ; c'est la houille qui fournit la plus grande partie de l'ammoniaque.

Nous avons vu, en effet, que ce combustible contient des quantités variables d'azote dont la moyenne est de 0,8 pour 100 environ. Par suite de la décomposition qu'il subit, soit pendant la combustion, soit par la distillation sèche, l'azote s'en dégage en partie sous forme de composés ammoniacaux. Pendant longtemps l'ammoniaque provenant de la combustion a été négligée ; c'est seulement lorsque l'on a pu en constater la présence dans les eaux de condensation provenant des conduites des gaz qui s'échappent des hauts fourneaux, que l'on a pensé à la recueillir. La quantité ainsi obtenue n'est pas très considérable ; cependant, en 1887, on estimait, en Angleterre, à 4,000 tonnes environ la production de sulfate d'ammoniaque provenant des hauts fourneaux. L'Angleterre est du reste le principal producteur de produits ammoniacaux ; car, dans cette même année 1887, la fabrication de sulfate d'ammoniaque y atteignait le chiffre de 106,610 tonnes. Nous trouvons qu'en 1887, on a importé en France 421,919 kilogrammes d'ammoniaque et 14,485,000 de kilogrammes de sel ammoniac et exporté 1,115,000 kilogrammes d'ammoniaque liquide et 1,177,000 kilogrammes de sel ammoniac. La Compagnie Parisienne fabrique annuellement plus de 3,000 tonnes de sulfate d'ammoniaque.

Aujourd'hui la plupart des usines à gaz recueillent les eaux ammoniacales à cause de la valeur acquise par le sulfate d'ammoniaque, spécialement en raison de son emploi considérable comme engrais agricole.

Le *sulfate d'ammoniaque* est la forme la plus courante donnée aux sels ammoniacaux ; c'est lui qui est le point de départ de la fabrication de presque tous les autres produits à l'état pur : l'ammoniaque en dissolution, le carbonate d'ammoniaque, etc.

Maintenant, on se sert beaucoup en teinture d'aluns ammoniacaux à la place d'alun de potasse. L'ammoniaque caustique en dissolution ou alcali s'emploie dans les machines à produire le froid (Carré, Letellier, Linde) ; on l'utilise également pour l'extraction des matières tinctoriales du lichen, de l'orseille et de la cochenille.

L'ammoniaque sert encore à la fabrication de la soude par les procédés Solvay, Boulouvard ou Schlœsing. Le sel ammoniac est surtout employé pour décaper les métaux que l'on veut étamer ou souder.

Le carbonate d'ammoniaque trouve son application en teinture ; presque tous les sels ammoniacaux sont utilisés comme réactifs dans les laboratoires ou comme médicaments ; enfin le tabac à priser doit une partie de son montant à l'ammoniaque.

L'ammoniaque peut s'obtenir par la calcination des matières animales et des os en vases clos ; elle provient aussi des résidus des fabriques de noir animal, des urines putréfiées, des eaux vannes, des foyers à houille, comme nous le disions plus haut ; enfin on a même essayé de la produire au moyen de l'azote de l'air (procédé Marguéritte).

Nous avons surtout à nous occuper ici de l'extraction de l'ammoniaque des eaux ammoniacales provenant des usines à gaz.

L'eau de condensation des usines à gaz contient, en dissolution, des composés ammoniacaux fixes ou volatils, en proportions très variables, selon le mode de condensation adopté. Nous avons vu que 100 kilogrammes de houille donnaient 6 à 7 kilogrammes d'eau ammoniacale, qui peut contenir jusqu'à 6 grammes d'ammoniaque par litre. L'ammoniaque s'y trouve sous la forme de sesquicarbonate, de sulfhydrate, de sulfocyanhydrate, d'hyposulfite, de sulfate, de chlorhydrate et d'ammoniaque libre.

Les opérations que l'on fait subir à l'eau ont pour but de dégager l'ammoniaque de ce mélange et de la recueillir en la faisant entrer en dissolution dans l'eau ou en combinaison avec un acide; le plus souvent, c'est l'acide sulfurique dont on fait usage.

Cette quantité de combinaisons dans lesquelles l'ammoniaque est engagée dans l'eau de condensation donne à celle-ci des poids spécifiques très variables; ainsi de l'eau contenant 13 grammes d'ammoniaque libérable, peut avoir la même densité qu'une eau qui en contient 26 grammes. C'est pourquoi nous estimons que la méthode d'appréciation de ces eaux suivie ordinairement dans le commerce, et qui consiste à en prendre la densité ou le degré au moyen d'un aéromètre, est absolument erronée et peut conduire à des conclusions très fausses, aussi bien pour les acheteurs que pour les vendeurs.

Le seul moyen pratique, est l'analyse très simple et à la portée de tous par la méthode de distillation. Nous dirons quelques mots de cette méthode, non seulement parce qu'elle est celle que nous estimons devoir toujours être suivie par l'usinier, mais encore parce qu'elle donne l'idée d'une opération en petit, pour l'extraction de l'ammoniaque.

Cette méthode repose sur le déplacement de l'ammoniaque de ses combinaisons, au moyen d'une solution de potasse. L'ammoniaque libérée est recueillie et absorbée par de l'acide sulfurique ou oxalique en excès, de valeur connue, avec lequel elle forme une solution de sulfate ou d'oxalate d'ammoniaque; l'acide resté libre est mesuré au moyen d'une solution alcaline de valeur également connue.

L'appareil que nous employons (fig. 91) se compose d'un ballon en verre dans lequel on place 10 centimètres cubes d'eau ammoniacale ou d'une solution d'un sel à analyser, représentant à peu près 1 gramme de matière ; on ajoute 150 centimètres cubes d'eau distillée, puis 25 centimètres cubes d'une solution de potasse caustique contenant 5 pour 100 de potasse, enfin 150 autres centimètres cubes d'eau. Le ballon est fermé par un bouchon percé, dans lequel s'engage un tube de verre qui s'élève d'abord verticalement à environ $0^m,40$ de hauteur, pour redescendre ensuite à travers un manchon en verre, où il est refroidi par un courant d'eau froide, et se terminer dans un vase à saturation contenant 20 centimètres cubes d'une solution normale d'acide oxalique (préparée en faisant dissoudre 63 grammes de cet acide pur dans un litre d'eau distillée); on ajoute quelques gouttes de teinture bleue de tournesol qui, au contact de l'acide, vire au rouge en le colorant. Si maintenant, au moyen d'une lampe à alcool ou d'un bec de gaz, on chauffe le ballon avec précaution, le liquide s'échauffe,

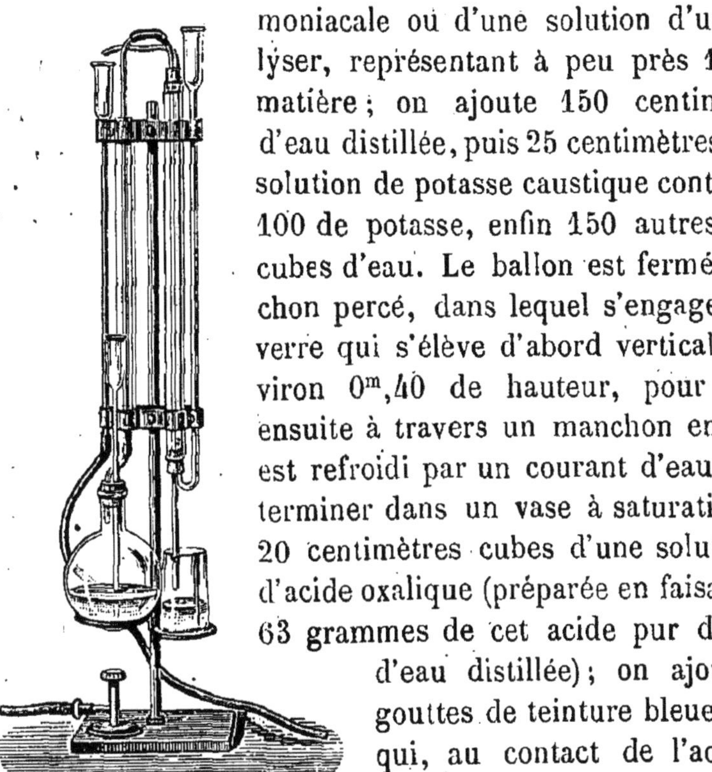

Fig. 91. — Appareil F. Verdier
pour le dosage
des sels ammoniacaux.

la potasse se substitue dans ses combinaisons à l'ammoniaque qui se dégage, s'élève dans le tube qui surmonte le ballon et redescend dans le vase à saturation, où elle se combine avec l'acide pour former de l'oxalate d'ammoniaque. Lorsque toute l'ammoniaque s'est dégagée (entraînée avec une certaine quantité d'eau), c'est-à-dire quand il s'est condensé environ 100 centimètres cubes d'eau, on mesure la quantité d'acide resté libre en y versant un nombre de centimètres cubes d'une solution de carbonate de soude, dont un centimètre cube neutralise un centimètre cube de solution d'acide oxalique[1], de telle sorte que la teinte rose du liquide acide soit juste ramenée au bleu; l'acide libre est alors neutralisé. On a ainsi par différence le nombre de centimètres cubes d'acide entrés en combinaison avec l'ammoniaque. Or, 1 centimètre cube de solution d'acide oxalique correspondant à $0^{gr},017$ d'ammoniaque (soit $0^{gr},014$ d'azote), on a par suite la teneur de la solution ammoniacale analysée.

La solution de potasse peut être remplacée dans certains cas par un lait de chaux.

Cette méthode permet de déterminer rigoureusement la quantité d'ammoniaque contenue dans les eaux à traiter, ainsi que la valeur des sels ammionacaux fabriqués; ce qui est indispensable aussi bien aux fabricants qu'aux acheteurs, aux industriels ou aux agriculteurs.

Traitement des eaux ammoniacales.

Le traitement s'effectue de plusieurs manières, selon que l'on se propose d'obtenir de l'ammoniaque caustique en dissolution dans l'eau ou des sels ammoniacaux; mais dans les grandes usines on suit toujours la méthode de la distillation pour dégager l'ammoniaque. L'eau ammoniacale mélangée avec un lait de chaux dans une chaudière chauffée, laisse dégager l'ammoniaque qui est ensuite absorbée dans de l'eau distillée froide, quand il s'agit de faire de l'ammoniaque caustique, ou dans de l'acide sulfurique ou chlorhydrique, selon que l'on désire du sulfate ou du chlorhydrate.

On peut également, pour obtenir du sulfate ou du sel ammo-

---

1. Cette solution se prépare avec 143 grammes de carbonate de soude cristallisé pur, dissous dans un litre d'eau distillée.

niac, saturer directement l'eau ammoniacale, puis concentrer la solution jusqu'à cristallisation. Cette méthode que l'on employait avant l'installation des appareils distillatoires, avait l'inconvénient de dégager des gaz (acide carbonique et hydrogène sulfuré) qui infectaient le voisinage ; les sels obtenus étaient sales, et enfin la concentration exigeait une assez forte dépense de combustible. On a presque partout renoncé à ce procédé, et cependant nous pensons que, dans certains cas, il y a tout avantage à s'en servir. De petites usines qui n'ont qu'une faible production préfèrent laisser perdre leurs eaux ou les vendre à très bas prix plutôt que de s'astreindre à l'acquisition d'un matériel de distillation coûteux. Nous avons été à même de construire de petites usines dans ces conditions et nous nous sommes bien trouvés de l'emploi de la méthode de saturation directe avec certaines précautions ; aussi croyons-nous que la description de ce procédé pourra rendre service

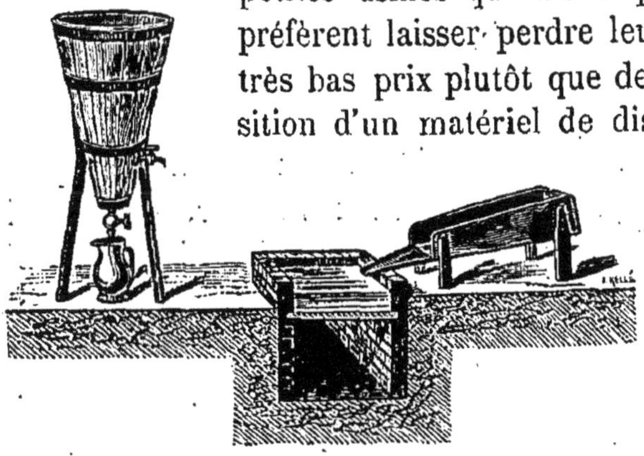

Fig. 92. — Traitement des eaux ammoniacales.

dans certains cas. Le matériel comprend (fig. 92) une petite cuve conique à saturer, en bois doublé de plomb, une ouverture pratiquée à une certaine distance du fond est fermée par un robinet ou un simple tampon en bois ; une cuve plate en plomb, disposée sur le parcours de la cheminée traînante des fours et un égouttoir en bois doublé de plomb : le tout d'une valeur de 200 ou 300 francs. La qualité des sels produits dépend de la manière dont la saturation est faite. Il faut avoir soin de verser l'acide dans l'eau en l'agitant vivement ; pendant l'opération une mousse abondante se produit en même temps que se dégagent les gaz qui peuvent être dirigés dans une hotte communiquant avec la cheminée de l'usine ou sous un foyer. Lorsque la saturation est complète, du goudron léger surnage au-dessus du liquide et un dépôt se forme au fond de la cuve. On laisse reposer vingt-quatre heures, puis on tire au clair le liquide, que l'on envoie se concentrer dans la cuve à évaporer. La concentration n'exige pas de dépense spéciale de combustible puisque l'on emploie ainsi la chaleur perdue des fours; au bout d'un certain temps il se forme du sulfate dans la cuve, on le retire avec un râble et on le met égoutter, les eaux mères qui s'écoulent retombent dans la cuve. On peut également, lorsque la dissolution marque 28 à 30 degrés Baumé, la mettre refroidir dans un cristallisoir (cuve en bois), où le sulfate formé se dépose en beaux cristaux. Avec un peu de pratique et de soin on peut ainsi, dans ces petites usines, obtenir de très beau sulfate, ce qui vaut mieux que de perdre les eaux ou de les vendre à vil prix. Les plus légers bénéfices sont surtout importants dans de telles usines. On peut obtenir ainsi 5 à 6 kilogrammes de sulfate par tonne de houille distillée. Il est évident que ce procédé est surtout applicable à des usines de peu d'importance.

La méthode par distillation se fait avec ou sans addition de chaux, pour dégager l'ammoniaque. En effet, la plupart des sels qui constituent la solution peuvent se décomposer par simple ébullition. Ceux qui sont fixes, tels que le sulfate, le chlorure, le sulfocyanure, doivent être mis en présence de chaux pour se dégager. Certaines fabriques préfèrent perdre un peu d'ammoniaque pour éviter l'emploi de la chaux. En tous cas il est plus avantageux, au point de vue de la qualité du sel obtenu, de dégager les sels volatils avant l'addition de chaux.

Les chaudières employées sont généralement disposées de manière à utiliser la chaleur entraînée par l'ammoniaque distillée pour chauffer les eaux ammoniacales qui seront traitées immédiatement après celles que contient la chaudière. Le chauffage est effectué soit à feu nu, soit par injection de vapeur.

L'ammoniaque dégagée est ensuite absorbée, soit dans l'eau pour faire de l'ammoniaque caustique, soit dans un acide approprié pour sulfate ou chlorhydrate.

La solution ammoniacale, alcali volatil, obtenue directement avec l'eau brute des usines à gaz, serait jaunâtre et aurait une odeur empyreumatique, si l'on n'avait le soin de faire travérser au gaz ammoniac une couche de charbon de bois fraîchement préparé.

L'absorption par l'acide sulfurique a lieu, soit dans l'acide concentré, soit dans l'acide étendu. Dans le premier cas le sel est *pêché*, au fur et à mesure qu'il se dépose dans les bacs d'absorption, et mis de suite à égoutter; dans le second, les solutions étendues de sulfate sont laissées en repos, pour se clarifier, puis elles sont concentrées et mises à cristalliser.

Une intéressante observation a été faite par M. Frère, relativement à la coloration en bleu de sulfates fabriqués par la distillation. Au contact des tuyaux de dégagement en fer il se forme avec les cyanures contenus dans les eaux d'usine, du bleu de Prusse, qui colore le sel en bleu. On devra donc avoir soin de remplacer ces tubes en fer par des tubes en plomb.

Tous les appareils employés pour la distillation des eaux ammoniacales sont établis pour réaliser cette opération avec la plus faible dépense de chauffage possible et obtenir, d'après les indications générales énumérées ci-dessus, les produits les plus purs. Nous ne pourrions, dans ce volume, décrire même les plus importants des nombreux appareils proposés par Lunge, Rose, Elwert, Muller Pack, Solvay, Chevalet, etc. Nous nous contenterons de décrire deux des modèles les plus répandus : l'appareil Mallet et l'appareil de Grüneberg. Nous aurons cependant à citer une particularité de l'appareil de Chevalet, qui emploie pour le chauffage la chaleur perdue des fours, en faisant passer un tube de circulation dans la cheminée traînante de l'usine.

L'appareil de Mallet, représenté figure 93, d'après le modèle établi par la Compagnie Parisienne, se compose de deux batteries indépendantes sur un seul fourneau. Chaque batterie est constituée par trois chaudières A, B, C, situées l'une au-dessus de l'autre et contenant environ 50 hectolitres. Les chaudières inférieures A, B, sont chauffées par un seul foyer placé sous la pre-

.mière; les fumées et gaz chauds circulent ensuite autour de la seconde. Dans chaque chaudière sont placés des agitateurs qui ont
pour but d'empêcher la chaux de se déposer et d'en assurer le
mélange avec l'eau ammoniacale.

— La troisième chaudière C reçoit les vapeurs qui se dégagent

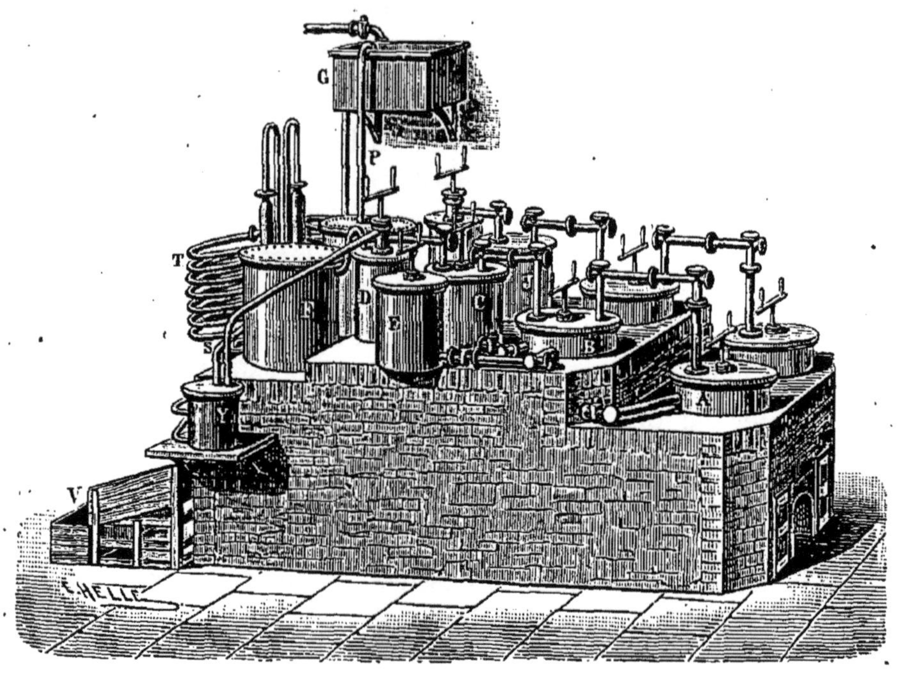

Fig. 93. — Appareil Mallet.

des deux premières. Les vapeurs arrivent par le fond, au moyen
du tuyau J; elle est également pourvue d'un agitateur.

Enfin, les produits volatils dégagés après avoir traversé une
petite chaudière D circulent dans un serpentin F refroidi par l'eau
de gaz brute qui arrive du réservoir mesureur G. Un tuyau de dégagement P envoie les premières vapeurs qui peuvent se produire
en F. En E, est une chaudière qui sert à la préparation du lait de
chaux. Toutes les chaudières distillatoires communiquent entre
elles par une conduite, munie de robinets convenables, de manière
à faire circuler méthodiquement les eaux de l'une dans l'autre.

Nous avons vu qu'elles communiquent également entre elles par le haut, au moyen des tubes de dégagement.

Les produits condensés vont du serpentin dans un petit récipient S, où ils se séparent du gaz ammoniac. Les liquides s'écoulent de S dans un réservoir collecteur Y, et l'ammoniaque, s'élevant d'abord dans un serpentin T, refroidi par le contact de l'air, redescend ensuite dans le bac d'absorption V, en bois doublé de plomb, où elle pénètre par un tuyau horizontal percé de trous, pour être absorbée par l'eau froide ou l'acide sulfurique. Le bac d'absorption est fermé hermétiquement par un couvercle muni d'un tube de dégagement pour les gaz non absorbables. Si l'on veut obtenir du sulfate d'ammoniaque, en faisant absorber dans l'acide sulfurique, on pêche le sel produit, au fur et à mesure de sa production, et on le met égoutter dans un égouttoir doublé de plomb, puis on le sèche à l'étuve ou sur des plaques de fer chauffées.

L'acide sulfurique employé est de l'acide à 53° Baumé. Chaque appareil double peut produire une tonne de sulfate par vingt-quatre heures ou une demi-tonne d'ammoniaque liquide. Avec de l'eau ammoniacale marquant environ 3° Baumé, qui donne 7 kilogrammes de sulfate au mètre cube, on estime qu'il faut employer de 60 à 80 kilogrammes de chaux par mètre cube d'eau de gaz. Un appareil double consomme 10 hectolitres de coke par jour et est desservi par un homme.

Appareil de Grüneberg (fig. 94). — Cet appareil est continu, c'est-à-dire alimenté d'eau ammoniacale d'une façon continue; l'eau, débarrassée de son ammoniaque, s'écoule sans interruption et sans qu'il y ait à manœuvrer aucun robinet, comme dans l'appareil indiqué ci-dessus.

Il se compose essentiellement d'une chaudière cylindrique verticale A chauffée, non par le fond, mais par une circulation de gaz chauds provenant d'un foyer latéral. Au centre de la chaudière est établi un tube vertical A descendant au-dessous du fond et fermé par un tampon muni d'un robinet de vidange. Au-dessus de la chaudière A est établi un vase C dans lequel on fait arriver par E le lait de chaux préparé d'avance dans le réservoir supérieur G. Le vase C est surmonté d'une colonne de rectification analogue aux colonnes à rectifier des distilleries d'alcool. Des tubes FF

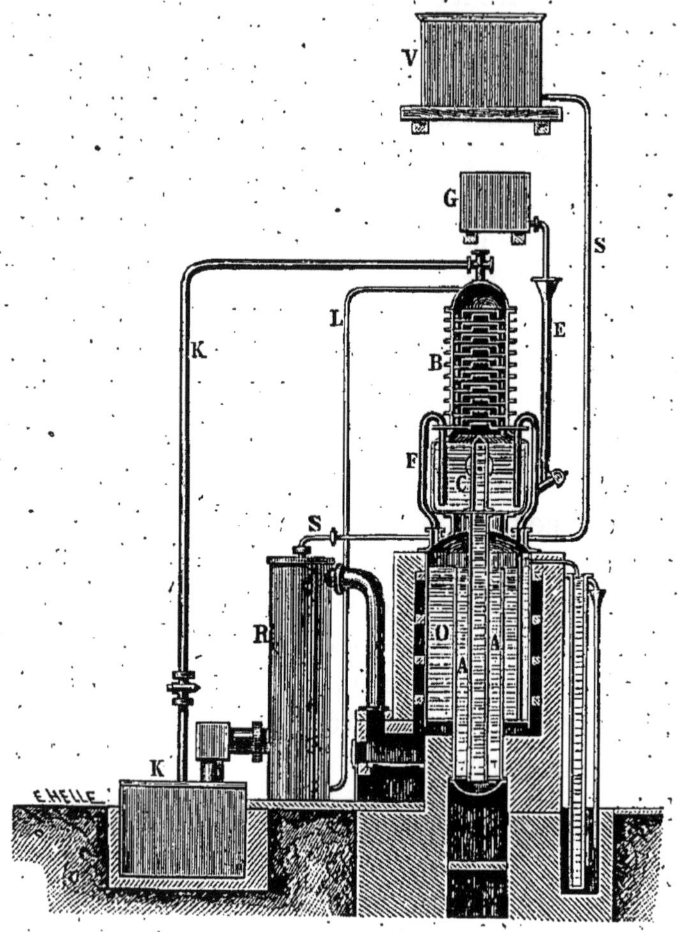

Fig. 94. — Appareil de Grüneberg.

partent du couvercle de la chaudière A et, se recourbant, pénètrent dans le vase C au-dessous d'un faux fond formé d'une plaque percée de petits trous. Les vapeurs produites en A pénètrent ainsi dans le vase C, où ils maintiennent une agitation continuelle, en même temps qu'ils échauffent le liquide qu'il contient. Les vapeurs montent ensuite dans la colonne B et traversent successivement les chambres à plateaux, où ils rencontrent l'eau ammoniacale qui descend en cascade de la chambre supérieure jusqu'au vase C. L'eau ammoniacale, bien séparée du goudron[1], descend d'un réservoir supérieur V par le tube S, circule dans le serpentin E, remonte ensuite par L pour entrer dans le dôme de la colonne de rectification. Les vapeurs provenant de C échauffent le liquide au fur et à mesure qu'il descend, lui enlèvent par suite méthodiquement ses éléments volatils, en lui abandonnant les liquides condensables qu'elles contiennent. Ce n'est qu'en C, au contact du lait de chaux, que ces sels volatils se décomposent et laissent dégager leur ammoniaque. Le liquide, contenant encore un peu d'ammoniaque, descend enfin par le tube intérieur au fond du tuyau A où la chaux se dépose ; puis, remontant par-dessus le bord supérieur du tuyau A, se déverse dans la chaudière A, dont le fond, ne contenant pas ou presque pas de chaux et n'étant pas chauffé directement, n'est pas exposé à être endommagé par la chaleur. Le liquide, enfin débarrassé de son ammoniaque, sort du fond par le siphon *h* et arrive au tube *j*, formant fermeture hydraulique, d'où il s'écoule en filet continu. L'ammoniaque, arrivée au sommet de la colonne B, est conduite par le tube *k* dans le bac à absorption K', fermé par un couvercle. Un tuyau de dégagement conduit les gaz non absorbés autour de E, puis au-dessus du foyer. Ces gaz chauds commencent dès E à échauffer l'eau de gaz qui passe dans le serpentin.

Un appareil de ce genre, mesurant 3 mètres de haut et $1^m,15$ de diamètre, est desservi par deux hommes et traite 10 tonnes d'eau ammoniacale par jour, avec 500 kilogrammes de charbon. La chaux consommée est égale à 10 ou 15 pour 100 du sulfate d'ammoniaque produit. Cet appareil coûte environ 5,000 francs.

Comme nous le disions plus haut, nous ne pouvons décrire tous les systèmes proposés ; mais il est certain que les meilleurs appareils sont ceux qui sont de construction simple, dont le fonctionne-

---

1. Nous verrons plus loin qu'il est important d'enlever au goudron toute son eau pour que la distillation s'effectue sans danger.

ment n'exige pas de surveillance, et enfin dont le chauffage, autant qu'il est possible, peut être produit par la chaleur perdue des fours. Il est évident que la qualité du sulfate obtenu doit être irréprochable, c'est-à-dire qu'il doit être aussi pur que possible; la teneur théorique est de 25,755 pour 100 d'ammoniaque, correspondant à 21,21 d'azote. Il ne doit pas être acide; enfin, il doit être bien cristallisé. Il doit surtout ne pas contenir de sulfocyanure d'ammoniaque, qui le rendrait nuisible pour les plantes quand on l'emploie comme engrais.

L'ammoniaque liquide doit être incolore, limpide et ne pas avoir d'odeur goudronneuse; elle ne doit contenir ni sulfhydrate d'ammoniaque, ni chlore. Elle est livrée commercialement à la densité de 0,924, correspondant à 22° Baumé et contient alors 201 grammes d'ammoniaque pure au kilogramme ou 185 grammes au litre.

Sels ammoniacaux.

Nous n'avons pas à nous occuper des nombreuses combinaisons de l'ammoniaque, mais seulement des sels ammoniacaux qui existent dans les eaux de gaz, et qui sont des dérivés directs de la houille. Nous avons vu que l'ammoniaque existait dans ces eaux, surtout en combinaison avec les acides sulfurique, chlorhydrique, sulfhydrique, sulfocyanhydrique et carbonique. On pourrait isoler ces diverses combinaisons; mais nous avons déjà dit qu'en pratique on trouvait plus avantageux d'isoler d'abord l'ammoniaque et de la faire absorber ensuite par l'eau froide ou les acides sulfurique ou chlorhydrique, de façon à l'obtenir sous une forme commerciale.

Chlorhydrate d'ammoniaque (sel ammoniac, chlorure d'ammonium). — C'est sous cette forme que l'ammoniaque était surtout connue dans les temps anciens; on peut obtenir directement ce sel avec les appareils décrits plus haut, en faisant arriver jusqu'à saturation l'ammoniaque dans l'acide. Dans la pratique industrielle, on le prépare soit par saturation directe, soit par double décomposition. Dans la première méthode, qui n'est plus guère employée, on sature les eaux de gaz par 10 à 15 pour 100 d'acide, selon le degré des eaux, jusqu'à réaction acide ; les gaz dégagés sont dirigés sous un foyer, les matières goudronneuses se déposent, et au bout de quelques jours on tire au clair et on fait concentrer. Comme les solutions ammoniacales retiennent facilement du fer à l'état de protochlorure et de sel double, on peut faire passer avec précaution un courant de chlore pendant l'évaporation, puis précipiter le sesquichlorure formé par un peu de carbonate d'ammoniaque. On voit que cette méthode est tout à fait analogue à celle que nous indiquions pour le sulfate. Les liqueurs éclaircies sont ensuite concentrées jusqu'à la densité de 1,250, puis mises à cristalliser. La cristallisation dure huit à dix jours ; on a soin de remuer les solutions plusieurs fois par jour, afin d'obtenir de petits cristaux grenus, qui sont plus avantageux pour le traitement ultérieur. Les cristaux obtenus sont fortement colorés en brun ; pour les purifier, on les soumet d'abord à un grillage à basse température. Ce grillage, conduit avec précaution, permet de carboniser ou de décomposer une partie des matières goudronneuses. On soumet ensuite le sel à la sublimation. Cette opération a non seulement pour but de le purifier, mais encore de lui donner une forme commerciale, en raison de ce préjugé de beaucoup d'acheteurs que le sel ammoniac sublimé est plus pur que le sel cristallisé.

Lorsqu'on place le sel ammoniac brut dans un vase chauffé à la partie inférieure, et dont la partie supérieure, fermée, est maintenue relativement froide, le sel se vaporise et vient se condenser sous la partie supérieure en formant une couche blanchâtre cornée ayant une densité de 1,450 et pouvant atteindre une épaisseur assez grande. Les vases employés pour les petites fabrications sont en grès. La figure 95 montre comment ils sont disposés ; la partie inférieure du pot est en contact avec la flamme qui passe par les ouvertures de la voûte, et la partie supérieure est entourée de sable, supporté par une plaque en fonte que traversent les vases ;

un couvercle percé recouvre le vase en grès. La sublimation, terminée par un léger coup de feu, dure de douze à quinze heures. Il arrive quelquefois que les vases se bouchent pendant l'opération ; il faut alors percer le sel avec un vilebrequin trempé dans l'huile, en ayant soin d'éviter les vapeurs ammoniacales qui peuvent se dégager brusquement pendant cette opération.

Dans les usines où l'on sublime de grandes quantités de sel ammoniac, on remplace les pots en grès, qui augmentent beaucoup le prix de revient, parce qu'il faut les casser après chaque sublimation, par des cuves en fonte de 1 mètre à $2^m,50$ de diamètre, garnies intérieurement de briques réfractaires et fermées par un dôme en tôle couvert de sable. Au milieu est une petite ouverture fermée par une tringle en fer qui permet, lorsqu'on l'enlève, de laisser dégager les gaz produits. Le sel se sublime sous le couvercle, comme sur le dessus des pots en grès.

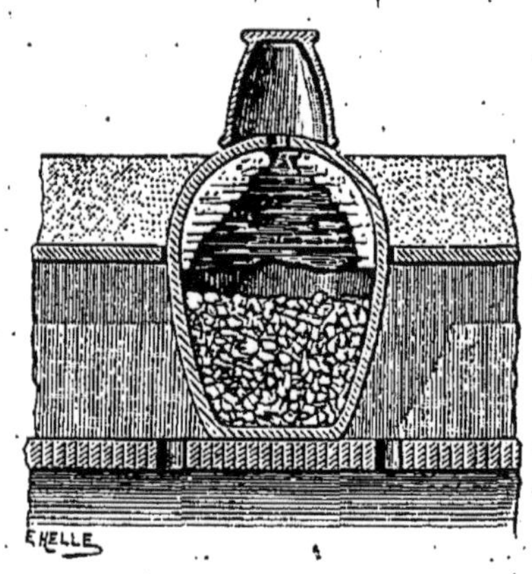

Fig. 95.
Sublimation du sel ammoniac.

La méthode par double décomposition consiste à mélanger en solutions concentrées du sulfate d'ammoniaque et du sel marin (chlorure de sodium). La réaction qui se produit est la suivante :

$$(AzH^4)^2 SO^4 + 2NaCl = Na^2SO^4 + 2(AzH^4Cl).$$

Il se forme du sulfate de soude qui se précipite lorsqu'on concentre la solution, et du chlorure d'ammonium qui se dépose en cristaux lorsqu'on laisse refroidir la solution après enlèvement du premier sel. On reconnaît qu'il faut mettre à cristalliser lorsqu'il se forme à la surface de la liqueur des pellicules colorées.

Le sel ammoniac cristallisé est séché, puis soumis à la sublimation comme ci-dessus. Quelquefois, s'il n'est pas vendu en masses sublimées, le sel ammoniac est livré en pains compacts. Pour les obtenir, on verse une bouillie de cristaux de sel ammoniac mélangés avec une solution saturée bouillante du même sel dans des formes coniques où il se solidifie, puis s'égoutte. Le sel ammoniac est employé pour le décapage des métaux à souder, à étamer ou à galvaniser, pour la pharmacie, pour la fabrication des couleurs et l'impression des tissus.

Carbonate d'ammoniaque. — Le carbonate existe tout formé dans les eaux ammoniacales et constitue même la plus grande partie des sels qu'elles contiennent. On préfère cependant le préparer en partant du sulfate d'ammoniaque (autrefois, on se servait du chlorhydrate). A cet effet, on sublime un mélange de 37 kilogrammes de sulfate et de 48 kilogrammes de carbonate de chaux (craie), dans des cornues horizontales en fonte. Le mélange des vapeurs d'ammoniaque, d'acide carbonique et de vapeur d'eau se dégage et va se condenser dans des chambres en plomb où le sel se dépose[1].

A la suite de la chambre en plomb, les vapeurs qui ne se sont pas condensées sont recueillies dans des touries contenant de l'eau. L'opération dure environ huit heures, au bout desquelles on trouve dans les cornues un résidu de sulfate de chaux que l'on enlève de temps en temps.

Le sel ammoniac est employé en médecine, en teinture, pour l'avivage de certaines couleurs, pour le lavage des laines.

Abandonné à l'air, il en absorbe l'acide carbonique et se transforme en bicarbonate d'ammoniaque.

Sulfhydrate d'ammoniaque. — Ce sel, contenu dans les eaux de gaz, se prépare comme les sels ammoniacaux dont nous venons de parler, en partant du sulfate ou bien de l'ammoniaque en solution. L'ammoniaque dégagée, mise en présence d'hydrogène sulfuré, donne naissance à du sulfhydrate d'ammoniaque, qui se dépose sous forme d'aiguilles incolores transparentes; ou plus pra-

---

1. On obtient ainsi 18 kilogrammes de carbonate, que l'on sublime une seconde fois si on veut l'obtenir très blanc. Cette opération se fait dans des chaudières en fonte à dôme de plomb, chauffées par la chaleur perdue du four qui chauffe les cornues. La température nécessaire n'est que de 70° à 80°, de sorte que cette sublimation se fait quelquefois au bain-marie.

tiquement en envoyant de l'hydrogène sulfuré dans de l'ammoniaque caustique en solution aqueuse jusqu'à saturation.

Le sulfhydrate d'ammoniaque est un réactif très employé dans les laboratoires.

Sulfocyanure d'ammonium. — Ce sel est extrait des eaux ammoniacales épuisées, c'est-à-dire dont on a déjà extrait l'ammoniaque par un procédé quelconque de distillation. Le procédé Spence, primitivement suivi, consistait à traiter les eaux distillées après repos pour clarification par une quantité égale de sulfate de cuivre et de sulfate de fer ; on obtenait un précipité blanc-gris de sulfocyanure de cuivre qu'on décomposait ensuite par le sulfure d'ammonium, il restait du sulfure de cuivre. Aujourd'hui le sulfocyanure d'ammonium, servant de point de départ à la fabrication de divers sulfocyanures employés par les fabricants de produits tinctoriaux, on retire des eaux de gaz du sulfocyanure de baryum, obtenu, en substituant, dans l'opération décrite ci-dessus, au sulfure d'ammonium, le sulfure de baryum.

Si, par exemple, on veut alors obtenir du sulfocyanure d'alumine, on mélange des solutions de sulfate d'alumine et de sulfocyanure de baryum. Le sulfate de baryte se précipite et il reste une solution de sulfocyanure d'alumine.

Une tonne d'eau de gaz épuisée contient environ 6 kilogrammes de sulfocyanure d'ammonium et, dans certains cas, les eaux ayant produit une tonne de sulfate d'ammoniaque peuvent encore fournir 100 kilogrammes de sulfocyanure de baryum. Ce sel est très employé aujourd'hui par les fabricants de produits tinctoriaux, pour la teinture et l'impression des tissus.

Traitement des vieilles matières d'épuration.

Nous avons vu, en traitant de l'épuration du gaz, que les matières employées, surtout les oxydes de fer, retiennent un certain nombre de produits solubles dans l'eau et du soufre en abondance.

L'industrie a su tirer parti de ces matières, considérées d'abord comme des résidus encombrants.

En effet, si l'on examine les analyses de ces produits que nous donnons dans le tableau ci-dessous, on peut voir le nombre de produits divers utilisables que l'on en pourrait retirer. Mais en général elles sont traitées seulement pour en extraire le *soufre*, le *sulfocyanure*, le *ferrocyanure d'ammonium* et le *sulfate d'ammoniaque*.

Les analyses indiquées ci-dessous ont été faites par M. Davis.

SUBSTANCES CONTENUES.	DÉSIGNATION DES MATIÈRES D'ÉPURATION.			
	HYDRATE de fer précipité.	FER limoneux.	SULFATE de fer.	OXYDE DE FER (mauvaise qualité).
Soufre	62,44 à 67,18	48,76 à 57,44	48,76 à 55,44	32,42 à 42,16
Hydrate de fer. . .	17,74 à 19,36	15,96 à 26,42	5,04 à 6,84	8,72 à 20,40
Sciure de bois. . .	1,98 à 4,72	1,14 à 3,72	1,04 à 3,24	2,16 à 9,76
Carbonate de chaux	» à 1,04	» à 1,73	»	» à 10,36
Sulfocyanure d'ammonium	1,99 à 2,74	0,94 à 1,93	1,98 à 3,41	1,18 à 4,72
Ferrocyanure d'ammonium.	Traces	Traces à 0,21	0,27 à 0,64	Traces à 0,44
Matières goudronneuses	0,72 à 1,22	0,92 à 1,14	0,72 à 1,18	0,55 à 1,04
Matières insolubles dans l'acide chlorhydrique. . . .	3,66 à 5,74	0,74 à 11,42	7,82 à 12,68	12,12 à 20,71
Bleu de Prusse . .	»	Traces à 0,17	Traces à 1,74	Traces à 0,64
Sulfate de chaux. .	»	»	Traces à 1,74	— à 3,23
Sulfate d'ammoniaque.	»	»	12,78 à 16,72	— à 1,14
Eau et perte . . .	4,72 à 5,76	7,22 à 10,82	7,98 à 9,22	7,49 à 33,41

Le traitement suivi pour le mélange de Laming ou les matières analogues, comprend tout d'abord une lixiviation à froid qui a pour but d'en enlever les produits ammoniacaux solubles. Le résidu insoluble dans l'eau est mélangé avec de la chaux en pâte claire (représentant 30 kilogrammes de chaux sèche par mètre cube) et brassé.

On le laisse en repos quelques heures, puis on le soumet à une nouvelle lixiviation à l'eau froide dans un appareil de lavage méthodique. Les sels de chaux obtenus, et qui consistent en partie en ferrocyanure de calcium, sont en dissolution. Les premières eaux plus concentrées sont traitées par du carbonate de potasse dont l'acide carbonique forme avec la chaux du carbonate de chaux insoluble, tandis que le prussiote de potasse reste dans la solution. Cette dernière, tirée au clair, est concentrée par évaporation, et le prussiate de potasse (ou ferrocyanure) se dépose sous forme de cristaux. Les dernières eaux, trop faibles pour l'extraction du prussiate par concentration, sont traitées par une solution de sulfate de fer; il se forme un précipité blanc de ferrocyanure de fer (Fe^2, $Fe Cy^6$) qui, par suite de l'action oxydante de l'air, se transforme en bleu de Prusse basique.

Le prussiate jaune de potasse sert à la préparation du bleu de Prusse, du prussiate rouge, du cyanure de potassium. Il est très employé en teinture; on l'utilise quelquefois pour aciérer superficiellement le fer.

La vieille chaux d'épuration qui renferme une certaine quantité d'ammoniaque libre, est d'abord traitée par un courant de vapeur d'eau qui traverse ensuite de l'acide sulfurique; on obtient ainsi du sulfate d'ammoniaque. La chaux est ensuite soumise à un lessivage méthodique; la liqueur qui contient les combinaisons du cyanogène est traitée comme ci-dessus pour le ferrocyanure et le bleu de Prusse.

D'après Krafft (cité par Wagner), 1,000 kilogrammes de chaux d'épuration donnent 15 à 20 kilogrammes de sels ammoniacaux et 12 à 15 kilogrammes de bleu de Prusse. Gauthier Bouchard, à l'usine d'Aubervilliers, retire 15 kilogrammes de bleu de Prusse d'un mètre cube de mélange de Laming. Une tonne de charbon en donnerait ainsi 2 à 4 kilogrammes.

Dans son rapport sur l'Exposition de Vienne, Kopp indique la méthode suivie à l'usine Kunheim de Berlin : les vieilles matières à base d'oxyde de fer sont bouillies avec un lait de chaux ; les eaux de lavage reposées sont traitées par du sulfate de potasse qui donne ainsi, par double décomposition avec les cyanures, une solution de ferrocyanure de potassium, laissant un résidu de sulfate de chaux. La matière épuisée est traitée pour obtenir le soufre et le résidu employé à nouveau pour l'épuration.

L'extraction du soufre des matières d'épuration de Laming

Fig. 96. — Four de Hills.

dont on a retiré les produits solubles, se fait en général par calcination ou distillation. Hills a fait breveter un four, figure 96, analogue au four à étages, système Michel Perret ou Malétra. Les matières répandues en couches de quelques centimètres sur chaque plaque, sont chauffées par la combustion des couches inférieures et descendues avec un rable d'étage en étage, au fur et à mesure de la décomposition.

Le soufre, au contact de l'air chaud, se transforme en acide sulfureux qui se dégage et qui est ensuite utilisé pour la fabrication de l'acide sulfurique. La mise en marche du four se fait par un chauffage préalable avec un combustible quelconque allumé au bas du four et lorsque ce dernier est assez chaud on charge le mélange sec à l'étage supérieur. En marche normale, la chaleur produite par la combustion du soufre suffit pour entretenir la température à un degré convenable.

Cowen a construit pour ce même traitement des fours contenant des cornues, comme un four de distillation du gaz; les cornues sont rangées sur une seule ligne horizontale.

On pourrait employer également avec avantage pour cette opération des fours à sole tournante.

En 1862, les usines à gaz de Londres, livraient ainsi aux fabricants 10,000 tonnes de soufre, correspondant à 30,605 tonnes d'acide sulfurique.

On a proposé également diverses méthodes pour l'extraction du soufre en substance. Le procédé par fusion sous l'eau à haute pression s'exécute dans des chaudières fermées. Le soufre fondu se rassemble au fond du récipient, on le chasse alors de la chaudière par un robinet placé au fond, en se servant de la pression de la vapeur s'exerçant à la surface, puis on le raffine. Le raffinage par le procédé de Schaffner consiste à insuffler de l'air pendant quelques heures à travers la masse de soufre dans une chaudière en fonte ouverte.

Enfin, on pourrait encore extraire le soufre au moyen d'un dissolvant approprié, tel que l'huile de goudron ou le sulfure de carbone.

Nous croyons intéressant de noter les cours commerciaux actuels des différents produits que nous venons d'énumérer, pour indiquer la valeur réelle de ces sous-produits, dont on a souvent exagéré ou trop diminué la valeur :

Le sulfate d'ammoniaque vaut environ . . .   30 fr. les 100 kilogr.
La dissolution blanche d'ammoniaqne à 22°.   40   —
Le carbonate d'ammoniaque.   90   —

Le chlorhydrate d'ammoniaque . . . . 65 fr. les 100 kilogr.
Le prussiate de potassium . . . . 170 —
Le sulfocyanure d'ammonium. . . . . 250 —
Le soufre raffiné. . . . . 13 —

Le goudron.

Nous avons vu, lorsque nous avons traité de la théorie de la fabrication du gaz, que le goudron constituait un des quatre groupes de produits résultant de la distillation de la houille en vase clos et que 100 kilogrammes de houille fournissaient de 4 à 5 kilogrammes de goudron. Nous avons ensuite donné une énumération des principaux composés qu'il contient, surtout au point de vue de l'importance qu'ils possèdent pour la qualité du gaz fabriqué. Nous allons examiner, maintenant, le parti que la science et l'industrie ont su tirer de cette matière. Au début de l'industrie du gaz, le goudron était une substance encombrante et il n'y a que peu d'années que les produits qu'on en peut extraire directement ont été découverts. Pendant longtemps les usines ne savaient comment se débarrasser des goudrons; aussi essaya-t-on d'abord de le brûler dans les foyers. Nous avons parlé de cette application dans le chapitre relatif au chauffage des cornues. Mais ce mode d'emploi n'était pas très avantageux et de nombreux essais furent faits pour en tirer un meilleur parti dans les usines mêmes, en cherchant à en fabriquer du gaz d'éclairage. Beaucoup d'inventeurs : Kœcklin, Perpigna, Droinet, Isoard, etc., proposèrent des appareils pour décomposer le goudron au rouge dans des cornues. Mais aucun de ces procédés n'eut d'applications industrielles suivies. Schilling donne pour raison de ces insuccès, que les substances qui, par leur décomposition à de hautes températures donnent des gaz permanents, existent en trop petite quantité dans le goudron. Nous pensons que cette opinion peut être exacte dans les conditions ordinaires de la distillation, mais qu'il serait possible d'en obtenir de meilleurs résultats : en partant, non du goudron brut, qui contient, trop de carbone en suspension, mais des huiles lourdes avec lesquelles on est arrivé à obtenir pratiquement d'excellent gaz d'un grand pouvoir éclairant.

Une autre application du goudron de houille a été la conservation des matériaux de construction, du bois et des métaux par *imprégnation* ou par peinture. Les pierres, briques et autres matériaux de construction plongés dans le goudron bouillant, résistent très bien aux vapeurs acides et aux agents atmosphériques ; pour le bois et les métaux il est préférable d'employer des vernis composés spécialement à base de brai dissous dans l'huile lourde. Le carton pour toitures, couvert d'une couche de goudron dont on a enlevé une partie des éléments volatils, se conserve bien si l'on prend soin de le repeindre de temps en temps.

On a employé le goudron à la fabrication des asphaltes factices, puis est venue la fabrication du charbon de Paris de Popelin-Ducarre ; nous avons vu, en décrivant cette industrie, que cette fabrication employait une grande quantité de goudron, de même que les briquettes de houille agglomérée ; mais dans ces diverses applications on se sert de préférence de brai et, pour l'obtenir, pendant assez longtemps on s'est contenté de distiller le goudron dans des chaudières ouvertes, laissant perdre à l'air les produits volatils qui n'avaient pas encore trouvé d'emploi.

La fabrication du noir de lampe avec le goudron qui pourrait l'employer à l'état brut, donne elle-même de moins bons produits que si l'on se sert des huiles lourdes. Ce fut pendant quelque temps un des principaux débouchés pour ces produits, tandis que le brai avait un écoulement assuré par les industries dont nous venons de parler.

Le goudron ne commença à acquérir véritablement de valeur que lorsqu'on eut trouvé à utiliser les produits volatils séparés du brai par distillation. Les premières substances retirées dont on sut tirer parti furent les huiles légères à brûler et la benzine, puis vinrent les procédés de conservation du bois par les huiles créosotées. Enfin la fabrication des produits dérivés de la benzine, de l'acide phénique, de l'anthracène et de toutes les matières colcrantes qui remplacent peu à peu les anciens produits tinctoriaux naturels. Aujourd'hui nous en sommes arrivés à fabriquer des produits comestibles avec les hydro-carbures du goudron et la saccharose menace la fabrication du sucre.

Nous ne suivrons pas les dérivés de la houille jusqu'à la fabrication de ces produits. Un volume ne suffirait même pas à parler convenablement des premiers dérivés obtenus. Nous ne pourrons qu'indiquer les substances que l'on retire du goudron brut par un premier traitement, nous contentant d'énumérer les principaux produits que l'on peut extraire de chacun des groupes de substances obtenues.

La méthode généralement suivie pour traiter le goudron de houille consiste à lui faire subir une distillation fractionnée.

Si l'on chauffe progressivement un mélange de liquides ayant des points d'ébullition différents, les plus volatils distilleront les premiers, et si l'on a soin de recueillir successivement les liquides condensés on peut ainsi les séparer.

La distillation par fractionnement, la plus simple, est celle d'un mélange d'eau et d'alcool, que chacun connaît; en élevant la température d'un pareil mélange, l'alcool distille le premier et l'on arrête le chauffage lorsque l'on juge qu'il ne reste plus que l'eau.

Mais la séparation n'est pas absolue : en pratique, le liquide le plus volatil domine dans le liquide condensé, mais il est mélangé avec d'autres substances moins volatiles. Il se produit, en effet, un certain nombre de phénomènes dont le principal est un entraînement mécanique par les molécules de vapeurs qui empêchent la séparation d'être complète. Il arrive également que, si le liquide le moins volatil est en petite quantité, il est entraîné tout entier par l'évaporation d'une portion du liquide le plus volatil. Le premier moyen employé pour effectuer une séparation plus complète est une nouvelle distillation ou rectification; mais il est préférable, et c'est ce que l'on a réalisé avec les appareils perfectionnés employés aujourd'hui pour distiller l'alcool, d'opérer la rectification dans le même appareil distillatoire. Au lieu de recueillir les liquides qui passent à des températures différentes, de redistiller chaque portion de la même façon, de réunir entre elles les liqueurs qui passent à la même température et de les distiller encore, on ne recueille pas directement la vapeur qui s'élève du mélange de liquides, mais on *l'analyse* par le refroidissement, de façon à faire retomber dans la chaudière la portion la moins volatile et à ne laisser arriver dans le réfrigérant que la vapeur qui aura pu résister à la condensation. Cette méthode ne pourrait pas s'appliquer directement à la distillation des goudrons bruts qui contiennent des mélanges trop complexes, mais elle est employée pour la séparation des produits de première distillation et surtout pour arriver à la séparation aussi complète que possible des matières les plus volatiles, telles que les huiles légères.

Lunge, dans son très intéressant traité de la distillation des goudrons de houille, auquel nous emprunterons beaucoup de renseignements, donne un schéma synoptique de la distillation du goudron, qui permet de saisir la série des opérations que l'on fait subir à la matière brute, puis aux divers produits obtenus; il s'agit ici d'un traitement plutôt théorique que pratique, car une foule de circonstances obligent à modifier l'ordre et la nature de ces opérations. Nous croyons intéressant de reproduire ce tableau en le résumant.

DÉSHYDRATATION

Par le repos. . . . .
Pendant le chauffage. . . . . . . } pour séparer l'eau ammoniacale.

DISTILLATION

Ire *Fraction* jusqu'à la température de 170° } de l'*Essence de naphte* rectifiée comme suit :

1° Produit jusqu'à 110° et redistillé à la vapeur : Benzol à 90 pour 100.
2° — 140° . id. Benzol de 90 à 50 pour 100.

La fraction moyenne redistillée donne : naphte pour dissolution.

3° Produit jusqu'à 170°, fractionné par distillation : } 1° Naphte pour dissolution. } 2° Naphte à brûler.

Le résidu passe à la IIe Fraction.

IIe *Fraction* de 170° à 230° : *huile moyenne.*

Cette huile est traitée par une lessive de soude.
La partie liquide distillée donne :

    1er produit. — Liquide mélangé avec 3 de Ire Fraction.
    2e   —   Naphtaline.

La lessive décomposée donne de l'acide phénique.

IIIe *Fraction* de 230 à 270° : *huile lourde.*

Séparée en huile créosotée pour imprégnation et huile de graissage.

IVe *Fraction.* — *Huile à anthracène.*

Cette huile filtrée et pressée donne :

1° Produits liquides repassés avec les produits de IIIe Fraction.
2° Produits solides : anthracène et phénanthrène brûlé pour noir de
    lampe.

Ve *Fraction.* — *Brai.*

Utilisé tel quel ou redistillé en produits repassés en IIIe et IVe.
Le résidu solide est du coke.

Ce tableau donne ainsi une idée d'ensemble du traitement du goudron par la méthode de distillation ; c'est celle qui est généralement suivie. Nous allons passer en revue chaque phase des opérations de fractionnement, mais nous croyons plus simple d'étudier d'abord la distillation du goudron brut, puis de réunir les produits des fractionnements sous trois titres seulement : les huiles légères, les huiles lourdes et le brai, en donnant au fur et à mesure le traitement des sous-produits de chacune de ces substances ; nous suivrons ainsi les produits selon la marche de la distillation.

Distillation du goudron brut.

Avant d'être distillé, le goudron brut venant des usines à gaz doit être séparé le plus possible des eaux ammoniacales qu'il contient encore, sans cela la distillation serait troublée par la présence de la vapeur d'eau produite au sein de la masse et des explosions pourraient avoir lieu. Plusieurs moyens ont été proposés, tels qu'un chauffage préalable. Girard et de Laire dans leur excellent ouvrage sur les dérivés de la houille, recommandent d'opérer ce chauffage à 80° ou 90° dans de grandes chaudières à double fond ou contenant un serpentin où circule la vapeur. Généralement on se contente de laisser le plus longtemps possible les goudrons en repos, l'eau ammoniacale se sépare peu à peu en montant à la surface.

Les goudrons sont ensuite introduits dans de grandes chaudières en tôle et de forme variable (appelées *tar stills* par les Anglais).

Ces chaudières sont ou horizontales ou verticales; les premières ont généralement la forme d'un cylindre allongé contenant de 6 à 18 tonnes de goudron. La Compagnie Parisienne emploie des chaudières en forme de coffre avec un fond recourbé intérieurement pour faciliter la dilatation, leur capacité est de 6,500 kilos.

Les chaudières verticales sont cylindriques avec fond concave et couvercle convexe; elles sont établies dans un massif en maçonnerie de briques dans lequel sont ménagés un foyer intérieur et des carneaux permettant à la flamme de circuler tour autour des parois.

Les tôles employées pour la construction ont de 8 à 10 millimètres d'épaisseur au maximum, 13 millimètres pour les très grandes chaudières.

Qu'elles soient verticales ou horizontales, ces chaudières sont toutes munies d'une ouverture fermée par un tampon autoclave, d'un dôme recueillant les vapeurs produites et auquel est fixé le tuyau de dégagement, d'un tube d'arrivée du goudron et d'un robinet de vidange. En général on établit sur les chaudières une soupape de sûreté pour le cas d'engorgement dans les appareils de condensation ou le tuyau de sortie, ou même en prévision des excès de pression qui pourraient se produire pour une cause quelconque.

Beaucoup de chaudières comportent également un tube percé de trous permettant d'y amener de la vapeur, et un thermomètre pour vérifier la température pendant la distillation.

Les vapeurs produites accompagnées de gaz permanents sont reçues dans un réfrigérant ayant la forme d'un serpentin en tube de fer ou de plomb disposé dans un réservoir cylindrique ou rectangulaire refroidi par un courant d'eau froide. Les vapeurs se condensent dans le réfrigérant et les liquides produits s'écoulent dans un appareil distributeur spécial, muni de robinets qui permettent de les envoyer dans différents récipients où on les emmagasine.

Aujourd'hui on reçoit souvent ces liquides dans des cylindres disposés comme monte-jus, de telle sorte que lorsqu'on veut les vider il suffit de fermer le robinet d'arrivée du liquide et d'exercer à la surface une pression au moyen d'air comprimé pris sur une conduite générale; le liquide est alors refoulé jusqu'au réservoir, où on l'emmagasine.

Lorsque le liquide condensé s'écoule du réfrigérant dans le distributeur, il tombe par un siphon dans une cloche renversée en verre où l'on peut l'examiner et en prendre la densité ; on soude à la sortie du réfrigérant un tube de dégagement pour les gaz permanents. Ces gaz sont envoyés après un lavage dans la cheminée de l'usine, car généralement leur pouvoir éclairant n'est pas suffisant pour l'éclairage.

Nous donnons fig. 97 l'ensemble des appareils employés pour la distillation des goudrons bruts.

Lorsque la chaudière est remplie de goudron jusqu'au trop plein d, de manière à laisser de 30 à 40 centimètres de vide, on met en chauffe; au bout de peu de temps, le goudron se sépare des dernières quantités d'eau ammoniacale qu'il contient et comme la masse augmente de volume en s'échauffant, l'eau qui monte à sa surface s'écoule par le robinet de trop plein. Le feu doit être conduit avec précaution pour éviter le boursouflement.

La distillation commence par le dégagement d'une certaine

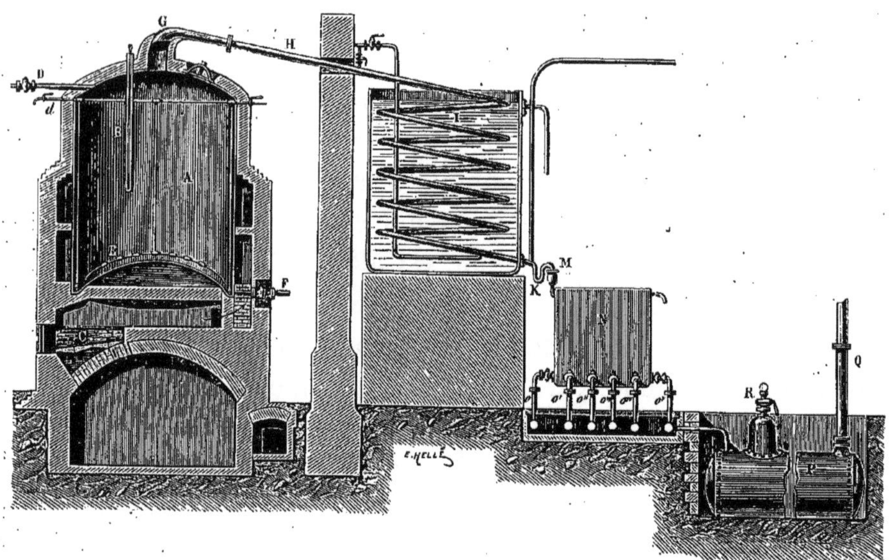

Fig. 97. — Appareils employés pour la distillation des goudrons bruts.

A, Chaudière. — B, Thermomètre contenu dans un tube en fer garni de limaille. — C, Foyer. — d, Robinet de trop plein. — D, Tube en fonte amenant le goudron brut. — E, Tube de vapeur dont la partie inférieure en croix est percée d'une quantité de petits trous. — F, Robinet de vidange du brai. — G, Dôme. — H, Tuyau de sortie des vapeurs. — I, Réfrigérant. — K, Siphon. — L, Tuyau de conduite des gaz permanents. — M, Cloche en verre où passent tous les produits. — N, Récipient distributeur. — o o' o'' o''' o'⁴ o'⁵, Robinets en fer permettant de diriger les liquides dans les conduits correspondants aux récipients élévateurs spéciaux, en nombre égal au nombre de fractions que l'on veut recueillir. — P, Récipient élévateur. — Q, Tuyau d'ascension allant au réservoir correspondant. — R, Conduite d'air sous pression avec robinet.

quantité d'eau ammoniacale qui passe avec des essences légères ; lorsque ce mélange qui est mis à part cesse de se produire, le feu doit être poussé plus activement ; les huiles légères distillent, puis viennent à leur tour les produits volatils, et enfin il reste du brai.

Au fur et à mesure que la nature des produits recueillis change, on les envoie dans des récipients différents par la manœuvre des robinets o o' o'' o''' o^{iv} o^{v}. On pourrait en disposer un plus ou moins grand nombre à la base du récipient selon le nombre de fractions que l'on veut faire. Chaque usine travaille d'une façon particulière et fractionne les liquides condensés selon les produits spéciaux qu'elle veut obtenir.

Comme nous le disions plus haut en indiquant les principes de la méthode de fractionnement, les produits condensés sont toujours plus ou moins mélangés à cause de l'entraînement des produits lourds par les produits volatils.

D'après Girard et de Laire on fractionne le résultat ainsi qu'il suit :

1° Huiles légères passant jusqu'à   140°.
2°   —   moyennes de. . . . .   140° à 210°.
3°   —   lourdes de. . . . . .   210° à 330° et au-dessus.

et chaque fraction peut être subdivisée pour huiles à acide phénique, à naphtaline, huile lourde, huiles à anthracène, etc. ; le travail doit être dirigé selon la nature des produits à extraire et aussi suivant la composition des goudrons traités. Pour la facilité de l'exposition, nous divisons les produits simplement en huiles légères et huiles lourdes, mais ce n'est qu'une séparation idéale ; car les usines subdivisent les produits recueillis en cinq ou six fractions et obtiennent comme produit final un brai qui suivant les cas est *liquide, gras* ou *sec.*

En général, dans les conditions actuelles de cette industrie, on pousse la distillation jusqu'au brai sec, afin de recueillir l'anthracène qui a acquis une grande importance comme matière première pour la fabrication de l'alizarine artificielle ; la température dépasse alors 350° et le réfrigérant ne doit plus être alimenté. L'eau doit y être bouillante pour éviter la solidification en masse des vapeurs d'anthracène, de carbazol, pyrène, etc., qui passent à la fin de la distillation.

Cependant on trouve quelquefois plus avantageux de s'arrêter vers 270° et de traiter le brai dans une chaudière à part pour la séparation des huiles à anthracène. En tous cas, le brai chaud et encore liquide s'écoule par le robinet de vidange toujours placé du côté opposé au foyer. Il est dirigé au moyen de conduits en tôle couverts dans des fosses spéciales où il se refroidit.

La fin de la distillation est souvent facilitée par l'introduction dans la cornue de vapeur surchauffée dont le rôle est d'abord d'entraîner les produits à recueillir et ensuite d'empêcher l'obstruction des tuyaux du réfrigérant.

Les rendements sont très variables et dépendent non seulement de la nature des goudrons employés, mais encore de la manière dont la distillation est conduite. Nous donnons ci-dessous la moyenne d'un grand nombre de fabriques :

Eau ammoniacale. . . . . } et perte. } . .	35	kilogrammes.
Essence légère.	20	—
Huiles légères	55	—
— moyennes	470	—
— lourdes	240	—
Brai.	540	—
	1,000	kilogrammes.

Il est évident que ces chiffres moyens sont sujets à de grandes variations selon les circonstances.

Il est très difficile de déterminer quelle est l'importance des industries s'occupant du traitement des goudrons, cependant il n'y aurait pas lieu de s'étonner du chiffre de 500,000 tonnes de goudrons traités en Europe. Les auteurs qui citent des chiffres à cet égard sont en tel désaccord qu'il n'y a lieu de compter sur aucun d'eux; cependant ce total de 500,000 tonnes paraît admissible.

La statistique du commerce des produits chimiques pour l'année 1887 donne, pour les dérivés de la houille :

	Importations.	Exportations.
Essences de houille	1 605 000 kilogr.	152 000 kilogr.
Aniline et autres	7 778 000 —	1 430 000 —

Les huiles légères.

Les huiles légères obtenues au commencement de la distillation et séparées de l'eau ammoniacale sont mélangées avec les huiles obtenues, jusqu'à la température de 140° et traitées, d'abord par 10 pour 100 d'acide sulfurique concentré qui se combine avec les bases, dissout les oléfines, et forme des corps sulfoconjugués avec les substances à éliminer. On soumet ensuite les liquides éclaircis à l'action d'une lessive légère de soude à 6 pour 100 terminée par un lavage à l'eau; après cette épuration chimique, ces huiles sont soumises à la rectification, les produits qui passent à la distillation sont des benzols ou homologues du benzol.

Quelquefois on traite à part les premières huiles ou essences légères qui passent avec l'eau ammoniacale de façon à en obtenir des essences pesant de 0,780 à 0,800 et employées pour la fabrication de vernis à base de brai.

La rectification des huiles légères passant jusqu'à la température de 140° donne de la benzine ordinaire (mélange de différents corps, benzols et homologues, toluène, etc.).

Si l'on veut en extraire le benzol, il faut faire subir à la benzine une rectification spéciale en recueillant les produits qui distillent de 80 à 120°. Ces derniers peuvent alors servir à la préparation de l'aniline.

Les purifications par rectification donnent difficilement des benzines pures; mais comme on sait que la benzine jouit de la propriété de cristalliser à basse température, on peut en profiter pour la séparer des hydrocarbures analogues qui ne cristallisent pas par refroidissement.

Pour arriver industriellement à une rectification des benzines

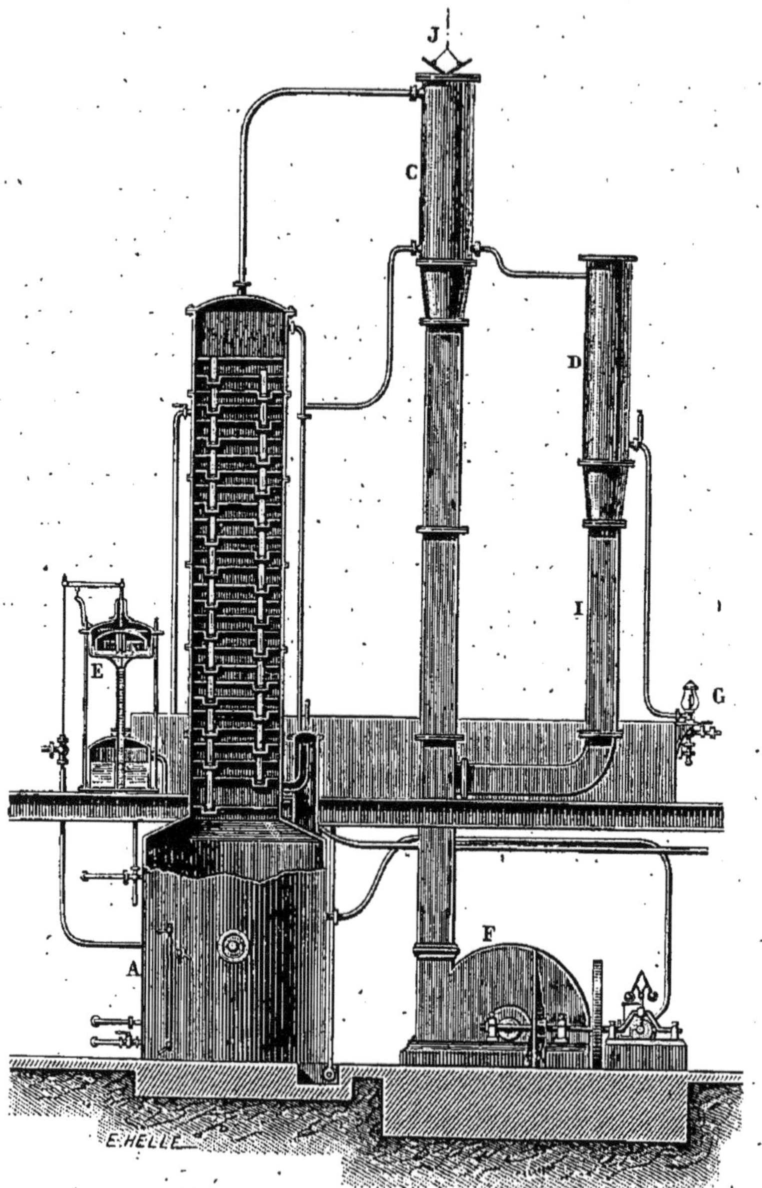

Fig. 98. — Appareil Savalle pour la rectification des benzines.

aussi complète que possible, on emploie le chauffage à la vapeur dans des appareils spéciaux; un des plus répandus est celui de Savalle ou celui de Siemens. Celui de Coupier est moins employé.

Nous donnons fig. 98 l'ensemble d'un appareil Savalle pour la rectification des benzines à l'aide de la vapeur.

En A est la chaudière contenant les huiles légères à rectifier; elle est chauffée par un serpentin de vapeur. La chaudière est surmontée de la colonne à rectifier B, dont on voit la coupe dans notre dessin. Les vapeurs circulent ensuite dans des condenseurs à air C et D où un courant d'air, lancé à travers H et I par le ventilateur F actionné par la machine à vapeur L, les refroidit à un point tel que les hydrocarbures plus condensables se liquéfient. Les produits condensés s'écoulent définitivement par l'éprouvette G dans la cloche de laquelle on peut suivre la marche de l'opération par la vitesse de l'écoulement. La température de distillation accusée par le thermomètre C est réglée d'une façon très ingénieuse par un régulateur spécial E; la pression dans la chaudière agit sur un flotteur dont le mouvement vertical est utilisé pour ouvrir ou fermer plus ou moins l'arrivée de la vapeur.

Le benzol sert à la fabrication de la nitrobenzine au moyen de la réaction de l'acide nitrique sur la benzine[1].

L'emploi de la benzine pour le nettoyage des étoffes, grâce à ses propriétés dissolvantes des corps gras, est universellement connu. Elle dissout également le caoutchouc, la gutta-percha et les résines pour former des vernis; enfin en médecine, elle est souvent utilisée pour la destruction de la gale, des poux et autres parasites.

Les huiles légères qui passent ensuite jusqu'à 170° sont traitées comme les huiles à benzol par épuration chimique et distillation subséquente. Les parties les plus légères repassent aux huiles légères à rectifier, pour benzols, et les plus lourdes d'une densité de 0,85 à 0,87 sont employées comme naphtes et servent d'agent de dissolution, dans les fabriques de caoutchouc. Les

---

1. La nitrobenzine ou essence de mirbane est très employée par la parfumerie, et, par l'action d'agents réducteurs, elle est le point de départ de la fabrication des couleurs d'aniline.

naphtes pesant 0,880 sont utilisés comme huile de naphte à brûler. On peut également les faire servir à la carburation du gaz d'éclairage en vue d'augmenter son pouvoir éclairant. Enfin les résidus passent au traitement ultérieur des huiles lourdes.

Huiles lourdes.

Pendant longtemps les huiles lourdes sont restées un produit n'ayant pas d'emploi suffisant. Pour la consommation des quantités obtenues par la distillation des goudrons, de même que pour ces derniers, on a dû chercher à leur trouver des applications. Les études faites à ce sujet ont peu à peu permis d'en consommer des quantités assez considérables. Enfin l'examen plus approfondi de ces produits a permis depuis un certain temps d'en tirer avantageusement parti, en trouvant l'emploi des divers produits qu'elles contenaient.

Les principaux usages de l'huile lourde que nous allons passer en revue, sont : l'imprégnation des bois pour leur conservation ; l'emploi comme combustible ; la fabrication du noir de fumée.

Elles ont été également utilisées pour ramollir le brai, comme nous l'avons vu dans la fabrication des agglomérés de houille, pour le graissage des machines, pour la fabrication de gaz d'éclairage en les décomposant au rouge dans des cornues spéciales ; pour l'éclairage en les brûlant dans des lampes spéciales telles que celles de Dony ou Hartmann.

Imprégnation des bois. — Les huiles lourdes, riches en créosote et en phénol, doivent à la présence de ces corps des propriétés antiseptiques remarquables. Aussi a-t-on pensé à les appliquer à l'imprégnation des bois pour assurer leur conservation.

Pour arriver à une imprégnation complète, M. Bréant le premier, recommanda de les placer dans un cylindre où le vide était fait soit par une pompe, soit par la condensation de vapeur injectée préalablement. Bethell et Payn, en Angleterre, ont construit des appareils de grande dimension pour effectuer cette opération.

Enfin en France MM. Legé et Peronnet ont établi un matériel spécial dont la figure 99 donnera une idée. Il se compose d'un cylindre horizontal en tôle forte, mesurant 12 mètres de long sur 1^m,60 de diamètre, dans lequel le bois est introduit au moyen de wagonnets par une des extrémités qui est ensuite fermée par une porte boulonnée. Une machine à vapeur locomobile fournit de la vapeur qui remplit le cylindre. Cette vapeur se condense rapidement

Fig. 99. — Imprégnation des bois.

et produit un vide qui est achevé par une pompe aspirante et foulante actionnée par la locomobile ; on provoque ainsi le dégagement des gaz du bois et de l'humidité qu'il contient. Le vide effectué, on procède à l'injection en introduisant l'huile lourde qui pénètre rapidement dans les pores du bois, et l'on achève l'opération par une compression à 12 atmosphères au moyen de la pompe ; quand les bois ont été ainsi maintenus sous pression dans le liquide antiseptique, on procède à la vidange de l'appareil, à l'extraction du bois, et l'opération peut être recommencée. Ce produit est surtout excellent pour l'imprégnation des traverses de chemin de fer.

Emploi comme combustible. — Nous avons vu que dans les usines à gaz on employait des goudrons bruts comme combustible;

on a également employé les huiles lourdes pour cet usage et dans les mêmes appareils. Des essais ont été faits également pour le chauffage des chaudières de bateaux et de locomotives et aujourd'hui, dans les pays producteurs de pétrole, on utilise très avantageusement pour cet objet les huiles lourdes de pétrole.

M. Sainte-Claire Deville fit sur une locomotive du chemin de fer de l'Est des essais de chauffage très intéressants en employant une grille inventée par M. Audouin; les résultats obtenus ont été fort curieux au point de vue de l'utilisation des goudrons.

Le kilogramme d'huiles lourdes (provenant de la compagnie Parisienne) produisait 13^{kil},770 de vapeur.

M. Sainte Claire Deville eut également l'idée d'appliquer les huiles lourdes au chauf-

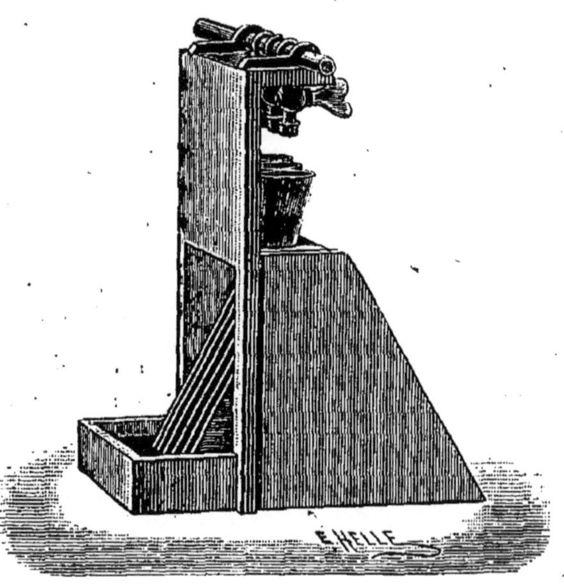

Fig. 99. — Brûleur à huiles lourdes de M. Sainte-Claire Deville.

fage de petits fours de laboratoire au moyen d'une grille spéciale (fig. 99). L'huile lourde arrive par un tuyau sur lequel sont fixés des robinets qui la laissent couler en mince filet par des entonnoirs en tôle; elle descend de là le long de rainures pratiquées sur les barreaux inclinés; les barreaux étant chauds, l'huile se vaporise et s'enflamme, la combustion est alimentée par l'air qui passe entre les barreaux.

On a également réalisé avec succès la combustion des huiles lourdes en les lançant dans le foyer sous forme de poussière liquide au moyen d'un pulvérisateur; tel est le système Agnelet.

La production du noir de fumée au moyen des huiles lourdes consomme une grande quantité de celles-ci. Le noir de fumée sert pour la fabrication des encres d'imprimerie, de l'encre de Chine, pour l'impression des tissus, pour la fabrication des cirages, etc. Pour l'obtenir on brûle les huiles lourdes en ménageant l'accès de l'air. Il se produit une fumée noire que l'on fait circuler dans des chambres d'une forme variable garnies de toiles ou même simplement dans des manches en toile sur lesquelles le noir de

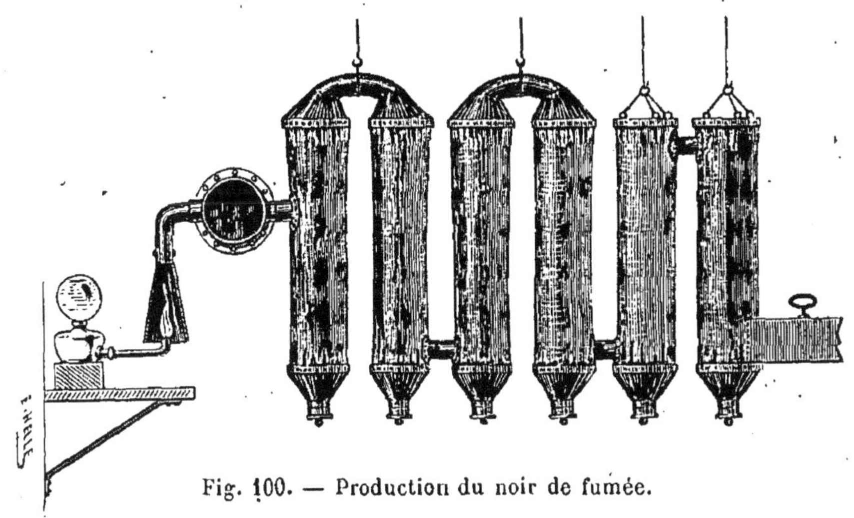

Fig. 100. — Production du noir de fumée.

fumée se dépose. On secoue ces toiles lorsqu'elles sont couvertes d'une couche assez épaisse.

La figure 100 qui n'a pas besoin d'explications représente un des dispositifs employés.

Le noir le plus pur est celui que l'on recueille aux points les plus éloignés du foyer.

D'après Lunge, 100 kilogrammes d'huile lourde fournissent 5 kilogrammes de noir fin, 6 kilogrammes de noir moyen, et 5 kilogrammes de noir commun.

Lorsqu'on les emploie pour le graissage, les huiles lourdes sont traitées à la chaux et mélangées avec des huiles de résine et diverses substances pulvérulentes pour leur donner de la consistance.

Aujourd'hui les huiles lourdes sont travaillées en grand pour l'extraction du phénol ou acide phénique et de la naphtaline.

Les huiles distillant de 170 à 230° sont mélangées avec une lessive de soude caustique saturée à chaud ; on ajoute de la soude en poudre et l'on agite vivement au moyen d'un agitateur ; la chaudière où se fait la saturation est chauffée à la vapeur à température de 40° ou 50°. L'huile se prend aussitôt en une bouillie cristalline. On décante la partie liquide, et la partie solide est dissoute avec de l'eau chaude. Il se forme alors deux couches ; l'une légère et huileuse que l'on enlève, et une plus lourde que l'on sépare et que l'on traite par l'acide sulfurique[1], dans une chaudière doublée de plomb. Le phénate de soude en solution est décomposé, et le phénol vient former à la surface une couche huileuse. On laisse reposer, on soutire, on mélange le phénol avec du chlorure de calcium, fondu qui le déshydrate, puis on le soumet à la distillation dans des cornues en fonte chauffées à la vapeur surchauffée ou au bain d'huile. Les produits de la distillation sont divisés en trois parties. Ce qui passe au-dessous de 180° est mis à part pour être distillé à nouveau. De 180° à 305°, c'est l'acide phénique que l'on enlève pour la cristallisation. Le résidu est réuni à l'huile lourde à retraiter. La partie passant entre 180° et 305° est mise à cristalliser à une température de 6° à 8° ; l'eau mère en est ensuite séparée par égouttage ou dans une essoreuse.

Girard dans son traité des *Dérivés de la houille* recommande l'appareil représenté figure 101, pour les séparations du benzol et du toluène ; il peut très avantageusement être employé pour la purification du phénol.

Il se compose d'une chaudière A avec tuyau de vidange *a* fermée par un autoclave B et contenant un thermomètre C pour suivre la température de distillation. Le tube de dégagement D conduit les vapeurs dans un séparateur E contenu dans une bâche remplie d'huile ou de paraffine, et qui peut être chauffée par un

---

1. On peut également décomposer ce phénate de soude au moyen d'acide carbonique.

foyer spécial. Les vapeurs des produits moins volatils que le phénol se condensent dans le séparateur, et retournent à la chaudière,
tandis que le phénol pur se condense en F. Quelquefois la bâche

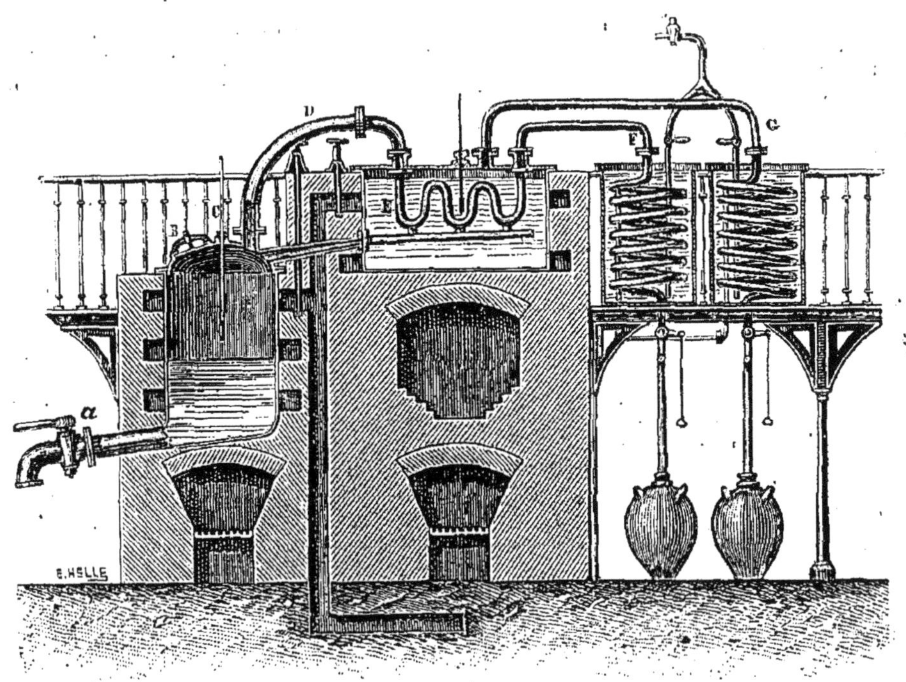

Fig. 101. — Purification du phénol.

du séparateur contient du phénol dont les vapeurs vont se condenser en G.

Cet appareil permet de séparer très facilement le phénol pur
des crésols, de l'eau, de la naphtaline, etc.

Le phénol est employé comme antiseptique et pour la fabrication de l'acide picrique, de la coralline, etc. Il entre dans la
préparation d'un certain nombre de produits pharmaceutiques en
raison de ses propriétés désinfectantes.

Si, après extraction du phénol, on laisse simplement refroidir
complètement l'huile lourde brute, il se dépose de la naphtaline
cristallisée que l'on peut dissoudre dans des huiles légères et faire

recristalliser pour arriver à la purifier, après un pressage qui en élimine mécaniquement les parties liquides.

Pour en terminer la purification, on fait sublimer la naphtaline, soit comme l'indique Wurtz, en la chauffant dans une chaudière en fonte surmontée d'un tonneau dans lequel elle se dépose (fig. 102), soit dans une cuve spéciale chauffée à la vapeur et couverte avec une hotte correspondant à une chambre de condensation.

La naphtaline qui représente de 5 à 10 pour 100 du poids des goudrons est restée longtemps sans emploi ; aujourd'hui elle sert de point de départ pour la préparation d'une série de superbes matières colorantes.

Elle est également employée pour augmenter le pouvoir éclairant du gaz dans le système dit Albo-Carbone. L'appareil que chacun a pu voir est disposé de telle sorte que la flamme échauffe par conductibilité la naphtaline contenue dans une sphère creuse

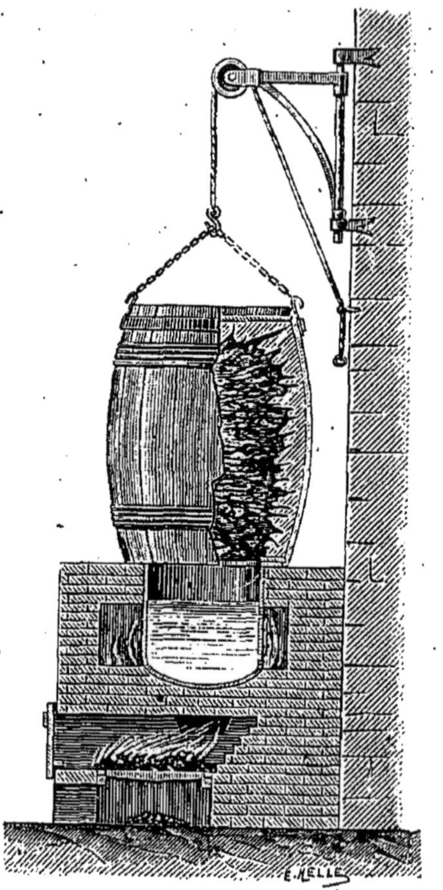

Fig. 102.
Sublimation de la naphtaline.

et la vaporise ; le gaz qui traverse cette sphère entraîne avec lui une certaine quantité de ces vapeurs qui viennent brûler au bec en même temps que lui, et qui augmentent de 30 à 40 pour 100 son pouvoir éclairant.

Le Brai.

Il n'y a pas encore longtemps, on ne poussait jamais la distillation des goudrons au delà de 370° ; mais depuis la découverte des applications de l'anthracène et de ses dérivés, pour la fabrication des couleurs, on a soin au contraire de la mener aussi loin que possible.

On opère la distillation du brai soit dans les cornues à gou-

Fig. 103. — Filtre-presse Séraphin.

dron, soit de préférence dans des cornues formées de cuves horizontales en fonte.

On obtient d'après Lunge, pour 100.

Huile à anthracène. . . . . }	
Huile contenant du chrysène et du pyrène	27 à 30 pour 100.
Résine jaune rouge sublimée . . . . }	
Coke.	48 à 52 —
Gaz vapeur d'eau, huile légère	25 à 28 —

L'huile à anthracène contient surtout des corps à point de fusion élevé, de sorte que les produits refroidis de la distillation forment une masse solide de consistance un peu moins épaisse que le beurre.

Le traitement de l'huile brute pour en séparer l'anthracène consiste à la soumettre à une pression pour séparer les hydrocarbures liquides, qui retournent aux traitements précédents des huiles lourdes. Cette pression a lieu au moyen de presses hydrauliques, ou mieux, de filtres-presses; la figure 103 est un des modèles les plus recommandables. L'anthracène brut est placé dans des sacs posés entre les plateaux, et on l'expose à une pression graduelle, en ayant soin d'élever en même temps la température des plateaux par injection de vapeur, ou au moyen de plaques chauffées. Après la pression, l'anthracène qui reste dans ces sacs est lavée avec du naphte ou de l'éther de pétrole, puis séchée. On termine souvent la purification par une sublimation opérée au moyen de vapeur d'eau surchauffée.

La grande valeur acquise aujourd'hui par l'anthracène provient de la découverte de l'alizarine artificielle faite en 1868 par Grabe et Liebermann.

Les emplois du brai ont été plusieurs fois énumérés; nous n'avons donc pas à y revenir. Mais en terminant nous avons à faire remarquer combien ce produit, encombrant il y a peu d'années, est devenu rapidement la matière première de produits artificiels importants, et combien ce dernier dérivé de la houille dont nous n'avons fait qu'entrevoir les éléments les plus essentiels a pu produire de richesses. Cette transformation industrielle est due au travail assidu, aux recherches et aux découvertes de nombreux chimistes parmi lesquels les français brillent au premier rang.

APPENDICE

NOTE I

Lampe de sûreté.

La lampe de sûreté imaginée par M. Combes (fig. 104) présente les principaux perfectionnements apportés par les différents constructeurs de ce genre de lampes.

Au-dessus du réservoir qui contient l'huile se trouve un anneau soutenu à une certaine distance du réservoir par quatre petites colonnes ; une double toile métallique, au centre de laquelle passe la mèche de la lampe, s'appuie sur un rebord intérieur qui porte cet anneau. Un dôme percé en son milieu, dirige vers la mèche l'air qui a traversé la toile métallique.

A l'anneau se visse une virole qui soutient un cylindre en verre dont les parois sont très épaisses et dont la partie supérieure est entourée par l anneau qui vient s'appuyer et se serrer dessus au moyen des tiges métalliques. Sur cet anneau est fixé un cylindre en toile métallique fermé au-dessus et à travers les mailles duquel s'échappent les produits de la combustion ; une cheminée en tôle intérieure active le tirage. Une tige terminée par un crochet qui traverse la mèche et qui communique avec l'extérieur par un tube à frottement terminé sous la lampe, permet d'élever ou d'abaisser la mèche sans qu'il soit nécessaire d'ouvrir la lampe.

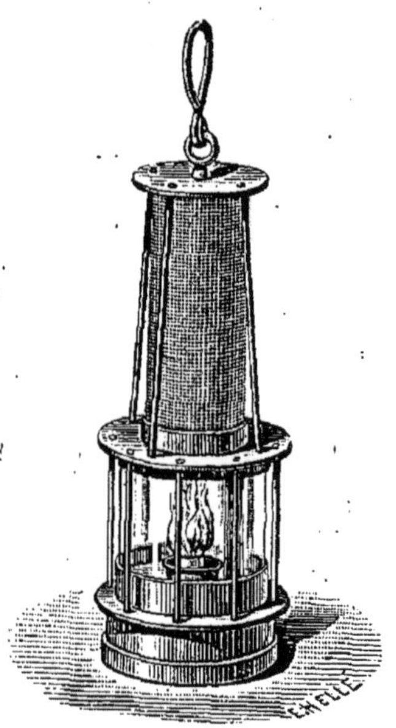

Fig. 104. — Lampe de Davy, modifiée par M. Combes.

Généralement ces lampes sont munies d'un système de fermeture qui ne permet pas aux mineurs de l'ouvrir ; un ouvrier spécial chargé de toute la lampisterie située en dehors des galeries peut seul le faire.

NOTE II

Manomètre Rouget.

L'appréciation exacte de la pression du gaz a souvent une grande importance surtout dans la marche avec extracteurs. Dans ce cas, la pression devrait théoriquement être égale à zéro, et en tous cas, il convient de ne pas la laisser s'élever de manière à surcharger les cornues ; mais en même temps de ne pas la laisser descendre de manière à aspirer les gaz du foyer à travers les cornues. Les moindres variations de pressions sont donc un contrôle de la marche des extracteurs et un bon manomètre est fort utile. Le manomètre de M. Rouget (fig. 105) est avantageux, surtout dans ce cas. En effet, la lecture de la pression y est très exacte grâce à l'emploi du flotteur Erdman. Le niveau est maintenu constant dans un réservoir à flotteur du genre du flotteur de manomètre Elster. Il n'y a qu'une seule lecture à faire au lieu de la comparaison de deux colonnes de liquide. Le gaz communique avec le manomètre par le robinet supérieur D'.

Les tubes cassés se remplacent très facilement en dévissant les deux fonds êt, comme ils sont maintenus par des bagues en caoutchouc C C' qui laissent le verre se dilater, cet accident arrive rarement.

La figure jointe à cette description suffira pour l'intelligence des autres détails de cet appareil.

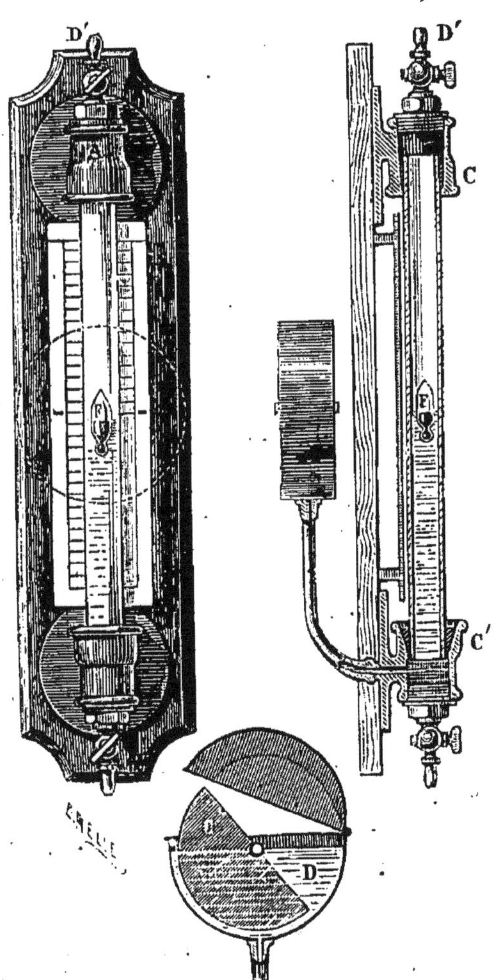

Fig. 105. — Manomètre Rouget.

NOTE III

Gaz d'éclairage extraits de substances autres que la houille.

Nous avons essayé de donner une idée des nombreuses applications de la houille et de ses dérivés, et bien que nous n'ayons pu que passer rapidement en revue les diverses parties de notre sujet, nous croyons cependant intéressant d'ajouter cette note comme terme de comparaison avec le gaz de houille.

La houille est la matière première par excellence pour la fabrication du gaz et la production du goudron. Mais dans certains cas, on peut avoir intérêt à fabriquer du gaz avec d'autres substances qui, décomposées comme le charbon, sont susceptibles d'en produire.

En effet presque toutes les matières végétales ou animales soumises à la distillation, dans les mêmes conditions que la houille, fournissent du gaz plus ou moins éclairant, des goudrons et des produits ammoniacaux. Nous ne pouvons songer à parler en détail des diverses matières utilisables pour cette fabrication. Nous nous contenterons plutôt d'en faire une énumération.

On a employé : le bois, la tourbe, la résine, le suif, les huiles de poisson, les huiles lourdes de houille et de pétrole, les huiles végétales, les résidus de cuir, les tourteaux d'olive, et même l'eau.

Gaz de bois. — Nous avons vu que la matière première que Lebon avait en vue tout d'abord pour la fabrication du gaz était le bois. En effet, on obtient par la distillation du bois un gaz plus éclairant qu'avec la houille, le résidu est du charbon de bois dont la valeur marchande est assez grande, le goudron de bois a une valeur supérieure à celui de la houille et enfin on retire des eaux condensées une certaine quantité d'acide pyroligneux et d'alcool méthylique.

Les inconvénients sont : la grande quantité d'acide carbonique produit (acide carbonique dont la séparation par la chaux est très coûteuse, l'épuration par l'oxyde de fer étant inutile) et le prix d'achat du bois qui est en général trop élevé pour que cette fabrication puisse lutter avec celle du gaz de houille.

La distillation doit avoir lieu à une température au moins aussi élevée que pour la houille et dans des cornues de grandes dimensions afin d'obtenir une décomposition partielle du goudron.

Les différentes essences de bois rendent à peu près la même quantité de gaz, on a obtenu de 100 kilogrammes de

	Mètres cubes de gaz.	Kilog. de charbon.
Sapin	38,5	18
Pin	34	18
Chêne	34	20

	Mètres cubes de gaz.	Kilogr. de charbon.
Hêtre	33	20
Bouleau	35	19
Mélèze	33	22
Tilleul	37 à 40	18 à 22
Saule	39	18
Peuplier	35,44	19,80

D'après Pettenkofer qui avait installé la fabrication du gaz de bois à Munich, le gaz obtenu avec le sapin contiendrait :

Hydrocarbures lourds	6,91
Gaz des marais	11,06
Hydrogène	15,07
Acide carbonique	25,72
Oxyde de carbone	40,59

et, d'après Reissig, le gaz au bois *épuré* aurait pour composition

Hydrocarbures lourds	7,86
Hydrogène	34.97
Gaz des marais	25,36
Oxyde de carbone	31,81
	100,00

Plusieurs tentatives de fabrication de gaz au bois ont été faites; mais toutes les fois que la houille a pu être obtenue à un prix suffisant, elle a remplacé le bois comme matière première.

Gaz de tourbe. — La tourbe fournit comme la houille du gaz, du goudron, du coke et des produits ammoniacaux, mais cette fabrication ne peut-être qu'exceptionnelle en raison du manque de tourbe en état d'être distillée; car bien que la tourbe soit extrêmement répandue, elle n'est pas suffisamment exploitée pour servir de matière première à une fabrication régulière de gaz d'éclairage. Pour extraire de la tourbe un gaz de bonne qualité, il est préférable de mélanger les gaz obtenus directement par sa décomposition avec ceux que l'on retire de la distillation de son goudron.

La tourbe doit être distillée rapidement et elle ne doit être soumise à la distillation qu'après dessiccation aussi complète que possible.

D'après des analyses de M. de Marcilly, les tourbes de bonne qualité extraites en Picardie donneraient

Acide carbonique	14
Azote, oxygène	5
Hydrogènes proto et bi-carbonés	11
Hydrogène pur	40
Oxyde de carbone	30
	100

Les gaz obtenus sont peu éclairants tandis que les goudrons qui contiennent

Huiles à benzine	11
— basique neutre	28
— à paraffine	42
Eau ammoniacale	3
Brai sec	12
Perte	4

sont susceptibles de produire par leur décomposition des gaz très éclairants. Le rendement en goudron est de 6 à 7 kilogrammes pour 100.

Ce goudron traité comme les goudrons de houille rend :

Benzine	6
Huile à brûler	10
Huiles lourdes	18
Acide phénique créosoté	10
Paraffine	6
Charbon graphiteux	4
Brai sec	8

Gaz d'huiles végétales. — Les huiles végétales sont à un prix trop élevé pour fournir du gaz industriellement, cependant certaines conditions particulières peuvent engager à employer ces matières qui fournissent par la distillation un gaz de très bonne qualité, éclairant environ trois fois autant que le gaz de houille et en grande quantité. Un kilogramme d'huile de colza donne 800 litres de gaz éclairant autant que 2800 litres de gaz de houille.

La distillation s'opère dans des cornues verticales contenant du coke, des morceaux de briques ou mieux une lame de fonte ayant la forme d'une spirale; l'huile arrive en haut de la cornue (chauffée au rouge) en mince filet et se décompose immédiatement.

L'épuration au moyen de la chaux et d'un simple lavage est suffisante. Bien que cette fabrication ne puisse être qu'exceptionnelle nous donnons (fig. 106) le dessin d'un petit appareil qui peut être employé avantageusement et qui nous a donné de bons résultats.

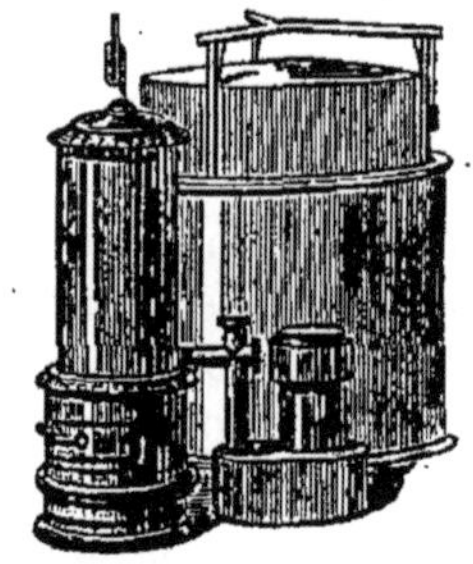

Fig. 106. — Appareil pour la production du gaz d'huiles végétales.

Gaz du suint. — Le suint qui provient du lavage des laines fournit à la distillation un gaz excellent trois fois aussi éclairant que le gaz de houille. D'après Wagner, une filature de 20 000 broches fournit par jour 500 kilogrammes de suint sec, chaque kilogramme de cette matière donne 210 litres de gaz qui brûle à raison de 35 litres pour fournir la lumière d'une carcel.

Gaz d'huile de schiste. — L'huile de schiste produit environ par 100 kilogrammes, 70 mètres cubes de gaz dont le pouvoir éclairant est égal à environ deux fois et demie celui du gaz de houille.

Gaz de pétrole. — L'huile de pétrole brute se décompose comme les huiles végétales. On emploie de préférence des cornues horizontales en fonte, dans lesquelles le pétrole brut ou mieux les huiles résidus de raffinage de pétrole arrivent en filet régulier. Le rendement en gaz varie de 50 à 100 mètres cubes par 100 kilogrammes.

Hirzel, Riedinger, Hubner, ont beaucoup répandu en Allemagne la fabrication de ce gaz que nous voyons employer chez nous pour l'éclairage des wagons de chemin de fer (il est emmagasiné comme du gaz portatif dans des cylindres portés par les voitures).

Gaz de résine. — La résine fournit par 100 kilogrammes 75 mètres cubes de gaz, d'un pouvoir éclairant égal à celui de la houille. On la distille (après l'avoir préalablement fondue par la chaleur perdue du four) en la laissant tomber goutte à goutte dans des cornues pleines de coke.

Gaz à l'eau. — L'eau se compose d'hydrogène et d'oxygène dans la proportion du poids de 888 grammes d'hydrogène et 112 grammes d'oxygène ou en volume 1 litre d'eau donne 618 litres d'oxygène et 1236 litres d'hydrogène. Si on décompose l'eau et que l'on fasse entrer l'oxygène en combinaison, l'hydrogène seul se dégage. Chacun connaît la décomposition de l'eau effectuée dans les laboratoires, par l'acide sulfurique et le zinc pour obtenir de l'hydrogène

$$Zn + SO^3HO = ZnOSO^3 + H.$$

mais ce moyen trop coûteux n'est guère applicable industriellement pour obtenir de l'hydrogène pour éclairage.

En pratique on fait passer de la vapeur d'eau sur du fer ou du charbon porté au rouge; avec du fer on obtient 538 litres d'hydrogène par kilogramme de fer qui se transforme en sesquioxyde; avec du charbon on obtient de l'hydrogène et un mélange d'acide carbonique et d'oxyde de carbone, le premier est absorbé par de la chaux, le second reste dans le gaz.

L'hydrogène n'étant pas éclairant par lui-même, on a essayé plusieurs moyens de l'utiliser soit par la carburation en lui faisant entraîner des vapeurs de benzine ou analogues, soit en le faisant passer à travers des vapeurs d'hydrocarbures produites en décomposant au rouge des pétroles ou des schistes, soit enfin en le faisant brûler dans des becs supportant une toile de platine qui portée au rouge blanc donnait la lumière désirée.

Gaz d'air. — Enfin on emploie quelquefois comme gaz d'éclairage et de chauffage de l'air chargé de vapeurs d'essences légères de pétrole.

Nous n'insisterons pas davantage sur cette question des divers gaz qui n'ont du reste pu jusqu'ici avoir d'application générale; nous avons simplement voulu faire une énumération explicative.

BIBLIOGRAPHIE

Houille, coke, agglomérés.

1. AGUILLON. — Note sur la rupture des câbles de mine. — Dunod; in-8°.
2. AGUILLON et PERNOLET. — Exploitation et réglementation des mines à grisou. — Dunod; 3 vol. in-8°.
3. AMIOT. — Exploitation des couches puissantes de houille. — Dunod; in-8° avec planches.
4. ANNUAIRE DES CHARBONNAGES, par les rédacteurs du journal *le Charbon*. — Baudry; in-8°.
5. BARALLE (Alph. de). — Statuts des Compagnies houillères du Nord et du Pas-de-Calais. — Lacroix; in-8°.
6. BARLET. — Tenue des livres appliquée à la comptabilité des mines de houille. — Baudry; in-8°.
7. BARRÉ. — Note sur la fabrication du coke. — Dunod; in-8° et planches.
8. BAUDIN. — Description des bassins houillers de Brassac. — Bernard-Tignol, atlas de 24 planches.
9. BERG. — Agglomération de la houille par le lichen d'Islande. — *Zeitschrift für Berghütten und Salinenwesen*, 1880, et *Chemische Industrie*, 1880.
10. BLAVIER. — Jurisprudence des mines. — Dunod; 3 vol. in-8°.
11. BOSC. — Traité complet de la tourbe. — Baudry, 1870; in-8°.
12. BRIART et WEILER. — Du transport mécanique de la houille. — Baudry; in-8°, planches.
13. BULLETIN DE L'INDUSTRIE MINÉRALE. — Fabrication des agglomérés. — T. XII; 1883.
14. BURAT. — Société des houillères de Blanzy. — Baudry; in-4°, 20 planches.
15. BURAT. — Les houillères de la France et de l'étranger. — Baudry; gr. in-8° et atlas in-4° de 25 planches.
16. BURAT. — Les houillères en 1866.
Les houillères en 1868.
Les houillères en 1869. — Bernard-Tignol; in-8°, atlas.
17. BURAT. — Le matériel des houillères en France et en Belgique. — Baudry; 1 vol. gr. in-8° et atlas.
18. BURAT. — Les houillères à l'Exposititon universelle de 1878. — Quenet; in-4° et 23 planches.
19. BURAT. — Épuration de la houille. — Baudry; in-4°.

20. CAILLON. — Cours d'exploitation des mines. — Dunod; 2 vol. in-8° et atlas.
21. CARNOT. — Tableau des essais de combustibles minéraux. — Dunod; gr. in-8°.
22. CHALLETON DE BRUGHAT. — De la tourbe. Étude sur les combustibles employés dans l'industrie; étude sur le coke. — Michelet; in-8°.
23. CHANCOURTOIS (de). — Carte géologique détaillée de la France. — Dunod.
24. CHEVREMONT. — Notice sur plusieurs perfectionnements faits à la lampe de sir Humphry Davy. — Dunod; in-8°.
25. CHOSSON. — Situation de l'industrie des schistes bitumineux du bassin d'Auton. — Dunod; in-8°.
26. DEMANET. — Gisement, extraction et exploitation des mines de houille. — Baudry; in-12.
27. DIEUDONNÉ. — Mémoire sur la fabrication du coke à Forbach et à Hirschbach. — Dunod; in-8° et planches.
28. DORMOY. — Topographie souterraine des bassins houillers de Valenciennes. — Bernard-Tignol; atlas in-f°.
29. DROUOT. — Notice sur les gîtes de houille de Saône-et-Loire. — Bernard-Tignol; in-4°.
30. DUPONT. — Cours de législation des mines. — Dunod; gr. in-8°.
31. DU SOUICH. — Rapport sur la réglementation de l'exploitation dans les mines à grisou. — Dunod; in-8°.
32. DU SOUICH. — Essai sur les recherches de houille dans le nord de la France. — Dunod; in-8°, planches.
33. ESTAUNIÉ. — Des diverses variétés de la houille du département de Saône-et-Loire. — Dunod; in-8°, tableaux.
34. FAYOL. — Étude sur l'altération par la combustion spontanée de la houille exposée à l'air. — Dunod; in-8° et planches.
35. FISCHER (F.). — Fabrication des agglomérés.
36. FOURQUOY. — Fabrication des agglomérés.
37. GRAND'EURY. — Flore carbonifère du bassin de la Loire et du centre de la France. — Baudry; 2 vol. in-4° et atlas de 34 planches.
38. GRUNER. — Étude des bassins houillers de la Creuse. — Bernard-Tignol; in-4° et atlas in-f°.
39. GURTL. — Fabrication des agglomérés. Steinkohlen-briquettes.
40. HAVREZ. — Perfectionnements introduits dans l'exploitation de la houille en Angleterre. — Bernard-Tignol; in-8°, planches.
41. JACQUES. — Étude sur la houille du bassin de Liège; houille grasse. — Baudry; in-8°.
42. LACRETELLE. — Note sur l'estimation des houillères. — Dunod; in-8°.
43. LE CHATELIER. — Notice sur les sondages à la corde. — Dunod; in-8°, planches.
44. MALHERBE. — De l'exploitation de la houille dans le pays de Liège. — Baudry; in 8°.
45. MALHERBE. — Du grisou. — Baudry; in-8°.
46. PÉCHARD. — La houille et le fer dans tous les pays du monde. — Dunod; in-8°.
47. VIRLET. — Mémoire sur un nouveau procédé de carbonisation dans les usines, à l'aide de la chaleur perdue des hauts-fourneaux et foyers de forge. — Dunod; in-8°, 3 planches.
48. VOISIN. — L'aérage dans les mines de houille de la Westphalie. — Dunod; in-8°, 1 planche.
49. VUILLEMIN. — Le droit de douane sur les houilles. — Dunod; in-8°.
50. VUILLEMIN. — Le bassin houiller du Pas-de-Calais. — Dunod; in-8° avec tableaux et 21 planches.

51. Vuillemin. — Les mines de houille d'Aniche. — Dunod; in-8° et atlas.
52. Warington. — La houille et les houillères en Angleterre. — Dunod; in-8° avec vignettes et planches.

Chauffage.

1. Bède. — De l'économie du combustible. — Baudry; in-4°.
2. Belleroche (E.). — Chauffage complet des trains de voyageurs sur les chemins de fer. — Baudry; gr. in-8°, 8 pl.
3. Beretta et Desnos. — Les nouvelles chaudières à vapeur. — Baudry; in-8°, atlas in-fol. de 30 pl.
4. Bosc (E.). — Traité du chauffage et de la ventilation. — Morel et Cⁱᵉ, in-8°.
5. Boudin. — Nouvelles études sur le chauffage. — Baillière; in-8°.
6. Briot (Ch). — Exposé des principes de la théorie mécanique de la chaleur et de ses applications. — Gauthier-Villars; in-8°.
7. Cazin. — La chaleur; Hachette; 1873.
8. Clausius (R.). — Traduction Folie (F.). Théorie mécanique de la chaleur. — Michelet; 2 vol. in-8°.
9. Combes. — Exposé des principes de la théorie mécanique de la chaleur. — Dunod; gr. in-8°.
10. Courtin. — La chaleur et ses applications aux machines à air chaud. — Baudry; in-8°, figures.
11. Darcet. — Description des appareils de chauffage. — Dunod; in-8°, planches.
12. Deny (E.). — Étude sur le chauffage. — Quenet; in-8° broché.
13. Derschau. — Étude sur le chauffage et la ventilation des wagons de voyageurs. — Bernard-Tignol; in-8° broché.
14. Devillez (A.). — Traité élémentaire de la chaleur, au point de vue de son emploi comme force motrice. — Baudry; in-8°, avec 12 planches.
15. Dupré (Ath.). — Théorie mécanique de la chaleur. — Gauthier-Villars, in-8°.
16. Ebelmen. — Les combustibles — article du *Dictionnaire des arts et manufactures*, de Laboulaye.
17. Ferrini (trad. Archinard). — Technologie de la chaleur. Chauffage et ventilation des bâtiments. — Dunod; gr. in-8°, grav. et planches.
18. Flamm (P.). — Guide pratique du constructeur d'appareils économiques de chauffage. — Lacroix; 1 vol , 4 planches.
19. Franklin (B.). — Description des nouveaux chauffoirs de Pensylvanie. — Br. in-8°.
20. Gauger (Nicolas). — Mécanique du feu ou l'art d'en augmenter les effets et d'en diminuer la dépense. — Paris; 1713, in-12.
21. Gouilly (Al.). — Théorie mécanique de la chaleur. — Quenet, in-8°.
22. Gouyet (A.). — Guide manuel du chauffeur. — Baudry; gr. in-8°.
23. Hébrard (Pierre). — Caminologie ou Traité des cheminées. — Desventes, à Dijon; in-12, 1756.
24. Hirn (G.). — Théorie mécanique de la chaleur. — Gauthier-Villars, 3 vol. grand in-8°.
25. Jacquier (Edme). — Exposition élémentaire de la théorie mécanique de la chaleur appliquée aux machines. — Gauthier-Villars; in-8°.
26. Jaunez. — Manuel du chauffeur. — Lacroix; 37 fig. et planches.
27. Joly. — Traité pratique du chauffage et de la ventilation. — Baudry; gr. in-8°, 375 figures.
28. Lamé (G.). — Leçons sur la théorie analytique de la chaleur. — Gauthier-Villars, in-8°.

29. Lencauchez. — Étude sur les combustibles. — Lacroix; 1878, 1 vol. et atlas.

30. Leutmann (G.). — Vulcanus famulans. — Got-Zimmermann; Wittemberg, 1720; in-12.

31. Massieu (F.). — Exposé des principes fondamentaux de la théorie mécanique de la chaleur. — Gauthier-Villars; in-4°, lithographies.

32. Morin (Général). — Chauffage et ventilation.
    Rapports faits au Comité consultatif d'hygiène. — Baudry.

33. Morin (général). — Manuel pratique de chauffage et de ventilation. — Bernard-Tignol; in-8°.

34. Péclet. — Traité de la chaleur considérée dans ses applications. — 3 vol. grand in-8°, 702 figures.

35. Pérard. — Traité du chauffage et de la conduite des machines à vapeur. — Baudry; gr. in-8°, 15 planches.

36. Pictet (Raoul). — Synthèse de la chaleur. — Gauthier-Villars; in-8°, 1 planche.

37. Planat. — Chauffage et ventilation des lieux habités. — Baudry; in-8°, 330 grav.

38. Plaudt, — Chauffage et ventilation des lieux habités, cheminées, etc. — Quenet; in-8°.

39. Poillon. — Cours théorique et pratique des chaudières et des machines à vapeur. — Baudry; in-8°.

40. Poisson. — Théorie mathématique de la chaleur. — Gauthier-Villars; in-4°, planches.

41. Reech. — Théorie générale des effets dynamiques de la chaleur. — Gauthier-Villars; in-4°, planches.

42. Regray. — Le chauffage des voitures de toutes classes sur les chemins de fer. — Dunod; gr. in-8°, atlas de 31 planches.

43. Résal. — Commentaire aux travaux publics sur la chaleur. — Dunod; in-8° et planches.

44. Robertson (W.). — Collection of various forms of stoves. — London; in-4°, 1798.

45. Rumford (le comte de). — Mémoires sur la chaleur. — Gauthier-Villars; in-8°.

46. Tomlinson. — Warming and ventilation.

47. Tredgold (Th.). — The principles of warming and ventilating buildings. — London; in-8°, 1825-1836.

48. Troost. — Le feu. Revue des cours scientifiques, — deux années, 1864-65.

49. Tyndall (John). — La chaleur considérée comme un mode de mouvement. — Michel; in-8° jésus.

50. Du Val. — Le foyer de campagne et de cabinet. — Estienne Michallet; in-12, 1785.

51. Valérius (H.). — Les applications de la chaleur, avec un exposé des meilleurs systèmes de chauffage et ventilation. — Gauthier-Villars; gr. in-8°.

52. Verdet. — Exposé de la théorie mécanique de la chaleur. — Bernard-Tignol, in-8°.

53. Vernois (Max) et Grassi. — Mémoire sur les appareils de ventilation et de chauffage. — Baillière; in-8°.

54. Zeuner. — Théorie mécanique de la chaleur, avec ses applications aux machines. — Michelet; in-8°.

Industrie du gaz.

1. Accum. — Practical treatise on gas light. — London; 1815.

2. Armengaud (jeune). — Conférence sur les moteurs à gaz.

3. P. **Audouin** et P. **Bénard**. — Étude sur les divers becs employés pour l'éclairage au gaz, et recherche des conditions les meilleures pour la combustion.

4. **Audouin**. — Application des hydrocarbures liquides à l'obtention des hautes températures.

5. **Arson**. — Expériences sur l'écoulement des gaz en longues conduites. — In-8°; Paris, Lacroix, 1867.

6. **Banister** (H.). — Gas manipulation with a description of the various instruments and apparatus employed in the analysis of coal and coal gaz. — Londres, Henri-Sugg, 1867.

7. **Barrault** (E.) et **Piquet**. — Mémoire sur le gaz à l'eau obtenu par le procédé Gillard. — In-8°; Paris. 1856.

8. **Beaufumé** (E.). — Chauffage par le gaz. — In-8°; Paris, 1857.

9. **Berthault-Ducreux**. — Note sur les principes et les procédés fondamentaux de l'éclairage au gaz. — In-8°; Paris, 1854.

10. **Blachette** (L.-J.). — Du gaz hydrogène carboné. — 1824.

11. **Bois** (V.). — Compagnie générale des compteurs à gaz. Opinions et rapport sur les avantages de l'indicateur Dumon. — In-8°; Paris, Dupont, 1856.

12. **Boudin** (J.-Ch.). — Recherches sur l'éclairage. — Paris, J.-B. Baillière, 1851.

13. **Bouis** (J.). — Empoisonnement par le gaz. — Paris, Mallet-Bachelier, 1859.

14. **Boury** (E.). — Four à feu continu au gaz de Schwandorff. — In-8°; Paris, E. Bénard et Cie, 1884.

15. **Bowditch**. — Analysis technical valuation, purification and use of coal gas. — Londres, 1867.

16. **Bowditch**. — Coal gas.

17. **Bower** (G.). — The gas engineer's book of reference. — Londres, 1865.

18. **Briquet**. — De l'éclairage artificiel. — Thèse, in-4°; 1837.

19. **Brunfaut** et Cie. — Notice sur la fabrication du coke. Moyen de recueillir les sous-produits de la carbonisation de la houille, tels que gaz, goudron, sels ammoniacaux perdus, jusqu'à ce jour, avec l'emploi des anciens fours qui pratiquent le coke. — In-8°; Paris, 1856.

20. **Brunt** et Cie. — Album de la Compagnie continentale.

21. **Cabrol**. — Notice sur l'application de l'appareil à gaz carburé. — 1837.

22. **Carlevaris** (P.). — La luce ossi-idro-magnesiaca et le sue applicazioni. — Florence, Turin, Milan, 1868.

23. **Cassian-Bon**. — L'industrie gazière en Italie. — Rome, Artero et C^c, 1876.

24. **Challeton de Brughat**. — De la tourbe. Étude sur les combustibles employés dans l'industrie. — In-8°; Paris, 1861.

25. **Chancel** (G.) et **Diacon**. — Sur le chauffage au gaz dans les laboratoires de chimie. — In-8°, avec planche; Paris, 1861.

26. **Chandler** (C.-F). — Report on the gas nuisance in New-York. — New-York, D. Appleton et C^c, 1870.

27. **Chatel** (A.) jeune. — Notice sur les différents systèmes d'éclairage, depuis les temps anciens jusqu'à nos jours. — In-8°; Paris, 1859.

28. **Clegg** (S.). — Practical treatise on gas lighting. — 1 vol. in-4°, avec planches; Londres, 1841. 2e édit. en 1851, 3e édit. en 1859, 4e édit. en 1866.

29. **Clegg** (S.), traduit par Servier. — Traité pratique de la fabrication et de la distillation du gaz d'éclairage et de chauffage. — 1 vol. in-4°, avec planches; Paris, Lacroix, 1866.

30. **De Clerq** (G.-H.). — Note sur l'éclairage au gaz des trains de chemins de fer, d'après le système Cambrelin. — In-8°; Bruxelles, B.-J. van Dooren, 1867.

31. **Coglievina** (D.). — De l'éclairage au gaz.

32. COLBURN (ZERAH-). — The gas works of London. — In-8°; Londres, E. et F.-N. Spon, 1865.

33. COMBES (Hipp.). — De l'éclairage au gaz, étudié au point de vue économique et administratif, et spécialement de son action sur le corps de l'homme. — Paris, Mathias, 1845.

34. COMPAGNIE PARISIENNE. — Le chauffage au gaz et au coke. — In-8°; Paris, Viesener, 1862.

35. COMPAGNIE PARISIENNE. — Note relative aux divers produits et aux ouvrages exposés à Vienne par la Compagnie. — In-4°: Paris, veuve Éthiou-Pérou, 1873.

36. COMPAGNIE PARISIENNE. — Note sur les divers produits et appareils exposés en 1878. — Paris, veuve Éthiou-Pérou, 1878.

37. CORMIER. — Gaz à l'eau. — Br. in-4°; Paris, 1854.

38. CORMIER. — Gaz à l'eau. Réponse à une lettre insérée dans le *Journal de l'éclairage au gaz.* — Br. in-8°; le Havre, 1855.

39. COUDURIER. — Manuel pratique des directeurs d'usines à gaz. — In-8°; Paris, Dunod, 1883.

40. COZE. — Calcul des pertes dues aux erreurs de mesurage provenant de l'abaissement du niveau de l'eau dans les compteurs.

41. Chambre syndicale des fabricants d'appareils d'éclairage. — Rapport sur l'Exposition de 1878.

42. D'HURCOURT (E.-Robert). — De l'éclairage au gaz. — 1815. 2° édit. en 1863. 1 vol. in-8°, avec atlas; Paris, Dunod.

43. D'HURCOURT (E.-R.). — Note sur l'industrie du gaz à l'Exposition de 1867. — Grand in-8°, avec 4 fig. et 1 planche; Paris, Lacroix.

44. DEMANET. — Exploitation de la houille.

45. DOWSON. — Appareil pour la production du gaz à l'eau, journal *la Nature*, n° 693.

46. DUBRULLE. — Lampes de sûreté perfectionnées pour mines de houille, fabriques d'alcool, vernis, gaz d'éclairage. Rapport de M. Delezennes. — In-4°; Lille, 1854,

47. DUMON. — Manuel du consommateur de gaz ou dégrèvement annuel de 5 millions de francs au profit des commerçants de Paris et de la banlieue. — In-8°; Paris, 1853.

48. DURAND (E.). — Étalon légal ou mesure type du pouvoir éclairant du gaz; commentaire sur l'instruction pratique de MM. Dumas et Regnault. — 1 broch. avec planches; Paris, 1864.

49. DURAND (E.). — Brevets pris dans l'industrie du gaz, de 1791 à 1844. — 1 vol. in-8; 1867.

50. DURAND (E.). — Questions administratives, en matière d'éclairage au gaz, soumises au Conseil d'État et résolues par lui. — 1 vol. in-18; 1869.

51. DURAND (E.). — Recueil de jurisprudence relatif aux différends qui peuvent s'élever entre les Compagnies de gaz et leurs abonnés. — 1 vol. in-18; 1869.

52. DURAND (E.). — Législation spéciale contenant toutes les lois, y compris les plus récentes, relatives aux établissements insalubres, aux usines à gaz, aux machines à vapeur, aux dépôts d'hydrocarbures et aux municipalités. — 1 vol. in-18; 1869.

53. DURAND (E.). — Contrôle pratique de la qualité du gaz. — 2° édit.; 1 vol. in-18 avec planche; Paris, 1873.

54. DURAND (E.). — Service de l'éclairage de la voie publique. — In-18; Paris, 1873.

55. DURAND (E.). — Du compteur à gaz pour le service des abonnés. — 1 vol. in-18 avec planches; 4° édit.; Paris, 1883.

56. DURAND (E.). — Guide de l'abonné au gaz d'éclairage et de chauffage. — Extrait de la *Houille.* — Nouvelle édit.; Paris, 1874.

57. DURAND (E.). — De la comptabilité des usines à gaz. — 1 vol. in-18 avec annexe; Paris, 1874.

58. Durand (E.). — Avantages de l'emploi du gaz à l'éclairage, au chauffage domestique et industriel, ainsi qu'à la production de la force motrice. — Chauffage au coke. — Brochure de 24 pages ; Paris.

59. Eldridge. — The gas fitter's Guide. — In-18 ; Londres, 1872.

60. Fages. — Éclairage de la ville de Narbonne par le gaz hydrogène extrait de l'eau. — Réponses à quelques critiques adressées à l'ingénieur de l'usine à gaz. — In-8° ; Paris, 1858.

61. Faraday. — Histoire d'une chandelle. — Paris, Hetzel ; 1870.

62. Faure (A.). — Étude sur les procédés de fabrication du gaz à la houille et du gaz à l'eau, proposés par M. Galy Cazalat. — Rapport au comité de l'association des inventeurs ; in-8°, Paris, 1855.

63. Fergusson. — Combustion économique du gaz d'éclairage. — In-8° ; Mulhouse, 1859.

64. Fichet. — Notice sur l'appareil de M. Orsat pour l'analyse du gaz. — *Mémoire du Bulletin de la Société des ingénieurs civils.*

65. Figuier (L.). — L'art de l'éclairage, extrait des *Merveilles de la science.* — Paris, Hachette et Cie, 1870.

66. Forqueray (E.). — L'Éclairage à l'Exposition universelle. — In-8° ; Paris, 1856.

67. Foucault (L.). — Rapport sur le pouvoir éclairant des produits gazeux fournis par la distillation de la tourbe. — Broch. in-8° ; Paris, 1855.

68. Fournier (Ch.). — Notice sur un procédé nouveau pour révéler les fuites de gaz dans les appareils d'éclairage et de chauffage. — Broch. in-4° avec planches ; Paris, 1860.

69. Fresquet. — Économie dans l'éclairage au gaz ou le propagateur des connaissances utiles aux consommateurs de gaz pour arriver à une économie de 10, 15 et même 20 pour 100. — Broch. in-8° ; Bordeaux, 1854.

70. Fuchs (Ed.). — Mémoire sur le pouvoir éclairant du gaz de Bogheard. — In-4° ; Paris, 1866.

71. Galy-Cazalat. — Mémoire sur les gaz d'éclairage et de chauffage. — In-4° ; Paris, 1855.

72. Gandillot. — Mémoire à M. le Préfet de police sur la nécessité de substituer les tuyaux de fer aux tuyaux de plomb pour les conduites de gaz et d'eau. — In-4° ; Paris, 1853.

73. Gueguen. — Mémoire sur la théorie chimique de la production du gaz d'éclairage. — Paris, 1884.

74. Guthfe (J.) et Pers (P.). — De l'éclairage au gaz dans les maisons particulières. — In-18 ; Paris, A. Guyot et Scribe, 1856.

75. Gaudin (A.). — Chauffage et éclairage à bon marché. — Rapport sur le gaz hydrogène extrait de l'eau, comparé aux gaz de houille et de tourbe. — In-8° ; Paris, 1855.

76. Gaudry. — Notice sur l'invention de l'éclairage par le gaz hydrogène carboné, et sur Philippe Lebon d'Humbersin, inventeur. — Paris, 1856.

77. Geinitz (Dr H. B.), Fleck (H.) et Hartig (E.). — Die Steinkohlen Deutschland's und anderer lander Europa's. — 2 vol. avec atlas de 28 cartes ; Munich, Oldenbourg, 1865.

78. Germinet (G.). — Traité pratique de chauffage par le gaz. — Paris, N.-J. Philippart, 1868.

79. Germinet (G.). — Le chauffage par le gaz, ses emplois industriels et ses applications aux usages domestiques. — 1 vol. gr. in-18 ; Lacroix, 1870.

80. Gibon. — Éclairage au gaz. — Broch. extraite du *Dictionnaire des arts et manufactures,* publié par A. Decy ; Bruxelles, 1856.

81. Gillard. — Chauffage de Paris à bon marché. — In-8°; Paris, 1855.

82. Girardin (J.) et Buret (E.). — Four à coke nouveau système, avec utilisation simultanée du gaz d'éclairage et de chauffage et de divers produits industriels qui résultent de cette fabrication. — In-4°; Paris, 1858.

83. Girault (E.) — Mémoire sur un projet d'éclairage par le gaz, de chauffage par la vapeur et de ventilation. — In-8°; Paris, Mathias.

84. Giraudon. — Appareil pour la production de l'air carburé, journal *la Nature*, n° 694.

85. Giroud (H.). — De la pression du gaz d'éclairage et des moyens à employer pour la régulariser. — 2 parties et 1 atlas; Paris, 1867.

86. Hugues (S.). — A Treatise on Gas works, and the practice of manufacturing and distributing coal Gas. — Londres, Virtue, Brothers et Cie, 1865.

87. Hugueny (C.). — Traité élémentaire et pratique du chauffage au gaz. — In-8°; Paris, Roret, 1857.

88. Hull (Edw.) — The coal-fields of Great Britain. — 1 vol. in-8° illustré, avec houillère de l'Angleterre; Londres, G. Stanford, 1861.

89. Jeanneney (P.). — Notice sur l'éclairage au gaz. — In-8°; Mulhouse, Baret, 1853.

90. Jeanneney (P.). — Usines à gaz destinées aux établissements industriels. — In-4°; Mulhouse, 1853.

91. Jeanneney (P.). — Notions sur l'emploi du gaz. — In-4°; Mulhouse, 1857.

92. Jeanneney (P.). — Emploi du gaz dans les villes. — In-8°; Strasbourg, 1865.

93. Jobard (J.-B.-M.) — Histoire d'une bulle de gaz, cosmogénie amusante. — In-18; Bruxelles, G. Flateau, 1857.

94. Jordan (S.). — Les usines à gaz de Londres en 1862. — Traduction de l'ouvrage de L. Colburn; 1865.

95. Kersanté (V.). — De l'éclairage public en province ou des moyens de vulgariser en France l'éclairage au gaz de houille et celui plus économique aux gaz de pommes, poires et raisins. — In-8°; Paris, Lacroix.

96. King (W.-B.). — Treatise on the science and practice of the manufacture and distribution of coal gas. — Londres; 2 vol. en cours de publication.

97. Knab (H.-C.). — Études sur les goudrons et leurs nombreux dérivés. — In-8°; Paris, Lacroix, 1856.

98. Krans. — Étude sur le four à gaz et à chaleur régénérée de Siemens. — 1 vol. gr. in-8° avec planches; Paris, Lacroix.

99. Kuchler (F.-N.). — Manuel de l'éclairage par le gaz d'huiles minérales et des huiles à gaz. — 1 vol. avec planches; Munich, R. Oldenbourg; Paris, Lacroix.

100. Lacarrière. — Note sur la situation et l'avenir des compagnies d'éclairage au gaz de Paris. — In-4°; Paris, 1854.

101. Laming. — Variation de pression du gaz d'éclairage. — Mémoire de la Société des ingénieurs civils; Paris, Lacroix.

102. Laura (L'abbé). — Rapport sur les modifications apportées aux systèmes d'éclairage actuellement en usage. — Broch. in-4°; Toulon, 1853.

103. Lefebbre (G.). — Moteur Lenoir, notice et instruction pratique sur le moteur à air dilaté par la combustion du gaz d'éclairage. — In-18; Paris, Dentu, 1864.

104. Lencauchez. — Études sur les combustibles en général et sur leur emploi au chauffage par le gaz.

105. Le Roux (A.). — Manuel du consommateur des gaz d'éclairage et de chauffage. — In-18; Paris, 1856.

106. Letheby (Dr). — Extrait du rapport sur la tourbe comprimée. — In-4°; Paris, 1855.

107. Longbottom (Ab.). — Éclairage au gaz. — Améliorations apportées dans la distilla-

tion de la résine et dans la fabrication du gaz d'éclairage. — In-4°; Paris, 1855.

108. MAGNIER (D.). — Manuel complet de l'éclairage au gaz. — 1 vol. in-18; Paris, Roret, 1849.

109. MAGNIER (M.-D.). — Nouveau manuel complet de l'éclairage et du chauffage par le gaz. — 2 vol. in-18 avec planches; Paris, Roret, 1866.

110. MAGNIER (M.-D.). — De la fabrication et l'emploi des huiles minérales. — In-18; Paris, Roret, 1867.

111. MAGNIER (M.-D.). — Tablettes techniques de l'industrie du gaz. — Paris, Roret, 1877.

112. MAGNUS-OHREN. — On the advantages of gas for cooking and heating. — Londres, 1875.

113. MALLET (A.). — Notice sur l'épuration du gaz d'éclairage, 1842.

114. MALLET (A.). — Notice sur l'épuration du gaz d'éclairage, 1845.

115. MALLET. — De l'éclairage par le gaz. — Extrait du *Dictionnaire des arts et manufactures* de Laboulaye. — Paris, 1874.

116. MARCHAND (E.). — Appareils à gaz d'éclairage. — In-8°; Paris, 1855.

117. MARRIOTT (T.-I.) et GLOVER (C.). — The Gas consumer's manual. — Londres, Simpkin, Marshall et Cie, 1862.

118. MARTEL (A.). — Manuel de la salubrité de l'éclairage et de la petite voirie. — Paris, Cosse et Marchal, 1859.

119. MATTHEWS (W.). — An historical sketch of the origin and progress of gaz Lighting. London, Simpkin et Marshall, 1832.

120. MERCIER. — Notice sur le traitement de la tourbe et sa carbonisation par les procédés brevetés de l'auteur. — In-4°; Paris, 1859.

121. MERLE (G.). — Traité sur le gaz et tous les appareils nécessaires à sa fabrication. — Paris, Roret, 1837.

122. MOIGNO (L'abbé). — Les éclairages modernes. — Paris, Gauthier-Villars, 1867.

123. MOISE. — Du gaz d'éclairage dans le département de la Seine. Études sur la question. — Dentu, 1883

124. MONGRUEL. — Révolution économique dans l'industrie de l'éclairage par application du photogène et du générateur Mongruel. — In-8°; Paris, 1862.

125. MONNIER (D.). — Aide-mémoire pour le calcul des conduites de distribution du gaz d'éclairage et de chauffage. — Broch. in-4°; Paris, Baudry, 1876.

126. MORET D'AIGUEBELLE (A. DE). — Éclairage et chauffage par le gaz hydrogène pur extrait de l'eau (procédé Gillard), adopté par la ville de Narbonne. — In-4°; Carcassonne, 1856.

127. MOUSSERON (E.). — Grandeur et décadence; la pompe et la fuite des gaziers; charge héroï-comique en trois temps. — Paris, 1868.

128. MULLER (AD.) — Éclairage au gaz de naphte. — In-8°; Paris, Vallée, 1868.

129. NEWBIGGING (TH) — The gas manager handbook. — Londres, W.-B. Bing, 1870.

130. NICOLAS et CHAMON. — Notice sur les appareils spéciaux pour usines à gaz.

131. NODIER (CH.) et PICHOT (A.). — Essai critique sur le gaz hydrogène et les divers modes d'éclairage artificiel. — In-8°; Paris, 1823.

132. PATOT (H.). — Le gaz à domicile, système R. de Curel et J. Corso. — In-8°, Marseille, 1860.

133. PATTERSON. — On gas purification. — In-8°; Londres, W. Blackwood et Sons, 1874.

134. PECKSTON. — Practical treatise on the manufacture of Gas. — London, 1819.

135. PÉCLET (E.). — Traité de l'éclairage. — Paris, Malher et Cie, 1827.

136. PÉLIGOT. — Note sur l'appareil dit saturateur, propre à saturer le gaz d'éclairage, par Lacarrière aîné. — In-8°; Paris, 1857.

137. Pelouze (père). — Traité de l'éclairage au gaz. — 1 vol. in-8° avec planches; Paris, 1839.

138. Pelouze (père). — Traité de l'éclairage au gaz, revu par Pelouze fils. — 2 vol. dont 1 atlas; Paris, 1858.

139. Penissé. — Note sur le four à gaz avec récupérateur de chaleur, système Ponsard. — 1 vol. in-8° avec figures et planches; Paris, Lacroix.

140. Pellion (Petit-Pierre). — L'éclairage électrique et l'éclairage au gaz. — In-8° de 14 pages; Paris, Lacroix.

141. Pillet. — Traité de l'éclairage.

142. Pollacci (E.). — Storia chimica, fisica, ingienica e industriale della illuminazione a gaz. — Florence, E. et F. Cammelli, 1867.

143. Pouillet. — Gaz hygiénique pour éclairage et chauffage. — Mémoire sur le gaz extrait de l'huile de résine. — Deux rapports à l'Institut en 1834. — In-4°; Paris.

144. Quaglio (Julius). — Catéchisme de l'industrie du gaz. Ouvrage destiné aux ingénieurs, directeurs, installateurs, fabricants, etc. — 1 vol. petit in-8° avec 6 planches, nombreux dessins dans le texte; imprimé en langue allemande à Vienne (Autriche), chez MM. Lehmann et Wenkel, librairie technique et artistique, 1876.

145. Reissig (D.-W.) et Schilling (N.-H.). — Handbuch für holz und torf gas beleuchtung (Traité du gaz au bois et à la tourbe). — Munich, R. Oldenbourg, 2 vol. avec planches, 1863.

146. Rouget. — Du mesurage exact du gaz.

147. Rutter (J.-B.). — De l'éclairage au gaz dans les maisons particulières, 1856.

148. Sage (B.-G.). — De la nature et de la production du gaz électrifiable. — In-8°; Paris, Didot, 1815.

149. Salmon. — Nouveau système de four à coke et à gaz. — In-8°; Paris, 1856.

150. Sauvage (C.). — Le secret du compteur. — In-16, Paris, 1854.

151. Schilling (N.-H.). — Handbuch für Steinkohlen gasbeleuchtung. — Munich, R. Oldenbourg.

152. Schilling (N.-H.). — Même ouvrage, traduction Servier. — Paris, Lacroix, 1866.

153. Schilling (N.-H.). — Statistische mittheilungen uber die Gasanstalten Deutschlands, Oesterreichs und der Schweiz. — Munich, R. Oldenbourg, 1877.

154. Sebille (Ch.). — Réponse au mémoire adressé par M. Gandillot à M. le Préfet de police sur la nécessité de substituer les tuyaux de fer aux tuyaux de plomb pour les conduites de gaz. — In-4°; Nimes, 1853.

155. Servier (E.). — Notice sur le moniteur électromagnétique de pression ou de niveau à maxima et minima. — In-16; Paris, 1859.

156. Servier (E.). — Notice sur l'auto-régulateur à gaz breveté. — In-4°; Paris, 1861.

157. Servier (E.). — Éclairage au gaz et à l'électricité. — In-8° avec figures et planches; Paris, Lacroix.

158. Siemens (G.-W.). — Four à gaz à chaleur régénérée. — In-8°; Paris, Dunod, 1867.

159. Somzée. — Série de dessins de l'usine à gaz de Bruxelles. — Paris, E. Bernard, et Cⁱᵉ, 1883.

160. Somzée. — Étude sur les joints de conduite d'eau et de gaz.

161. Schilling. — L'éclairage électrique et l'éclairage au gaz. Traduction Colladon.— Genève.

162. Strong. — Appareil pour la production du gaz à l'eau, journal *la Nature*, n° 693.

163. Tavignot (D^r). — Mémoire sur l'éclairage au gaz. — Broch. in-8°; Paris, Leclère, 1858.

164. The Gas Works Statistics. — Londres, Hastings, 1882.

165. Théry (Edmond). — La question du gaz à Paris. — Publication de la grande Encyclopédie, Paris, 1882.

166. Tissandier (G). — La houille. — 1 vol. in-8°, orné de vignettes; Paris, L. Hachette et.Cie, 1869.

167. Tresca. — Sur l'invention et l'avenir des machines à gaz combustibles. — In-8°; Paris, 1861.

168. Trottier, Schweppé. — Tuyaux en bois et coaltar combinés pour conduites d'eau et de gaz. — In-12; Angers, 1855.

169. Witz (Aimé). — Études sur les moteurs à gaz. — In-8°; Paris, G. Bernard et Cie, 1883.

170. Wurtz. — Dictionnaire de chimie pure et appliquée. — Hachette.

PUBLICATIONS PÉRIODIQUES

1. Bulletin de l'Association des gaziers belges.

2. Bulletin de la Société technique de l'industrie du gaz, 9, rue de Provence.

3. American Gaslight Association. Report of proceedings. — New-York.

4. British Association of Gas managers. Report of proceedings. — Londres.

5. Journal de l'éclairage au gaz — depuis 1852 — 5 et 20 de chaque mois. — Paris, 4, place de la Bourse.

6. Le Gaz — depuis 1857 — 15 de chaque mois. — Paris, E. Durand, bureaux : 66, Faubourg Montmartre.

7. The Journal of Gas lighting water supply and sanitary improvement — depuis 1851 — tous les jeudis. — Londres, 42, Westminster Parliament Street.

8. The Gas Trade circular and review — tous les 15 jours. — Londres, Buckingham Street Adelphi W. C.

9. The Gas Engineer — tous les mois. — Birmingham, 71, Broad Street.

10. Journal für Gasbeleuchtung und Wasserversorgung — depuis 1860. — Munich (Bavière, R. Oldenbourg.

11. The American Gas light, Journal and chemical repertory — depuis 1859 — les 2 et 16 de chaque mois. — New-York, 42, Pine Street.

12. Le Charbon — hebdomadaire. — Paris, 211, Faubourg Saint-Martin.

13. Organe industriel de l'éclairage — hebdomadaire. — Bruxelles, rue Royale, 217.

14. Journal des usines à gaz, organe de la Société technique — 5 de chaque mois. — Paris, 18, rue de Maubeuge.

15. Hel Gas. — Hollande, Gouda, H. Roll.

16. Journal du gaz et de l'électricité — hebomadaire. — 25, rue de Navarin.

17. The Review of Gas and Water engineering. — Londres, Buckingham Street Adelphi W. C.

18. Der Gastechniker — tous les 15 jours. — Vienne, D. Colgierina, ingénieur.

19. Le Moniteur de l'industrie du gaz — depuis 1876 — 10 et 25 de chaque mois. — Paris. 72, rue des Mârtyrs.

20. Le Constructeur d'usines à gaz — mensuel. — Paris, E. Durand, éditeur, 66, Faubourg Montmartre.

Eaux ammoniacales.

1. Annalen der Chemie und Pharmacie; t. CXIII, XCIII.
2. Bulletin de la Société technique de l'industrie du gaz en France; années 1874 à 1887.
3. Bulletin de la Société chimique; t. XXVII et XXXVI.
4. Chemical News; t. XII, XVIII, XXXII, XXXVIII.
5. Dingler's Journal; t. CCXVI, CCXXIII, CCXIII, CCXXXV, CCXLI, CCXXXII, CCXXXV.
6. Knapp, trad. Debize et Mérijot. — Chimie technologique. — 2 vol. in-8°; Dunod, 1862.
7. Lormé. — Fabrication des produits chimiques, Roret. — 4 vol. in-12 et atlas.
8. Lunge, trad. Gautier. — Traité de la distillation du goudron de houille et du traitement de l'eau ammoniacale. — In-8°; Savy, 1885.
9. Magnier. — Manuel d'éclairage au gaz, Roret. — In-12; 1860.
10. Moniteur des produits chimiques. — 1887-1888.
11. Moniteur scientifique. — 1886.
12. Schilling, trad. Servier. — Traité d'éclairage par le gaz de houille. — In-4°; Lacroix.
13. Wagner's Jahresbericht. — 1861, 1867, 1870, 1876, 1877.
14. Wagner, trad. Gautier. — Traité de chimie industrielle. — 2 vol. in-8°; Savy, 1879.
15. Wurtz. — Dictionnaire de chimie pure et appliquée. — Hachette, 1876.

Goudron.

1. Auerbach. — Das Anthracen.
2. Barreswill et A. Girard. — Dictionnaire de chimie industrielle. — 4 vol. in-8°; Tandou, 1864.
3. Berthelot. — Traité de chimie organique. — In-8°; Dunod, 1872.
4. Bolley et Kopp, trad. Gautier. — Traité des matières colorantes dérivées du goudron de houille. — In-8°; Savy.
5. Bulletin de la Société d'encouragement. — 1876.
6. Bulletin de la Société industrielle de Mulhouse. — 1864-66.
7. Bulletin de la Société chimique. — 1866.
8. Calvet (A.). — Traitement des goudrons de houille. — Broch. in-8°; Michelet, 1882.
9. Chemical News; t. XVI, XX, XXIV, XXX, XXXI, XXXIII, XXXIV, XXXIX, XL, XLIII.
10. Chemiker Zeitung. — 1879, 1880.
11. Chemische Industrie. — 1880.
12. Deutsche Industrie Zeitungs. — 1865.
13. Dingler's Journal; t. CXVII, CXLVIII, CXXXVI, CXLVI, CXLVII, CXLVIII, CLV, CLVII, CLXIV, CLXVI, CLXVII, CLXVIII, CLXXV, CLXXIX, CC, CCVIII, CCXIV, CCXXXII.
14. Engineer. — 1880.
15. Girard et de Laire.— Traité des dérivés de la houille applicables à la production des matières colorantes. — In-8°; Bernard-Tignol.

16. Haussermann. — Industrie der Theerfarbstöffe.
17. Jacobsen's Chem. Techn. Repertorium. — 1869.
18. Knab. — Étude sur les goudrons. — In-8°; Lacroix, 1874.
19. Knapp, trad. Debize et Mérijot. — Traité de chimie technologique. — 2 vol. in-8°; Dunod.
20. Lunge, trad. Gauthier. — Traité de la distillation des goudrons de houille. — In-8°; Savy.
21. Muspratt-Stohmann. — Traité de chimie. — 6 vol.
22. Philosophical Magazine; t. XLV.
23. Ronald et Richardson. — Chemical technology.
24. Technologiste. — 1861.
25. Thénius. — Die Technische Verwendung des Steinenkohlentheers.
26. Wagner, trad. Gautier. — Traité de chimie industrielle. — 2 vol. in-8°; Savy, 1879.
27. Wagner's Jahresbericht; 1855, 1858, 1859, 1860, 1861, 1862, 1863, 1865, 1866, 1867, 1868, 1869, 1870, 1871, 1872, 1873, 1874, 1877, 1878, 1879.
28. Wurtz. — Traité des matières colorantes.
29. Wurtz. — Dictionnaire de chimie pure et appliquée. — Hachette, 1879.

TABLE DES MATIÈRES.

IV. — FABRICATION DU GAZ.

V. — PRODUITS DÉRIVÉS.

APPENDICE.

BIBLIOGRAPHIE.

Maison Quantin, Imprimeur
S. Benoît, 7, à Paris

www.ingramcontent.com/pod-product-compliance
Ingram Content Group UK Ltd.
Pitfield, Milton Keynes, MK11 3LW, UK
UKHW022102120726
13694UKWH00001B/293